石油和化工行业"十四五"规划教材

U0622446

机器视觉系统应用

刘江彩　　陈　冬　主编

靳慧龙　　主审

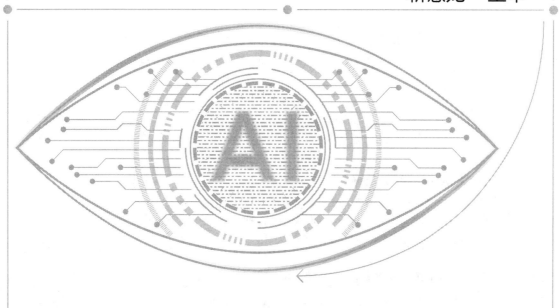

MACHINE VISION

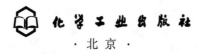

化学工业出版社

·北京·

内容简介

《机器视觉系统应用》采用工作手册式编写方式,知识库与技能库相结合,讲解视觉案例的背景与原理、实验步骤、工具及实验结果,使学生能够根据案例,理解相关理论知识和内容。同时提供了丰富可靠的工程应用经验,有利于加强工程实际应用理论和知识的学习。全书主要内容包括机器视觉基础知识、系统组成及应用、视觉处理技术概述、视觉系统环境搭建、尺寸测量应用、视觉定位应用、模式识别应用、外观检测应用、3D 检测应用等,遵循先进性、实用性、可读性的原则,由浅入深、循序渐进、易教易学。

本书既适合作为高等职业院校智能机电技术、工业机器人技术、机电一体化技术、电气自动化技术等相关专业教材,也可作为"工业视觉系统运维员"职业技能等级证书(四级、三级)培训参考教材,还可供从事机器视觉系统的硬、软件等相关工作的工程技术人员参考学习。

图书在版编目(CIP)数据

机器视觉系统应用 / 刘江彩,陈冬主编. -- 北京 :
化学工业出版社,2025. 3. --(石油和化工行业"十四
五"规划教材). -- ISBN 978-7-122-47786-6

Ⅰ. TP302.7

中国国家版本馆 CIP 数据核字第 2025D3V171 号

责任编辑:廉 静　　　　　　　　　　装帧设计:王晓宇
责任校对:李雨晴

出版发行:化学工业出版社(北京市东城区青年湖南街 13 号　邮政编码 100011)
印　　刷:河北延风印务有限公司
787mm×1092mm　1/16　印张 19¾　字数 502 千字　2025 年 7 月北京第 1 版第 1 次印刷

购书咨询:010-64518888　　　　　　　售后服务:010-64518899
网　　址:http://www.cip.com.cn
凡购买本书,如有缺损质量问题,本社销售中心负责调换。

定　　价:58.00 元

编写人员名单

主　　编：刘江彩　陈　冬

副 主 编：杨辉静　程建忠

参编人员：闫浩月　武立亚　齐丹丹

主　　审：靳慧龙

中国制造 2025 迎来了前所未有的机遇，在这种情况下，中国制造只有加快步伐，完善自身建设，同时更要加强中国智造，才能抵御外界的强烈竞争冲击。机器视觉系统提高了工业生产的自动化程度，机器视觉技术通过工业相机镜头快速获取图像信息，并运用系统软件程序自动处理图像信息，为工业生产的信息快速集成提供了方便。在应用如此广泛的前景下，市场对于机器视觉领域人才的渴求愈加强烈。本教材结合智能制造的发展方向，将机器视觉的理论知识与生产实际相结合，通过典型案例详细讲解机器视觉的基础原理及其实现过程，并尝试解决智能制造装备智能化的相关问题。

《机器视觉系统应用》是基于智能机电专业群下的新形态工作手册式教材，整个教材体现了"岗课赛证"综合育人模式的内涵，打破企业与学校、经济与教育之间原有的藩篱，着重培养适应行业企业需求的复合型、创新型高素质技术技能人才，同时提升学生的综合职业能力。

本教材主要分为三大部分，第一部分为知识库，以章节的形式编写机器视觉系统应用相关必备的理论知识点，整体编写思路由浅入深、循序渐进、易教易学。在知识库结构上设有知识索引，通过知识索引可以更好地锻炼学生查阅知识的能力，提高学习效率。知识库在教学内容组织上继承了传统教材知识体系完整、知识逻辑性强的特点，结合高等职业教育的需求通过项目化延伸学生的学习过程和思考过程，使理论知识化为可用的相关技能。

第二部分为技能库，技能库结合全国职业院校技能大赛——机器视觉系统应用赛项实训台，对设备中的相关操作流程进行了梳理，同时采用手册式教材的方式，根据课程教学的需要增减、组织、穿插相关内容，增强学生实际操作技能的训练。本教材满足教学计划的要求和课外知识拓展需求，同时满足"工业视觉系统运维员"职业技能等级证书（四级、三级）的考核要求，实现教学考核一体化。

第三部分为工作页，工作页与实训任务一一对应，可根据教材内容制定合理的课时安排。为了更好地还原工作过程，工作页的开发基于工作过程为导向，按照工作任务描述、工作任务目标、工作提示、工作过程、总结与提升的流程来设计开发。工作过程中使用六步教学法，更好地对知识库与技能库的知识进行深度学习，激发了学生的兴趣和主动性，促进学生的探究精神和学习态度。全书融教、学、做为一体，着力体现学中做、做中学、教中学的职业教育的教学模式。各部分内容前后贯通、有机结合，既有基础理论，又有新技术、新方法，力求与时俱进。

教材同时配备了教案、课程标准、学材、习题库、微课视频等一体化资源包，帮助学生将理论与实践相结合，提高其综合职业能力，所有资源都与教材任务一一对应、高度融合，教案与课件相匹配，形成"点与点"关系，内容上按照教材内在规律及学生实际情况确定教学目标、教学重点、教学难点、教学方法、教学活动，教案中教学活动都需设置合理实施时间，帮助老师充分把控课堂教学的实施。同时配备400分钟以上的微课视频，学生可以反复地阅读、观看，解决难点、重点、理论性、抽象性强的知识点不易掌握的问题。

"机器视觉系统应用"这门课已在学银在线平台开设在线课程，读者可以在该平台通过搜索"机器视觉系统应用"关键字进入课程学习。

限于编者水平，书中不妥之处在所难免，敬请广大读者批评指正。

编者

2025 年 1 月

目录
CONTENTS

机器视觉概述

知识库

技能库

二维码资源目录

序号	资源名称	资源类型	页码
26	N 点标定	微课视频	103
27	机器视觉设备硬件安装	微课视频	103
28	项目初始化设置	微课视频	103
29	机器视觉设备硬件参数设置	微课视频	103
30	XY 标定	微课视频	121
31	"天工"人形机器人实现视觉感知行走	文档	164
32	光源连接件检测	微课视频	165
33	钥匙划痕检测	微课视频	170
34	用户工具的使用	微课视频	175

知识库

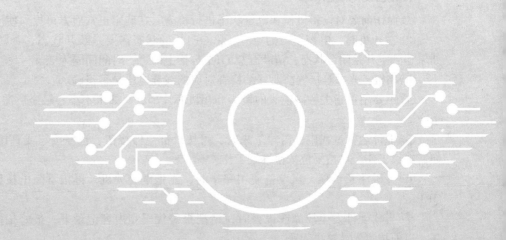

知识点 1

实训规范

一、知识索引

序号	知识点	页码	序号	知识点	页码
1	实训注意事项	002	2	实训安全标志	003
3	实训过程规范	006			

二、知识解析

操作规范

（一）实训注意事项

1.设备使用注意事项

① 操作前要对设备机械和电气状态进行检查，在确定正常后方可投入使用。

② 在开机时，电控箱内的空开（总 QF1）的状态需要是断开状态，否则电脑无法启动。如果遇到空开是闭合状态，请断开总 QF1 再抬上即可，时间间隔为 2s。

③ 相机、光源等接线前要仔细检查对应的线和电压是否正确。

④ 不要用手指去触碰镜头的镜头和相机芯片部分，如果不小心触碰后需要用擦镜布擦除干净。

⑤ 平台运行过程中，需停下来时，可按外部急停按钮、暂停按钮或直接通过光栅制动，如需继续工作，可按复位按钮继续工作。

⑥ 关机注意事项，当设备使用完毕时，先把电脑关机，再拍下断电按钮，最后再断开QF1。

⑦ 当软硬件发生故障或报警时，请把报警代码和内容记录下，最好拍摄现场照片或视频，以便技术人员解决问题 。

⑧ 实验结束，必须确保实验平台已经回到原位，再关电源、清理设备、整理现场。

⑨ 拆下的相机、镜头或样品等必须按要求放入抽屉或手提箱中指定的位置摆放整齐。图 1-1所示。

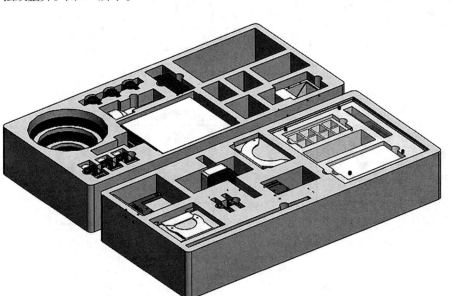

图 1-1　机器视觉系统手提箱

3. 安全注意事项

① 使用设备前必须经过培训，掌握设备的操作要领后方可进行操作。

② 操作前要对设备进行安全检查，在确定正常后，方可投入使用。

③ 机械设备的安全防护装置，必须规定正常使用，不准不用或者将其拆掉。危险机械设备是否具有安全防护装置，要看设备在正常工作状态下，是否能防止操作人员身体任何一部分进入危险区，或进入危险区时保证设备不能运转（运行）或者能作紧急制动。

④ 设备所有者、操作者应当对自己的安全负责，使用安全设备，遵守安全条款。

（二）实训安全标志

安全标志是用以表达特定安全信息的标志，由图形符号、安全色、几何形状（边框）或文字构成。

标志类型：安全标志分禁止标志、警告标志、指令标志和提示标志四大类型。

1. 禁止标志

禁止标志的基本含义是禁止人们做出行为动作，以避免可能发生危险的标志；一般为白底，红圈，红杠，黑图案，图案压杠。图 1-2 所示。

2. 警告标志

警告标志的基本含义是提醒人们对周围环境引起注意，以避免可能发生危险的图形标志。警告标志的基本型式是正三角形边框。图 1-3 所示。

图 1-2　禁止标志

图 1-3　警告标志

3. 指令标志

指令标志的含义是强制人们必须做出某种动作或采用防范措施的图形标志。指令标志的
基本型式是圆形边框。图 1-4 所示。

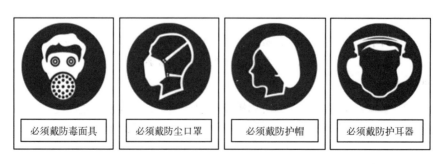

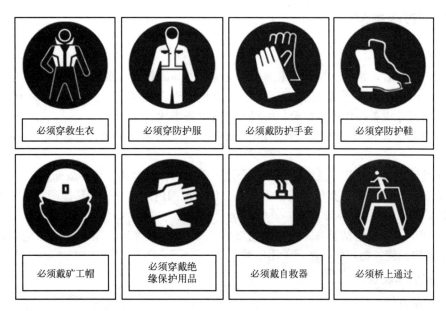

图 1-4   指令标志

4. 提示标志

提示标志的含义是向人们提供某种信息（如标明安全设施或场所等）的图形标志。提示标志的基本型式是正方形边框。图 1-5 所示。

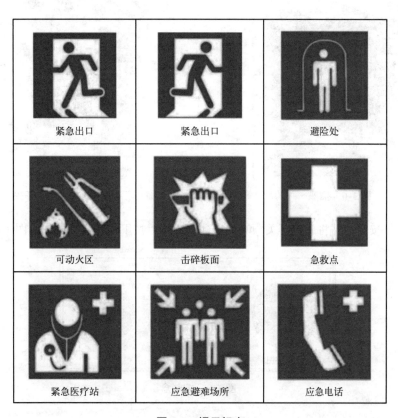

图 1-5   提示标志

（三）实训过程规范

1. 行为规范

① 禁止穿背心、裙子、短裤，戴围巾，穿拖鞋或高跟鞋进入实训室。

② 遵守劳动纪律，团结互助，不准在实训室内追逐、嬉闹。

③ 严格遵守设备操作规程，避免出现人身或设备事故。

④ 注意防火，安全用电。一旦出现电气故障，应立即关闭电源，报告相关人员，不得擅自进行处理。

⑤ 正确使用视觉器具，放置应整齐、合理，便于操作时取用，用后放回原位。

⑥ 爱护设备和实训室其他设施。不准在工作台范围内放置水杯或其他杂物，更不允许在敲击设备工作台。

⑦ 工作地应保持清洁整齐，避免杂物堆放，每日经常清扫。工作结束后，应认真擦拭设备和视觉器物，使各物归位，然后关闭电源。

2. 设备操作规范

（1）设备开机

设备开机上电步骤如下。

① 检查平台电源插头是否已经接入插座（图 1-6 所示），并打开过载保护空气开关（图 1-7 所示）。

图 1-6　插座　　　　　　　　　　　图 1-7　空气开关

② 开急停按钮，并将旋钮开关顺时针拧到底，然后按下绿色启动按钮，图 1-8 所示。

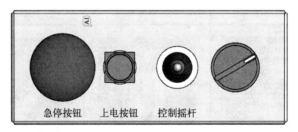

图 1-8　控制盒

③ 待电脑开机完成后，即可进行后续操作。

（2）设备检测

为保证设备正常运行，在开机完成后，需要手动对设备进行控制，检查设备是否正常，操作流程如下：

① 操作控制盒的摇杆，前后左右摇动，观察平台运动情况，确保运动方向与摇杆方向一致，如有异常情况，及时向技术人员反应。

② 此操作为手动控制运动，在观察运动状态时，不要将手或身体其他部位伸到设备内部，以免误伤。

注：旋钮开关是打开 X、Y 轴摇杆功能的开关（顺时针打到 ON 档），不需要时打到 OFF 档。

（3）视觉器件的安装

① 工业相机与工业镜头的连接方法如下。

根据应用需要，从抽屉里边取合适的 1 台 2D 工业相机和 1 只工业镜头，将相机和镜头上的保护盖取下并放置到原位置，以防丢失。

将工业镜头顺时针拧到相机上即可完成安装，图 1-9 所示。

图 1-9　工业相机与工业镜头的连接

3D 相机无须安装镜头。

② 工业相机与快换板的连接方法如下。

取出相机的快换板，注意快换板上有一个转接件，其中有 3 个孔的为 2D 相机连接件，4 个孔的为 3D 相机连接件；

取出 M3*6 的螺丝和对应的六角扳手，将相机固定到快换板上，即可完成安装，图 1-10 所示。

图 1-10　工业相机与快换板的连接

③ LED 光源与转换件的连接方法如下。

取出 LED 环形光源或者同轴光源，根据光源的安装孔位，找到对应的连接件（不锈钢材质），用 M4*6 平杯头螺丝固定上去，图 1-11 所示。

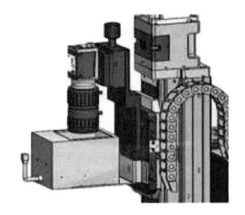

图 1-11　LED 光源与转换件的连接

注：上述器件安装完成后，就可以安装到平台 Z 轴的面板上，采用 M5*10 的螺丝，注意安装过程中保持力度适中，防止磕碰。

④ 视觉器件的接线方法如下。

工业相机的接线：

相机分为 USB 接口和 GIGE 接口的相机，其中 USB 的 2D 和 3D 相机都是直接插到上面板上的 USB 口即可（不需要接电源，接入电源可能会烧毁相机，请谨慎）。

GIGE 接口的相机需要一根 2D 相机电源线和一根千兆网线，其中网线直接连接到面板上的网口，电源线按照线标接到 12V 供电接口（注意正负极不要接反），图 1-12 所示。

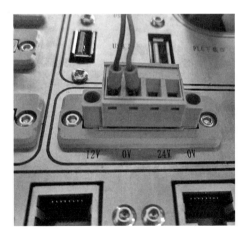

图 1-12　工业相机的接线

LED 光源的接线：

将光源的插头直接插到面板上的光源控制器接口上，共有 1、2、3、4 四个通道，图 1-13 所示。

手动控制：光源控制器面板上有三个按钮，第 1 个按钮为通道选择按钮，通过面板上的

"+"（第 2 个按钮）、"−"（第 3 个按钮）按键分别对每一个输出通道进行亮度等级的增加或减少。

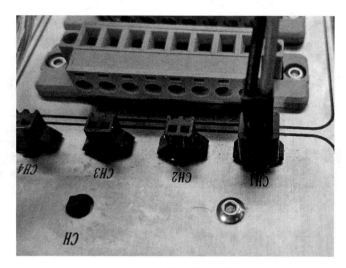

图 1-13　面板光源控制接口

软件控制：通过 RS232 串口接口，通过串口协议，设置每一个输出通道的电流级别。（备注：默认串口线已经与电脑的 COM1 口连接）。

触发控制：如需要进行外部触发，请将外部触发信号源与控制器连接好。触发方式是高电平（5～24V 均可，优先使用不高于 12V 电平），触发信号连接定义如表 1-1 所示。

表 1-1　触发信号连接定义表

REMO 端子引脚号	信号名称	信号定义
1	TR1+	1 通道触发信号 +
2	TR1−	1 通道触发信号 −
3	TR2+	2 通道触发信号 +
4	TR2−	2 通道触发信号 −
5	TR3+	3 通道触发信号 +
6	TR3−	3 通道触发信号 −
7	TR4+	4 通道触发信号 +
8	TR4−	4 通道触发信号 −

⑤ 外置 R 轴的安装方法如下。

R 轴上有四根连接线，分别为 A+、A−、B+、B−，将对应接线端子接入到控制面板上的

A+、A−、B+、B− 即可，图 1-14 所示。

R 轴上有个吸盘，需要通过气管将其连接至面板的气管接头上。

图 1-14　外置 R 轴安装

知识点 2

7S 管理

一、知识索引

二、知识解析

（一）7S 管理的含义

7S 管理是指整理、整顿、清扫、清洁、素养、节约、安全七个项目，因日语的罗马拼音均以"S"开头而简称 7S 管理。7S 管理起源于日本，通过规范现场、现物，营造一目了然的工作环境，培养员工良好的工作习惯，其最终目的是提升人的品质，养成良好的工作习惯。图 2-1 所示。

图 2-1　7S 管理

1. 整理

整理是将办公场所和工作现场中的物品、设备清楚地区分为需要品和不需要品，对需要品进行妥善保管，对不需要品则进行处理或报废。

2. 整顿

整顿是将需要物品依据所规定的定位、定量等方式进行摆放整齐，并明确地对其予以标识，使寻找需要物品的时间减少为零。

3. 清扫

清扫是将办公场所和现场的工作环境打扫干净，使其保持在无垃圾、无灰尘、无脏污、干净整洁的状态，并防止其污染的发生。

4. 清洁

清洁是将整理、整顿、清扫的实施做法进行到底，且维持其成果，并对其实施做法予以标准化、制度化。

5. 素养

素养是以"人性"为出发点，透过整理、整顿、清扫、清洁等合理化的改善活动，培养上下一体的共同管理语言，使全体人员养成守标准、守规定的良好习惯，进而促进全面管理水平的提升。

6. 节约

节约是对时间、空间、能源等方面合理利用，以发挥它们的最大效能，从而创造一个高效率的，物尽其用的工作场所。

7. 安全

安全是指企业在产品的生产过程中，能够在工作状态、行为、设备及管理等一系列活动中给员工带来既安全又舒适的工作环境。

（二）7S 管理的意义

7S 是一个行动纲领，具有起承转合的内在次序，强调人的素养、人的意识，同时又体现了企业管理的"规范化"和"系统化"。7S 看似简单却相当实用，它是提升企业管理水平不可多得的良方，同时也是改善个人工作生活素质的秘诀。

实验室推行 7S 管理的意义：

① 提供一个舒适的工作环境。

② 提供一个安全的作业场所。

③ 提升全体员工的工作热情。

④ 稳定产品的质量水平。

⑤ 提高现场工作效率。

⑥ 增加设备使用寿命。

⑦ 塑造良好公司形象。

⑧ 创造一个能让客户参观的实验室。

⑨ 提升员工的归属感。

⑩ 降低生产成本，提高效率。

（三）7S 管理的实施

1. 整理

整理的目的是腾出空间，区分要与不要。

实施要点：

① 清除垃圾或无用、可有可无的物品；

② 明确每一项物品的用处、用法、使用频率，加以分类；

③ 根据上述分类清理现场物品，现场只保持必要的物品，清理垃圾和无用物品。

区分要与不要：根据物品使用频率分为四类。

① 不再使用的。坚定不移地处理掉；

② 使用频率很低的。放进库房，标识并妥善保管；

③ 使用频率较低的。放在你的周围，如柜子或工具柜内；

④ 经常使用的。留在工作场所。

要领：全面检查，包括看见的和看不见；制定要与不要的判断标准；不要的彻底清除；要的调查使用频率，决定日常用量；每日自我检查。

2. 整顿

整顿的目的是腾出时间，减少寻找时间。

实施要点：

① 在整理的基础上合理规划空间和场所；

② 按照规划安顿好，使每一样物品，各得其所；

③ 做好必要的标识，令所有人都清楚明白。

要领：

① 三定原则：定点、定容、定量；

② 要站在新人的立场明确物品的放置场所，"三十秒内"找到想要的物品；同时使用后易复位，没有复位或误放时"六十秒内"能知道。

开展的步骤：

① 需要的物品明确放置场所。

② 根据物品的属性划分区域摆放。

③ 区域的划分一定要结合工作实际情况，不可过于标新立异，不相容物品一定要分区摆放，相容物品可以同区摆放但要标识清楚避免误拿误放。

3. 清扫

清扫的目的是消除"脏污"，保持现场干净明亮。

实施要点：

① 在整理、整顿基础上，清洁场地、设备、物品，形成干净的工作环境；

② 最高领导以身作责；人人参与，清扫区域责任到人，不留死角；

③ 自己使用的物品，如设备、工具等，要自己清扫，而不要依赖他人，不增加专门的清扫工；

④ 对设备的清扫，着眼于对设备的维护保养。清扫设备要同设备的点检结合起来，清扫即点检；清扫设备要同时做设备的润滑工作，清扫也是保养；

⑤ 清扫也是为了改善。当清扫地面发现有飞屑和油水泄漏时，要查明原因，并采取措施加以改进。

4. 清洁

清洁的目的是制度化以维持前 3 个 S 的成果。

实施要点：

① 不断地进行整理、整顿、清扫，彻底贯彻以上 3S；

② 工作环境不仅要整齐，而且要做到清洁卫生，保证工人身体健康，提高工人劳动热情；

③ 不仅物品要清洁，而且工人本身也要做到清洁，如工作服要清洁，仪表要整洁，及时理发、刮须、修指甲、洗澡等；

④ 工人不仅要做到形体上的清洁，而且要做到精神上的"清洁"，待人要讲礼貌、要尊重别人；

⑤ 要使环境不受污染，进一步消除浑浊空气、粉尘和污染源，消灭职业病。

5. 素养

素养的目的是提升员工修养，实现员工的自我规范。

实施要点：

① 继续推动以上 4S 直至习惯化；

② 制定相应的规章制度；

③ 教育培训、激励，将外在的管理要求转化为员工自身的习惯、意识，使上述各项活动成自觉行动。

6. 节约

节约的目的是物尽其用，勤俭节约。

实施要点：

① 能用的东西尽可能利用；

② 以自己就是主人的心态对待校园资源；

③ 切勿随意丢弃，丢弃的要思考其剩余利用价值；

7. 安全

安全的目的是将安全事故发生的可能性降为零。

实施要点：

① 建立系统的安全管理体制；

② 重视员工的培训教育；

③ 实行现场巡视，排除隐患；

④ 创造明快、有序、安全的工作环境。

机器视觉基础知识

机器视觉系统
组成与应用

一、知识索引

二、知识解析

（一）机器视觉的概念

1.机器视觉的定义

通俗定义：机器视觉就是用机器代替人眼来做测量和判断。

美国制造工程师协会（SME）定义："机器视觉是使用光学器件进行非接触感知，自动获取和解释一个真实场景的图像，以获取信息或用于控制机器人运动的装置。"

2.机器视觉的工作原理

相机将被检测目标转换成图像信号，传送给图像处理系统，图像处理系统对这些信号进行各种运算来抽取目标的特征，如面积、数量、位置、长度，再根据预设的允许度和其他条件输出结果，实现自动识别功能。图 3-1 所示。

3.机器视觉系统的定义

机器视觉系统是指通过图像采集单元（相机），将被摄取目标转换成图像信号，传送给专用的图像处理系统，根据像素分布和亮度、颜色等信息，转变成数字化信号；图像系统对这些信号进行各种运算来抽取目标的特征，进而根据判别的结果来控制现场的设备动作；根据预设的判据来输出结果：尺寸、角度、偏移量、个数、合格/不合格、有/无等；指挥执行机构进行诸如定位或分选等相应控制动作。

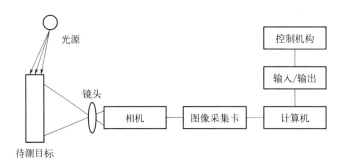

图 3-1　机器视觉工作原理

4. 机器视觉系统的优势

在一些不适合于人工作业的危险工作环境或人工视觉难以满足要求的场合，常用机器视觉来替代人工视觉。在大批量工业生产过程中，用人工视觉检查产品质量效率低且精度不高，用机器视觉检测方法可以大大提高生产效率和生产的自动化程度，机器视觉系统广泛地用于工况监视、成品检验和质量控制等领域。机器视觉易于实现信息集成，是实现计算机集成制造的基础技术。图 3-2 所示。

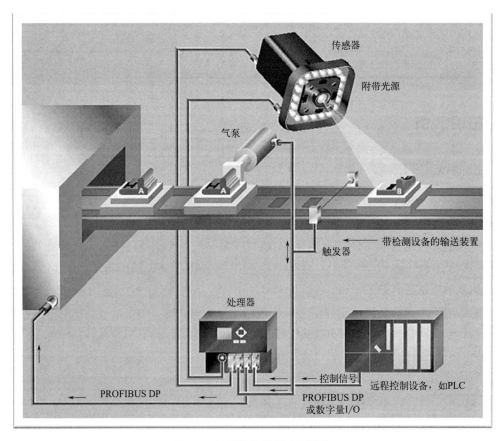

图 3-2　机器视觉用于成品检验

（二）机器视觉系统的组成

典型机器视觉系统的组成一般包括光源、工业相机、工业镜头、图像采集卡、机器视觉软件和工控机等几部分。

1. 光源

光源作为机器视觉系统输入的重要部件，它的好坏直接影响输入数据的质量和应用效果。由于没有通用的机器视觉光源设备，所以针对每个特定的应用实例，要选择相应的视觉光源，以达到最佳效果。常见的光源有：LED环形光源、低角度光源、背光源、条形光源、同轴光源、冷光源、点光源、线型光源、平行光源等。如图 3-3 所示。

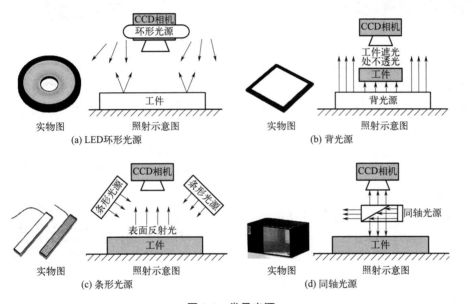

图 3-3　常见光源

2. 工业相机

工业相机在机器视觉系统中最本质功能就是将光信号转变为电信号，与普通相机相比，它具有更高的传输力、抗干扰力以及稳定的成像能力。按照不同标准可有多种分类：按输出信号方式，可分为模拟工业相机和数字工业相机；按芯片类型不同，可分 CCD 工业相机和 CMOS 工业相机，如图 3-4 所示。

图 3-4　工业相机

3. 工业镜头

镜头在机器视觉系统中主要负责光束调制，并完成光信号传递。镜头类型包括：标准、远心、广角、近摄和远摄等，选择依据一般是根据相机接口、拍摄物距、拍摄范围、CCD尺寸、畸变允许范围、放大率、焦距和光圈等，如图3-5所示。

(a) 标准镜头   (b) 远心镜头

图 3-5　工业镜头

4. 图像采集卡

图像采集卡又称图像捕捉卡，是一种可以获取数字化视频图像信息，并将其存储和播放出来的硬件设备。很多图像采集卡能在捕捉视频信息的同时获得伴音，使音频部分和视频部分在数字化时同步保存、同步播放。图像采集卡直接决定了摄像头的接口：黑白、彩色、模拟、数字等。比较典型的有PCI采集卡、1394采集卡、VGA采集卡和GigE千兆网采集卡。

5. 机器视觉软件

机器视觉软件是机器视觉系统中自动化处理的关键组成，根据具体应用需求，对软件包进行二次开发，可自动完成对图像采集、显示、存储和处理。如图3-6所示。

机器视觉软件
组成

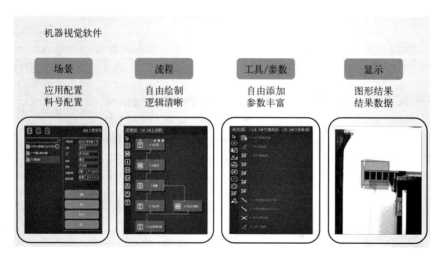

图 3-6　机器视觉软件

6. 工控机

工控机在机器视觉系统中起到了大脑的作用，是机器视觉软件的载体，具有信号的中转、处理和通讯功能、数据的分析及存储等功能。

（三）机器视觉的发展

机器视觉的概念起始于 20 世纪 60 年代，最先的应用来自"机器人"的研制。最早基于视觉的机器系统，先由视觉系统采集图像并进行处理，然后通过计算估计目标的位置来控制机器运动。1979 年提出了视觉伺服（Visual Servo）概念，即可以将视觉信息用于连续反馈，提高视觉定位或追踪的精度。

20 世纪 50 年代：主要集中在二维图像的简单分析和识别上，如字符识别、工件表面、显微图片和航空图片的分析和解释等。

20 世纪 60 年代：MIT（Massachusetts Institute of Technology）的 Roberts 通过计算机程序从数字图像中提取出诸如立方体、楔形体、棱柱体等多面体的三维结构，并对物体形状及物体的空间关系进行描述。他的研究工作开创了以理解三维场景为目的的三维机器视觉研究。

20 世纪 70 年代：首次提出较为完整的视觉理论，已经出现了一些视觉应用系统。20 世纪 70 年代中期，MIT 人工智能（Artificial Intelligence）实验室正式开设"机器视觉"课程。1973 年 MITAILab 吸引了国际上许多知名学者参与视觉理论、算法、系统设计的研究，D.Marr 教授就是其中的一位。他于 1973 年应邀在 MITAILab 领导一个以博士生为主体的研究小组，1977 年提出了视觉计算理论（Vision Computational Theory），该理论在 20 世纪 80 年代成为机器视觉领域中的一个十分重要的理论框架。D.Marr 教授的视觉计算理论将整个机器视觉过程分成三个阶段，依次为初级视觉处理、中级视觉处理和高级视觉处理，如图 3-7 所示。

图 3-7　机器视觉的三个阶段

20 世纪 80 年代中期：机器视觉得到蓬勃发展，新概念、新方法、新理论不断涌现。

20 世纪 90 年代中期至今：深入发展、广泛应用的时期。

（四）机器视觉的应用

机器视觉的应用范围十分广泛，大致可分为四大领域。

1.图像识别领域

图像识别作为人工智能技术的一部分，随着技术的逐渐成熟已经有了非常广泛的应用，比如智能安检的人脸识别（图 3-8 所示）、电子支付的二维码识别和交通领域的汽车号牌检测与识别等，在军事和医学领域，图像识别技术也可以完成军事目标的侦察和定位，医疗的临床诊断和病理研究等，让人们的生活方式变得更加方便和智能。

2.机器人领域

机器视觉是机器人领域的研究重点，机器视觉技术就相当于机器人的眼睛，通过对 3D 环境的检测和识别，向运动控制系统反馈目标的位置和自身的状态，来引导和控制机器人进行相应的动作（图 3-9 所示）。比如在酒店或商场的服务机器人、工厂 AGV 小车中都可以看到视觉引导系统的身影。

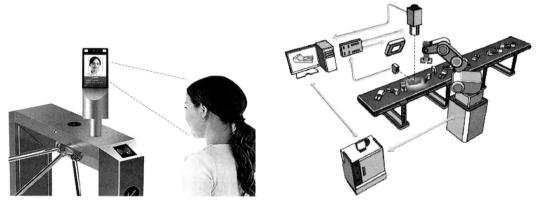

图 3-8　人脸识别　　　　　　　　　　图 3-9　机器人领域

3.产品缺陷检测领域

机器视觉技术在工业自动化生产中应用最广泛的领域就是产品缺陷检测，大部分的流水线生产都可以应用机器视觉技术进行产品缺陷检测，比如饮料行业的包装质量检测、医药制造产线的药品包装检测和印刷领域的印刷缺陷检测（图 3-10 所示）等，都可以用机器视觉替代人工检测，提高生产效率和检测准确率。

图 3-10　产品缺陷检测

4.几何量测量领域

机器视觉几何量的测量同样是机器视觉技术的重要应用方向，可以代替人工对零件的尺寸和形位误差进行测量（图 3-11 所示），以实现智能制造。相比于图像识别和缺陷检测，几何量的测量不仅能检测出图像特征的有或无，还能精确量化特征的尺寸大小。

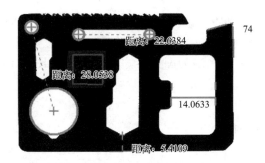

图 3-11 几何量测量

（五）机器视觉公司

1.机器视觉国外供应商

以下列举部分机器视觉国外供应商。

（1）基恩士

从光电传感器和接近传感器到用于检测的测量仪器和研究院专用的高精度设备，基恩士的产品覆盖面极其广泛。基恩士的客户遍及各行各业，有超过 80000 的客户都在使用基恩士的这些产品。用户只要针对特定应用选择合适的基恩士产品，就可以安装高产量、高效能的自动化生产线。基恩士产品的设计理念是给予客户的制造与研发创造附加价值。产品按照通用目的进行工程设计，因此，它们可以用在各个行业或广泛的应用场合。基恩士为世界范围内约 100 个国家或地区的 20 余万家客户提供服务。图 3-12 为基恩士部分视觉产品。

图 3-12 基恩士部分视觉产品

（2）康耐视

康耐视公司设计、研发、生产和销售各种集成复杂的机器视觉技术的产品，即有"视觉"的产品。康耐视产品包括广泛应用于全世界的工厂、仓库及配送中心的条码读码器、机器视觉传感器和机器视觉系统，能够在产品生产和配送过程中引导、测量、检测、识别产品并确保其质量。作为全球领先的机器视觉公司，康耐视自从 1981 年成立以来，已经销售了 90 多万套基于视觉的产品，累计利润超过 35 亿美元。康耐视的模块化视觉系统部门，总部位于美国马萨诸塞州的 Natick 郡，专攻用于多个离散项目制造自动化和确保质量的机器视觉系统。康耐视通过遍布北美、欧洲、日本、亚洲和拉丁美洲的办公室，以及集成与分销合作伙伴全球网络为国际客户提供服务。图 3-13 为康耐视视觉产品。

2. 国内机器视觉供应商

以下列举部分国内机器视觉供应商。

（1）商汤科技

商汤科技是中国最大的新锐人工智能公司，也是一家市场价值超过 100 亿元人民币的独角兽企业。作为全球领先的深度学习平台开发者，商汤科技致力于引领人工智能核心"深度学习"的技术突破，构建人工智能、大数据分析行业解决方案。以"坚持原创，让 AI 引领人类进步"为使命，商汤科技建立了国内最大的、也是唯一自主研发的深度学习超算中心，并成为中国最大的人工智能算法供应商。除技术实力领跑行业，商汤科技的商业营收亦属行业最高，并在多个垂直领域的市场占有率位居首位。目前，商汤科技已与众多知名战略合作伙伴和大客户建立合作，赋能 AI 于多个行业，迅速落地包括人脸识别、图像识别、视频分析、无人驾驶、医疗影像识别等各类应用技术。公司目前已服务超过 400 家客户，包括中国移动、银联、中央网信办、华为、小米、OPPO、微博等知名企业及政府机构。此外，商汤科技以人工智能技术服务于各大安防监控公司、银行金融机构、手机厂商、机器人厂商、多家移动 APP 厂商以及政府公安等客户。图 3-14 为商汤科技视觉产品。

图 3-13　康耐视视觉产品　　　　　　　图 3-14　商汤科技视觉产品

（2）海康威视

海康威视是全球领先的以视频为核心的物联网解决方案提供商，致力于不断提升视频处理技术和视频分析技术，面向全球提供领先的监控产品和技术解决方案。海康威视的营销及服务网络覆盖全球，目前在中国大陆 34 个城市已设立分公司，在香港、美国洛杉矶和印度也已设立了全资和合资子公司，并正在全球筹建更多的分支机构。海康威视拥有业内领先的自主核心技术和可持续研发能力，提供摄像机 / 智能球机、光端机、DVR/DVS/ 板卡、BSV 液晶拼接屏、网络存储、视频综合平台、中心管理软件等安防产品，并针对金融、公安、电讯、交通、司法、教育、电力、水利、军队等众多行业提供合适的细分产品与专业的行业解决方案。这些产品和方案面向全球 100 多个国家和地区，在北京奥运会、大运会、亚运会、上海世博会、青藏铁路等重大安保项目中得到广泛应用。图 3-15 为海康威视视觉产品。

图 3-15　海康威视视觉产品

（3）大华科技

　　浙江大华技术股份有限公司是视频监控解决方案提供商，以技术创新为基础，提供端到端的视频监控解决方案、系统及服务，为城市运营、企业管理、个人消费者生活创造价值。大华股份以视频为核心的智慧物联解决方案提供商及运营服务商，自 2002 年推出业内首台自主研发 8 路嵌入式 DVR 以来，一直持续加大研发投入和不断致力于技术创新，每年投入近 10% 的销售收入进入研发工作，现拥有 6000 余人的研发技术人员。大华股份的营销和服务网络覆盖全球，在国内 32 个省市，海外亚太、北美、欧洲、非洲等地建立 35 个分支机构，为客户提供端对端快速、优质服务。产品覆盖全球 160 个国家和地区，广泛应用于公安、金融、交通、通信等关键领域，并相继问鼎 APEC 峰会、世界互联网大会、里约奥运、G20 杭州峰会等重大工程项目。图 3-16 为大华科技视觉产品。

图 3-16　大华科技视觉产品

（六）典型行业应用案例

1. 手机接口电路板机器视觉自动检测系统

　　手机接口电路板机器视觉自动检测系统由光源、镜头、摄像头、图像采集卡、精密 XY 运动平台、计算机和专门开发的应用软件组成，用于检测手机接口电路板质量，其中包括检测每个接口电路板中的三个器件的位置和尺寸等参数（图 3-17 所示）。系统实现了大批量电路板组件质量的快速准确检验。

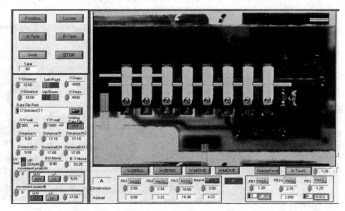

图 3-17　手机接口电路板机器视觉自动检测

被检测的大电路板上包含有 30 个接口电路板，为了保证测量精度，每次检测只针对一个接口电路板。因此，必须通过 XY 运动平台移动电路板。电路板检测完后才进行分割，并淘汰不合格产品。

系统采用美国 NI 公司先进的机器视觉技术，拥有数据记录和分析的功能。该系统具有测量准确、快速、扩展性强和性价比高等特点。该系统可适用于其他小型的电子和机械零部件的几何尺寸测量。

2. 生物医学微粒检测与分析系统

生物医学微粒检测与分析系统主要功能是利用机器视觉技术实现粒子的检测和分析（图 3-18 所示）。适用于微小（几十至几百纳米直径）颗粒的动态检测，可以测量单位时间内流经小管内的微粒的数量和每个粒子的粒径，并对颗粒大小、分布状态进行分析。系统配置了激光光源、显微镜头与高分辨率数字摄像头。此外还配置了电动输液器，用来驱动载有微小粒子的液体的流动。

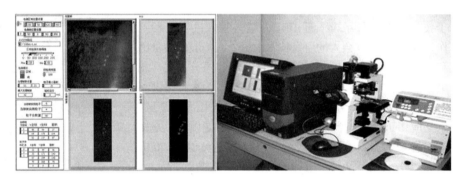

图 3-18　生物医学微粒检测与分析

3. 机器视觉定位激光切割机

在激光切割机工作过程中，由于加工对象通常无法准确放置在特定的位置上，因此加工前必须先完成加工对象的定位。该设备采用机器视觉技术解决精确定位问题，其主要技术特点是采用两级定位的方式，设备顶部安装了一台相机，视场比较大，用于粗定位；而在激光头旁边安装有另一台相机，视场小，用于精确定位（图 3-19 所示），为准确加工奠定基础。

计算机视觉
技术赋能五
大行业

图 3-19　机器视觉定位激光切割机

工业相机

工业相机

一、知识索引

二、知识解析

（一）工业相机概述

1. 工业相机的功能

工业相机（图 4-1 所示）是机器视觉系统中的一个关键组件，其功能就是将光信号转变成为有序的电信号。选择合适的相机也是机器视觉系统设计中的重要环节，相机的性能不仅直接决定所采集到的图像分辨率、图像质量等，同时也与整个系统的运行模式直接相关。

图 4-1　工业相机

2. 工业相机的分类

① 按照芯片结构分类：CCD 相机、CMOS 相机。

② 按照传感器结构分：面阵相机、线阵相机。

③ 按照输出模式分类：模拟相机、数字相机。

④ 按照输出色彩分类：彩色相机、黑白相机。

3. 工业相机与普通数码相机的区别

① 工业相机的快门时间特别短，能清晰地抓拍快速运动的物体，而普通相机抓拍快速运动的物体非常模糊。

② 工业相机的图像传感器是逐行扫描的，而普通相机的图像传感器是隔行扫描的，甚至是隔三行扫描。

③ 工业相机的拍摄速度远远高于普通的相机；工业相机每秒可以拍摄十幅到几百幅的图片，而普通相机只能拍摄 2 ~ 3 幅图像。

④ 工业相机输出的是裸数据，它的光谱范围也往往比较宽，比较适合进行高质量的图像处理算法，普遍应用于机器视觉系统中。而普通相机拍摄的图片，它的光谱范围只适合人眼视觉，并且经过了 MPEG 压缩，图像质量也较差。

4. 工业相机的保养

① 尽量避免将摄像头直接指向阳光，以免损害摄像头的图像感应器件；

② 避免将摄像头和油、蒸汽、湿气和灰尘等物质接触，避免和水直接接触；

③ 不要使用刺激的清洁剂或者有机溶剂擦拭摄像头；

④ 不要拉扯和扭转连接线；

⑤ 非必要情况下，自己不要随意拆卸摄像头，试图碰触其内部零件，这容易对摄像头造成损伤，认为损伤经销商是不保修的；

⑥ 仓储时，应当将摄像头存放在干净、干燥的地方。

（二）CCD 与 COMS 的区别

1. 成像过程

CCD 与 CMOS 图像传感器光电转换的原理相同，它们最主要的差别在于信号的读出过程不同；由于 CCD 仅有一个（或少数几个）输出节点统一读出，其信号输出的一致性非常好；而 CMOS 芯片中，每个像素都有各自的信号放大器，各自进行电荷 - 电压的转换，其信号输出的一致性较差。但是 CCD 为了读出整幅图像信号，要求输出放大器的信号带宽较宽，而在 CMOS 芯片中，每个像元中的放大器的带宽要求较低，大大降低了芯片的功耗，这就是 CMOS 芯片功耗比 CCD 要低的主要原因。尽管降低了功耗，但是数以百万的放大器的不一致性却带来了更高的固定噪声，这又是 CMOS 相对 CCD 的固有劣势。

2. 集成性

从制造工艺的角度看，CCD 中电路和器件是集成在半导体单晶材料中，工艺较复杂，世界上只有少数几家厂商能够生产 CCD 晶元，如 DALSA、SONY、松下等。CCD 仅能输出模拟电信号，需要后续的地址译码器、模拟转换器、图像信号处理器处理，并且还需要提供三组不同电压的电源同步时钟控制电路，集成度非常低。而 CMOS 是集成在被称作金属氧化物的半导体材料上，这种工艺与生产数以万计的计算机芯片和存储设备等半导体集成电路的工艺相同，因此声场 CMOS 的成本相对 CCD 低很多。同时 CMOS 芯片能将图像信号放大器、信号读取电路、A/D 转换电路、图像信号处理器及控制器等集成到一块芯片上，只需一块芯片就可以实现相机的所有基本功能，集成度很高，芯片级相机概念就是从这产生的。随着 CMOS 成像技术的不断发展，越来越多的公司可以提供高品质的 CMOS 成像芯片，包括：Micron、CMOSIS、Cypress 等。

3. 速度

CCD 采用逐个光敏输出，只能按照规定的程序输出，速度较慢。CMOS 有多个电荷 - 电压转换器和行列开关控制，读出速度快很多，目前大部分 500fps 以上的高速相机都是 CMOS 相机。此外 CMOS 的地址选通开关可以随机采样，实现子窗口输出，在仅输出子窗口图像时可以获得更高的速度。

4. 噪声

CCD 技术发展较早，比较成熟，采用 PN 结或二氧化硅（SiO2）隔离层隔离噪声，成像质量相对 CMOS 光电传感器有一定优势。由于 CMOS 图像传感器集成度高，各元件、电路之间距离很近，干扰比较严重，噪声对图像质量影响很大。近年，随着 CMOS 电路消噪技术的不断发展，为生产高密度优质的 CMOS 图像传感器提供了良好的条件。

（三）CCD 相机的主要参数

1. 分辨率（Resolution）

分辨率是相机每次采集图像的像素点数，对于数字相机一般是直接与光电传感器的像元数对应的，对于模拟相机则取决于视频制式，PAL 制为 768×576，NTSC 制为 640×480。分辨率是相机最基本的参数，由相机所采用的芯片分辨率决定，是芯片靶面排列的像元数量。通常面阵相机的分辨率用水平和垂直分辨率两个数字表示，如：1920（H）×1080（V），前面的数字表示每行的像元数量，即共有 1920 个像元，后面的数字表示像元的行数，即 1080 行。现在相机的分辨率通常表示多少 K，如 1K（1024），2K（2048），3K（4096）等。在采集图像时，相机的分辨率对图像质量有很大的影响。在对同样大的视场（景物范围）成像时，分辨率越高，对细节的展示越明显（图 4-2 所示）。

2. 像素深度（Pixel Depth）

像素深度是每像素数据的位数，一般常用的是 8Bit，对于数字相机一般还会有 10Bit、12Bit 等。对于黑白相机这个值的位数通常是 8 ～ 16Bit。像素深度定义了灰度由暗到亮的灰阶数。例如，对于 8Bit 的相机 0 代表全暗而 255 代表全亮。介于 0 和 255 之间的数字代表一定的亮度指标。10Bit 数据就有 1024 个灰阶，而 12Bit 有 4096 个灰阶。每一个应用都要仔细考虑是否需要非常细腻的灰度等级。从 8Bit 上升到 10Bit 或者 12Bit 的确可以增强测量的精度，但是也同时降低了系统的速度，并且提高了系统集成的难度（线缆增加，尺寸变大），因此要慎重选择。

3. 最大帧率（Frame Rate）/ 行频（Line Rate）

相机采集传输图像的速率，通常面阵相机用帧频表示，单位 fps（Frame Per second），如 30fps，表示相机在 1 秒钟内最多能采集 30 帧图像；线阵相机用行频表示，单位 kHz，如 12kHz 表示相机在 1 秒钟内最多能采集 12000 行图像数据。速度是相机的重要参数，在实际应用中很多时候需要对运动物体成像，相机的速度需要满足一定要求，才能清晰准确地对物体成像。相机的帧频和行频首先受到芯片的帧频和行频的影响，芯片的设计最高速度则主要是由芯片所能承受的最高时钟决定。

(a) 512×512　　　(b) 256×256　　　(c) 128×128

(d) 64×64　　　(e) 32×32　　　(f) 16×16

图4-2　分辨率

4. 曝光方式（Exposure）和快门速度（Shutter）

对于线阵相机都是逐行曝光的方式，可以选择固定行频和外触发同步的采集方式，曝光时间可以与行周期一致，也可以设定一个固定的时间；面阵相机有帧曝光、场曝光和滚动行曝光等几种常见方式，数字相机一般都提供外触发采图的功能。快门速度一般可到10微秒，高速相机还可以更快。

5. 像元尺寸（Pixel Size）

像元尺寸指的是一个CCD/CMOS感光单位的尺寸（面阵相机均为正方形像元），以 μm 为单位。比如一个芯片为1280×1024的分辨率，像元尺寸为5.5μm×5.5μm，那么它的尺寸即是长（1280×5.5）μm× 宽（1024×5.5）μm，即7.04mm×5.63mm。像元大小和像元数（分辨率）共同决定了相机靶面的大小。目前数字相机像元尺寸一般为3 ～ 10μm，一般像元尺寸越小，制造难度越大，图像分辨率越高。图4-3 为不同像元尺寸的图像的分辨率对比。

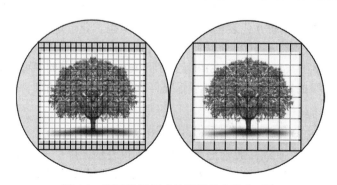

图4-3　不同像元尺寸的图像的分辨率对比

6. 光谱响应特性（Spectral Range）

光谱响应特性是指该像元传感器对不同光波的敏感特性，一般响应范围是 350 ～ 1000nm，一些相机在靶面前加了一个滤镜，滤除红外光线，如果系统需要红外感光时可去掉该滤镜。

（四）工业相机的接口

工业相机常见的接口有 GigE（千兆以太网）接口、Firewie（1394）接口、USB 接口、Camera Link 接口，各接口参数见表 4-1 所示。

表 4-1　工业相机几种接口比较

接口	GigE（千兆以太网）接口	Firewie（1394 接口）	USB 接口	Camera Link 接口
标准类型	Commercial	Consumer	Consumer	Commercial
连接方式	点对点或 LAN Link（Cat5TP-J45）	点对点共享总线	主 / 从共享总线	点对点（MDR b26pin）
带宽	<1000Mb/s 连续模式	<400Mb/s 连续模式	<12Mb/s USB1 <480Mb/s USB2 突发模式	<2380Mb/（base） <7140Mb（full） 连续模式
距离	<100m	<4.5m	< 5m	<10m
可连接设备数量	Unilimited	63	127	1
PC Interface	GigE NIC	PCI Card	PCI Card	PCI Frame grabber

（五）工业相机的特点及选型

1. 工业相机的特点

在机器视觉检测中，一般要选用线阵相机，线阵相机有更高的分辨率；线阵相机每行像素一般为 1024、2048、4096、8012；而一般的面阵相机仅为 640、768、1280，大于 2048 的面阵相机很少见。线阵相机的采集速度更快，不同型号的线阵相机采集速度从每秒 5000 ～ 60000 行不等，用户可以选择每几行或者每十几行即构成一帧图像进行处理一次，因此可以达到很高的帧率。线阵相机可以不间断的连续采集和处理；线阵相机可以对直线运动的物体（直线导轨，滚筒上的纸张、织物、印刷品，传送带上的物体等）进行连续采集。线阵相机有更简单合理的构造。与面阵相机相比，线阵相机不会浪费分辨率采集到无用数据。

2. 工业相机的选型

（1）选型的一般步骤

第一步：首先需要明确系统精度要求和工业相机分辨率。

第二步：需要明确系统速度要求与工业相机成像速度。

第三步：需要将工业相机与图像采集卡一并考虑，因为这涉及到两者的匹配。

第四步：价格的比较。

（2）注意事项

1）应用的不同

根据应用的不同来决定是需要选用 CCD 还是 CMOS 相机，CCD 工业相机主要应用在运动物体的图像提取，如贴片机，当然，随着 CMOS 技术的发展，许多贴片机也在选用 CMOS 工业相机。视觉自动检查的方案或行业中一般用 CCD 工业相机比较多。CMOS 工业相机成本低、功耗低，应用也越来越广泛。

2）分辨率的选择

首先考虑待观察或待测量物体的精度，根据精度选择分辨率。其次看工业相机的输出，若是体式观察或机器软件分析识别，分辨率高是有帮助的；若是 VGA 输出或 USB 输出，在显示器上观察，则还依赖于显示器的分辨率，工业相机的分辨率再高，显示器分辨率不够，也是没有意义的；利用存储卡或拍照功能，工业相机的分辨率高也是有帮助的。

3）与镜头的匹配

传感器芯片尺寸需要小于或等于镜头尺寸，C 或 CS 安装座也要匹配（或者增加转接口）。

4）相机帧数选择

当被测物体有运动要求时，要选择帧数高的工业相机。但一般来说分辨率越高，帧数越低。

5）相机选型计算举例：

示例 1：

① 检测要求

被检测对象大小	115mm×85mm
检测方式	运动中在线检测
检测速度	120 个/min
检测精度	0.1mm
颜色要求	没有颜色检测要求
通讯距离	12m

② 选型步骤

a. 确定视野大小，要比检测对象略大一些。这里选择 120mm×90mm。

b. 根据检测精度选择像素分辨率：

$$120/0.1=1200\text{pixcel}$$

$$90/0.1=900\text{pixcel}$$

相机的分辨率至少需要 2000×1500pixcel，因此选择 1280×1024pixcel，1280×1024 差不多可以提供 0.09mm/像素的精度。

c. 运动中检测，需要选用全局曝光的相机。

d. 检测速度，120 个/min，至少 2 帧以上的帧率就能满足使用。

e. 没有颜色检测要求，黑白相机就能满足使用。

f. 通讯距离 12m，需要适用千兆网的相机才能实现该通讯距离。

③ 选型结果

130 万像素，1280×1024，全局曝光的千兆网黑白相机，帧率大于 2 帧。

查询相机厂家的样本，按照上述技术指标选择合适的相机。

示例 2：

检测要求

检测任务	尺寸测量
产品大小	18mm×10mm
精度要求	0.02mm
检测方式	流水线作业
检测速度	10 件/s

① 选型步骤

a. 首先是流水线作业，速度较快，因此选用全局曝光相机；

b. 视野大小可以设定为 20mm×15mm（考虑每次机械定位的误差，将视野比物体适当放大，那么需要的相机分辨率就是：

$$20/0.02×2=2000pixcel$$

$$15/0.02×2=1500pixcel$$

② 选型结果

相机的分辨率至少需要 2000×1500pixcel，帧率在 10 帧/s，

因此选择 2496×2048 像素，帧率在 10 帧/s 以上的相机即可。查询相机厂家的样本，按照上述技术指标选择合适的相机。

工业镜头

工业镜头

一、知识索引

二、知识解析

（一）工业镜头的参数

工业镜头一般都由光学系统和机械装置两部分组成，光学系统由若干透镜（或反射镜）组成，以构成正确的物像关系，保证获得正确、清晰的影像，它是镜头的核心；而机械装置包括固定光学元件的零件（如镜筒、透镜座、压圈、连接环等）、镜头调节机构（如光圈调节环、焦距调节环等）（图5-1所示）、连接机构（比如常见的C、CS接口）等。

光圈调节环　　　　焦距调节环

图 5-1　工业镜头的结构

1. 工业镜头的接口

工业镜头的接口尺寸是有国际标准的，共有三种接口型式，即 F 型、C 型、CS 型。F 型接口是通用型接口，一般适用于焦距大于 25mm 的镜头；而当工业镜头的焦距小于 25mm 时，因物镜的尺寸不大，便采用 C 型或 CS 型接口。

C 与 CS 接口的区别在于镜头与摄像机接触面至镜头焦平面（摄像机 CCD 光电感应器应处的位置）的距离不同，C 型接口此距离为 17.5mm，CS 型接口此距离为 12.5mm，如图 5-2 所示。

C 型镜头与 C 型摄像机、CS 型镜头与 CS 型摄像机可以配合使用。C 型镜头与 CS 型摄像机之间增加一个 5mm 的 C/CS 转接环可以配合使用（图 5-3 所示）。CS 型镜头与 C 型摄像机无法配合使用。

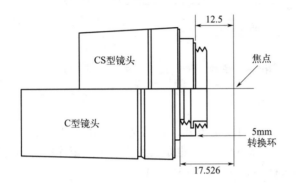

图 5-2　C 接口和 CS 接口的区别

图 5-3　转接环示意图

2. 光圈

光圈是一个用来控制透过镜头进入相机感光面的进光量的装置。

光圈的大小（用 F 表示）：F 后面的数值越小，光圈越大，进光量越多，画面越亮，焦平面越窄，主体背景越虚化；F 后面的数值越大，光圈越小，进光量越少，画面越暗，焦平面越宽，主体背景越清晰，如图 5-4 所示。

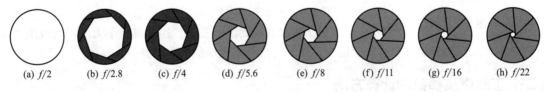

(a) $f/2$　　(b) $f/2.8$　　(c) $f/4$　　(d) $f/5.6$　　(e) $f/8$　　(f) $f/11$　　(g) $f/16$　　(h) $f/22$

图 5-4　光圈

3. 视场（Field of view，FOV，也叫视野范围）

视场指观测物体的可视范围，也就是充满相机采集芯片的物体部分。

4. 工作距离（Working Distance，WD）

工作距离指从镜头前部到受检验物体的距离。即清晰成像的表面距离。

5. 分辨率（Resolution）

分辨率指图像系统可以测到的受检验物体上的最小可分辨特征尺寸。在多数情况下，视野越小，分辨率越好。

6. 景深（Depth of view，DOF）

景深是物体离最佳焦点较近或较远时，镜头保持所需分辨率的能力，如图 5-5 所示。

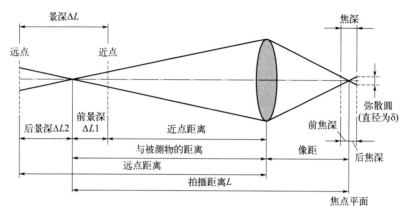

图 5-5　景深

7. 焦距、视场角

焦距是光学系统中衡量光的聚集或发散的度量方式，指从透镜的光心到光聚焦点的距离（图 5-6 所示）。也是工业相机中从镜片中心到底片或 CCD 等成像平面的距离。

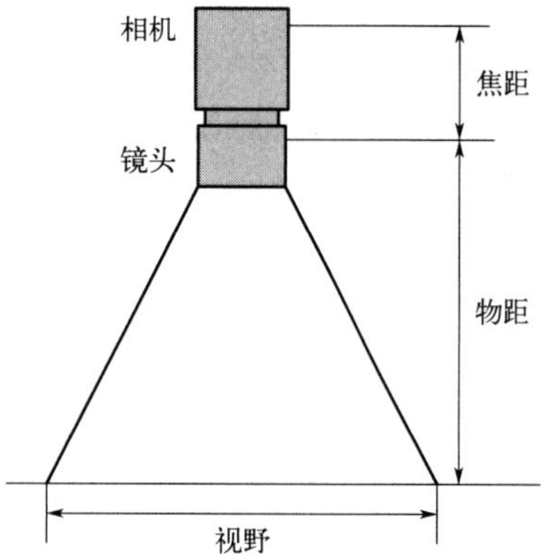

在光学仪器中，以光学仪器的镜头为顶点，以被测目标的物像可通过镜头的最大范围的两条边缘构成的夹角，称为视场角。

焦距的大小决定着视场角的大小，焦距数值小，视场角大，所观察的范围也大，但距离远的物体分辨不很清楚；焦距数值大，视场角小，观察范围小，只要焦距选择合适，即便距离很远的物体也可以看得清清楚楚。由于焦距和视场角是一一对应的，一个确定的焦距就意味着一个确定的视场角，所以在选择镜头焦距时，应该充分考虑是观测细节重要，还是有一个大的观测范围重要，如果要看细节，就选择长焦距镜头；如果看近距离大场面，就选择小焦距的广角镜头。

图 5-6　焦距

（二）工业镜头参数的计算方法

1. 焦距计算方法

在选择镜头搭建一套成像系统时，有几个关键参数需要考虑，分别为物距 D、焦距 f、物高 H、像高 L，如图 5-7 所示。

L：L 等于像元尺寸 × 分辨率（长 / 宽）。

H：物体的长 / 宽。

f：镜头焦距。

D：镜头到被测物距离。

镜头成像光学系统的简化版公式为：$L/H=f/D$

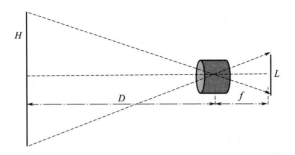

图 5-7　成像系统关键参数

2. 视场角计算方法

$$\tan(\omega_H/2)=h/2f=W/L$$
$$\tan(\omega_V/2)=v/2f=H/L$$

ω_H：水平视场角，如图 5-8 所示。

ω_V：垂直视场角。

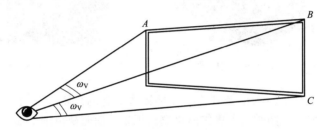

图 5-8　水平视场角与垂直视场角

f：镜头的焦距。

h：摄像机靶面的水平宽度。

v：摄像机靶面的垂直高度。

W：最大可见物体宽度的一半。

H：最大可见物体高度的一半。

L：被摄物体至镜头的距离；垂直视角可以类比。

（三）工业镜头的分类

1. 按视角分类

镜头按视角分可以分为：

标准镜头：视角 30 度左右，在 1/2 英寸 CCD 摄像机中，标准镜头焦距定为 12mm，在 1/3 英寸 CCD 摄像机中，标准镜头焦距定为 8mm。之所以称 30 度视角的镜头是标准镜头，是因为人眼的有效视角大概是 30 度。

广角镜头：视角 90 度以上，焦距可小于几毫米，可提供较宽广的视景。

远摄镜头：视角 20 度以内，焦距可达几米甚至几十米，此镜头可在远距离情况下将拍摄的物体影像放大，但使观察范围变小。

2. 按焦距分类

镜头从焦距上分为：

短焦距镜头：因入射角较宽，可提供一个较宽广的视野。

中焦距镜头：标准镜头，焦距的长度视 CCD 的尺寸而定。

长焦距镜头：因入射角较狭窄，故仅能提供狭窄视景，适用于长距离监视。

按焦距分类和按视角分类是对应的。

3. 定焦镜头和变焦镜头

有些镜头的焦点是固定的，而有些镜头的焦点是可变的，这分别称为定焦镜头和变焦镜头，如图 5-9、图 5-10 所示。

图 5-9　定焦镜头　　　　　　图 5-10　变焦镜头

变焦镜头也常被称为变倍镜头，它的焦距连续可变，即可将远距离物体放大，同时又可提供一个宽广视景，使监视范围增加。变焦镜头有手动伸缩镜头和自动伸缩镜头两大类。典型的光学放大规格有 6 倍（6.0 ～ 36mm，F1.2）、8 倍（4.5～36mm，F1.6）、1 0 倍（8.0～80mm，F1.2）、12 倍（6.0～72mm，F1.2）、20 倍（10 ～ 200mm，F1.2）等档次，并以电动伸缩镜头应用最普遍。

（四）工业镜头的选择

1. 视野范围

在选择镜头时，要选择比被测物体视野稍大一点的镜头，以有利于运动控制。

2. 景深要求

对于景深有要求的项目，尽可能使用小的光圈；在选择放大倍率的镜头时，在项目许可下，尽可能选用低倍率镜头。如果项目要求比较苛刻时，倾向选择高景深的尖端镜头。

3. 芯片大小和相机接口

CCD 芯片尺寸大小通常为 1/3″、1/2″。镜头一般是 1/3″、1/2″、2/3″。不同芯片规格要求相应的镜头规格。镜头的设计规格必须等于或大于芯片规格，否则在视场边缘会出现黑边。考虑到接口安装问题，相机有 C/CS 接口，镜头同样有 C/CS 接口；当相机和镜头接口不同时，需要一个"CS-C"口转接环来进行接口转换。CS 口相机加上转换环后转换成 C 口相机可以使用的 C 口镜头，C 口相机去掉转换环可转换成 CS 口相机。

4. 可安装空间

工作距离往往在视觉应用中至关重要，它与视场大小成正比，有些系统工作空间很小，因而需要镜头有小的工作距离，但有的系统在镜头前可能需要安装光源或其它工作装置，因而必须有较大的工作距离保证空间。同样根据视场需要，配合物距等要求来选择不同焦距的镜头或者放大镜头。

知识点 6

视觉光源

视觉光源

一、知识索引

二、知识解析

（一）视觉光源的作用

机器视觉系统的核心是图像采集和处理，所有信息均来源于图像之中，图像本身的质量对整个视觉系统极为关键。而光源则是影响机器视觉系统图像水平的重要因素，因为它直接影响输入数据的质量和至少 30% 的应用效果。

通过适当的光源照明设计，使图像中的目标信息与背景信息得到最佳分离，可以大大降低图像处理算法分割、识别的难度，同时提高系统的定位、测量精度，使系统的可靠性和综合性能得到提高。反之，如果光源设计不当，会导致在图像处理算法设计和成像系统设计中事倍功半。因此，光源及光学系统设计的成败是决定系统成败的首要因素。光源经由物体反射 / 折射进入相机形成的图像，主要为明场图像和暗场图像，如图 6-1、图 6-2 所示。

在机器视觉系统中，光源的作用有以下几种。

① 照亮目标，提高目标亮度。

② 形成最有利于图像处理的成像效果。

③ 克服环境光干扰，保证图像的稳定性。

④ 用作测量的工具或参照。

图 6-1　明场

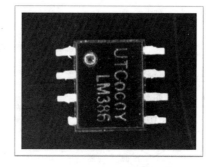

图 6-2　暗场

常用的光源颜色有白色、蓝色、红色、绿色等。主要是采用 RGB 颜色。RGB 是工业中的一种颜色标准，通过对红（R）、绿（G）、蓝（B）三个颜色通道的变化，以及它们之间的叠加得到其他颜色，如图 6-3 所示。

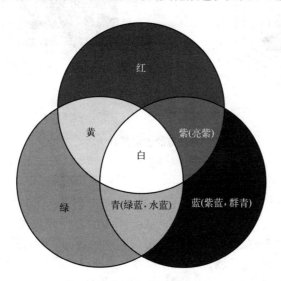

图 6-3　RGB 颜色

（二）LED 光源特点与分类

视觉光源常用的有 LED 光源、卤素灯（光纤光源）、高频荧光灯、氙气灯四种，它们在视觉光源领域中各有突出（图 6-4 所示），目前 LED 光源最常用。

1. LED 光源的特点

① 可制成各种形状、尺寸及各种照射角度。

② 可根据需要制成各种颜色，并可以随时调节亮度。

③ 使用寿命长。

④ 反应快捷，可在 10 微秒或更短的时间内达到最大亮度。

⑤ 电源带有外触发，可以通过计算机控制，启动速度快，可以用作频闪灯。

⑥ 运行成本低、寿命长，在综合成本和性能方面体现出更大的优势。

⑦ 可根据客户的需要，进行特殊设计。

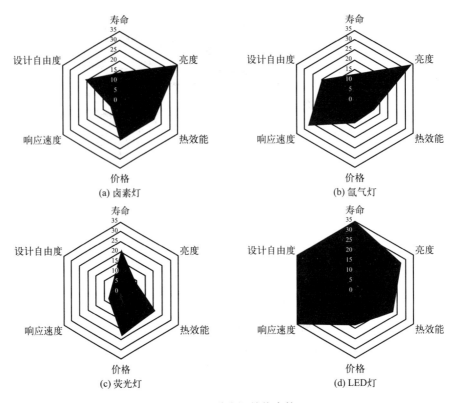

图 6-4　四种光源的优劣势

2. LED 光源按形状分类

（1）环形光源

环形光源提供不同照射角度、不同颜色组合，更能突出物体的三维信息；高密度 LED 阵列，高亮度；多种紧凑设计，节省安装空间；解决对角照射阴影问题；可选配漫射板导光，光线均匀扩散。应用领域：PCB 基板检测，IC 元件检测，显微镜照明，液晶校正，塑胶容器检测，集成电路印字检查。环形光源实物图及照射示意图如图 6-5 所示。

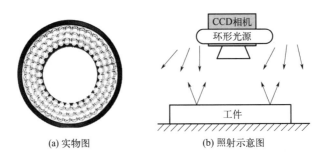

图 6-5　环形光源

（2）背光源

用高密度 LED 阵列面提供高强度背光照明，能突出物体的外形轮廓特征，尤其适合作为显微镜的载物台。红白两用背光源、红蓝多用背光源，能调配出不同颜色，满足不同被测物多色要求。应用领域：机械零件尺寸的测量，电子元件、IC 的外型检测，胶片污点检测，透明物体划痕检测等。背光源实物图及照射示意图如图 6-6 所示。

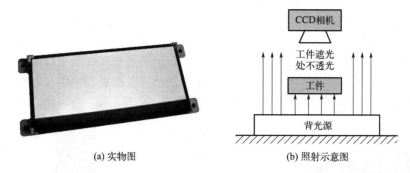

(a) 实物图　　　　　(b) 照射示意图

图 6-6　背光源

（3）条形光源

条形光源是较大方形结构被测物的首选光源；颜色可根据需求搭配，自由组合；照射角度与安装随意可调。应用领域：金属表面检查，图像扫描，表面裂缝检测，LCD 面板检测等。条形光源实物图及照射示意图如图 6-7 所示。

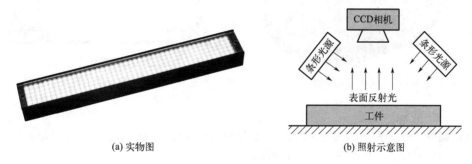

(a) 实物图　　　　　(b) 照射示意图

图 6-7　条形光源

（4）同轴光源

同轴光源可以消除物体表面不平整引起的阴影，从而减少干扰；部分采用分光镜设计，减少光损失，提高成像清晰度，均匀照射物体表面。应用领域：系列光源最适宜用于反射度极高的物体，如金属、玻璃、胶片、晶片等表面的划伤检测，芯片和硅晶片的破损检测，Mark 点定位，包装条码识别。同轴光源实物图及照射示意图如图 6-8 所示。

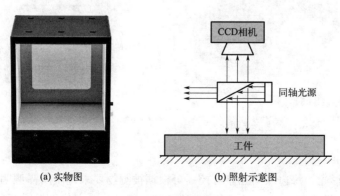

(a) 实物图　　　　　(b) 照射示意图

图 6-8　同轴光源

（5）AOI 专用光源

不同角度的三色光照明，照射凸显焊锡三维信息；外加漫射板导光，减少反光；不同角度组合；应用领域：电路板焊锡检测。AOI 专用光源实物图如图 6-9 所示。

（6）球积分光源

球积分光源具有积分效果的半球面内壁，均匀反射从底部 360 度发射出的光线，使整个图像的照度十分均匀。应用领域：用于曲面，表面凹凸，弧形表面检测，金属、玻璃表面反光较强的物体表面检测。球积分光源的照射示意图如图 6-10 所示。

图 6-9　AOI 专用光源

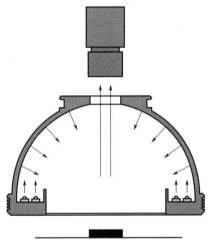

图 6-10　球积分光源的照射示意图

（7）线形光源

超高亮度，采用柱面透镜聚光，适用于各种流水线连续检测场合。应用领域：阵相机照明专用，AOI 专用。线性光源实物图如图 6-11 所示。

（8）点光源

大功率 LED，体积小，发光强度高；光纤卤素灯的替代品，尤其适合作为镜头的同轴光源等；高效散热装置，提高光源的使用寿命。应用领域：适合远心镜头使用，用于芯片检测，Mark 点定位，晶片及液晶玻璃底基校正。点光源实物图如图 6-12 所示。

图 6-11　线形光源

图 6-12　点光源

（9）组合条形光源

四边配置条形光，每边照明独立可控；可根据被测物要求调整所需照明角度，适用性广。应用案例：CB 基板检测，IC 元件检测，焊锡检查，Mark 点定位，显微镜照明，包装条码照明，球形物体照明等。组合条形光源实物图如图 6-13 所示。

图 6-13　组合条形光源

（10）对位光源

对位速度快；视场大；精度高；体积小，便于检测集成；亮度高，可选配辅助环形光源。应用领域：对位光源是全自动电路板印刷机对位的专用光源。

（三）视觉光源的选型

1. 前提信息

（1）检测内容

外观检查、OCR、尺寸测定、定位。

（2）对象物

① 想看什么？（异物、划痕、缺损、标识、形状等）

② 表面状态？（镜面、糙面、曲面、平面）

③ 立体？平面？

④ 材质、表面颜色？

⑤ 视野范围？

⑥ 动态还是静态？（相机快门速度）

（3）限制条件

① 工作距离。（镜头下端到被测物表面距离）

② 设置条件。（光源照明范围的大小、光源到被测物表面的距离、反射型或透射型）

③ 周围环境。（温度、外界杂散光）

④ 相机的种类，面阵或线阵。

2. 简单的预备知识

① 因材质和厚度不同，对光的透过特性（透明度）各异。

② 各光源根据其波长之长短，对物质的穿透能力（穿透率）各异。

③ 光的波长越长，对物质的透过力越强，光的波长越短，在物质表面的扩散率越大。

④ 透射照明即是使光线透射对象物体并观察其透过光的一种照明手法。

3. 光源选型标准

① 光源均匀性好，均匀的光源可以确保在检测区域内光照的一致性，避免因光照不均匀而导致的检测误差；

② 具有较宽的光谱范围，不同的材料对不同波长的光有不同的反射、吸收特性。例如某些塑料材料，可能在特定波长下有独特的光学特性。较宽的光谱范围才能够保证对于各种材料，如金属、塑料、陶瓷等，都能找到合适的检测光波段，从而提高检测的通用性；

③ 光照强度足够，足够的光照强度可以使图像中的目标物体与背景之间有更明显的对比度，减少图像中的噪声干扰，利于图像处理；

④ 具有较长的使用寿命及较高的稳定性，稳定的光源可以保证在整个生产或检测周期内光照条件不变，从而确保检测结果的一致性；

⑤ 低成本，在实际应用中，成本是一个重要的考虑因素。较低的成本可以降低整个项目的预算。同时，能够根据不同的现场布局、检测对象的形状等定制特殊形状的光源也是很重要的。例如在检测一些形状复杂的物体内部结构时，可能需要定制弯曲形状或特殊角度的光源来满足检测需求，而这一过程如果成本过高会限制其应用范围。

图像处理技术

图像处理技术

一、知识索引

序号	知识点	页码	序号	知识点	页码
1	图像采集	045	2	图像预处理	045
3	图像增强	048	4	图像分割	049
5	边缘提取	050	6	图像腐蚀与膨胀	051
7	图像匹配	051			

二、知识解析

（一）图像采集

图像采集系统一般由光源、镜头、CCD 相机、图像采集卡、图像处理软件以及视觉主机构成（图 7-1 所示）。在采集的过程中，由光源提供照明，CCD 相机进行拍摄并将采集到的光信号转化为模拟的电信号，输入到图像采集卡中进行 A/D 转换，动态地采集到视觉主机内存中，最终通过图像处理技术及相关运算完成对所要检测对象的检测，把被测物体的图像显示在系统显示屏中。

（二）图像预处理

采集的图像需要先进行预处理，目的是突出目标区域和降低不必要信息的干扰，为后期进行图像分割和特征提取做准备。常见的预处理有灰度化、二值化等。

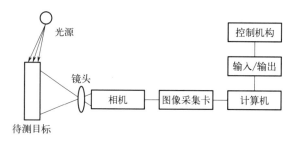

图 7-1 图像采集系统

1. 灰度处理

彩色照片,即 RGB 图片,都是由红绿蓝三种颜色合成而来,但是在视觉识别中,由于外界光源不稳定,物体的颜色往往会有较大偏差,为了保证图像识别的准确率和稳定性,图像的特征工程往往需要去除色彩信息,而只留下形状信息。此外,如果对彩色图像进行处理,需要对红、绿、蓝三个通道进行处理,处理器的计算量将会很大。为了减少所需处理的数据量,提高整个系统的处理速度,对所得的图像进行灰度化是必要的。在 RGB 模型中,当 RGB 三分量亮度值相同时,图像不显示任何色彩而是呈现出一种灰色,此时它们的亮度值叫灰度值(又称强度值),其取值范围为 0 ~ 255,灰度值越高,图像越亮,灰度值越低,图像越暗。由于在灰度图中 RGB 三分量亮度一致,灰度图像每个像素只需一个数字存放灰度值,这大大减小了图像处理的计算量。对彩色图像的灰度化一般有分量法、最大值法、平均值法和加权平均法四种方法。图像灰度处理如图 7-2 所示。

图 7-2 图像灰度处理

分量法根据图像颜色特性的需要选取一种颜色,以该颜色分量的亮度值作为最后的灰度值。例如,当取绿色时,灰度值为:

$$Gray=G$$

最大值法对彩色图像中的 RGB 三分量亮度进行对比,取其中的最大值作为灰度图的灰度值。

$$Gray = \max(R, G, B)$$

平均值法对彩色图像中的 RGB 三分量亮度进行计算,取三分量亮度平均量得到一个灰度值。

$$Gray = (R+G+B)/3$$

加权平均法根据人眼视觉敏感度及其它相关指标，对 RGB 三个分量分配相应的权重，进行加权平均后得出最终的灰度值。由于绿色对人的视觉敏感度最高，而蓝色对人眼的敏感度较低，以此作为权重依据，按 0.30 ∶ 0.59 ∶ 0.11 的比例对 RGB 三分量进行加权平均能得到较合理的灰度图像。

$$Gray = 0.3R+0.59G+0.11B$$

2. 二值化

图像的二值化，就是将图像上的像素点的灰度值设置为 0 或 255，也就是将整个图像呈现出明显的只有黑和白的视觉效果。

（1）全局二值化

一幅图像包括目标物体、背景还有噪声，要想从多值的数字图像中直接提取出目标物体，最常用的方法就是设定一个全局的阈值 T（$0 \leqslant T \leqslant 255$），用 T 将图像的数据分成两部分：大于 T 的像素群和小于 T 的像素群。将大于 T 的像素群的像素值设定为白色（或者黑色），小于 T 的像素群的像素值设定为黑色（或者白色）。图像二值化如图 7-3 所示。

例如：设原图的像素点的灰度值为 Gray，二值化操作：

$$(R, G, B)=\begin{cases}(0, 0, 0), \text{Gray} < T \\ (255, 255, 255), \text{Gray} \geqslant T\end{cases}$$

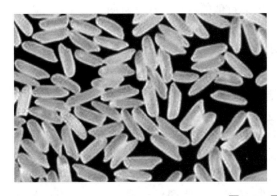

图 7-3　图像二值化

全局二值化在表现图像细节方面存在很大缺陷。为了弥补这个缺陷，出现了局部二值化方法。

局部二值化的方法就是按照一定的规则将整幅图像划分为 N 个窗口，对这 N 个窗口中的每一个窗口再按照一个统一的阈值 T 将该窗口内的像素划分为两部分，进行二值化处理。

（2）局部自适应二值化

局部二值化技术虽有应用价值，却存在明显缺陷。其缺陷主要在于采用的统一阈值策略，该策略简单地将窗口内像素的平均值作为阈值，从而忽略了像素间可能存在的细微差异，在局部重视全局二值化的缺陷。为了克服这一缺陷，局部自适应二值化方法应运而生。

局部自适应二值化就是在局部二值化的基础上，将阈值的设定更加合理化。该方法的阈值是通过对该窗口像素的平均值 E，像素之间的差平方 P，像素之间的均方根值 Q 等各种局部特征，设定一个参数方程进行阈值的计算，例如：$T=a \times E+b \times P+c \times Q$，其中 a，b，c

是自由参数。这样得出来的二值化图像就更能表现出二值化图像中的细节。图像局部二值化如图 7-4 所示。

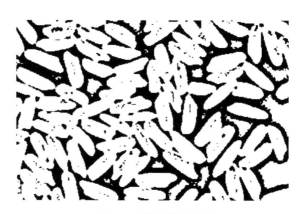

图 7-4　图像局部二值化

（三）图像增强

由于照片采集条件的限制，在实际场景下拍摄的照片往往效果不佳，这需要通过图像增强来对原图像进行改善，可以有针对性地使图像中有价值的区域得到凸显，同时使其与图像中无价值的区域形成更鲜明的对比。可以有效降低背景噪声的影响，使图像中有价值的区域更容易引起视觉响应。图像增强技术主要包括基于空域的方法和基于频域的方法两大类。

1. 空域图像增强

空域图像增强就是通过直接调整图像像素的灰度值来改变图像的灰度分布。其主要方法包括直方图增强法、均值滤波法、中值滤波法。

① 直方图增强：直方图指将图像像素的灰度值用频数直方图表示，可以反映图像中每种灰度出现的次数，是图像的基本统计特征之一。

② 均值滤波：均值滤波法是操作最为方便的空间域处理方法。这种方法的基本思想是在图像空间假定有一原始图像，取 (x, y) 附近的 N 个像素的灰度值，以像素点周围相邻像素点的平均灰度值来取代该点像素灰度值。

③ 中值滤波：在抑制噪声干扰的同时保留图像细节信息，最好选用中值滤波器。

2. 频域图像增强

首先通过傅立叶变换把图片在频率域上表示，然后用滤波算子在频率域内对图片进行处理，将图片再次通过傅立叶反转变换到空间域从而实现图像增强。

频率域内的图像增强通常包括低通滤波、高通滤波和同态滤波等。如果噪声主要集中在高频中，则可采用低通滤波器去除噪声，让低频成分通过而抑制高频，傅里叶反转变换得到的滤波图像，则消除了图像噪声，图像变得更加平滑，会造成图像不同程度上的模糊，采用高通滤波器可以消除模糊、锐化图像。频域图像增强如图 7-5 所示。

原始图像　　　　　　　　高频增强滤波10　　　　　　3×3平滑滤波结果图像

图 7-5 频域图像增强

（四）图像分割

　　图像分割算法即把图像分成多个互不相交的子区域，使得各个子区域不相同，而具有较多相似性的特征在同一个子区域。再将目标子区域提取出来，图像分割是实现特征提取的重要基础。目前的图像分割方法主要有基于阈值的分割方法、基于边缘的分割方法、基于区域的分割方法三大类。

　　对灰度图像的取阈值分割就是先确定一个处于图像灰度取值范围之中的灰度阈值，然后将图像中各个像素的灰度值都与这个阈值相比较，并根据比较结果将对应的像素分为两类，这两类像素一般分属图像的两类区域，从而达到分割的目的，该方法中可以看出，确定一个最优阈值是分割的关键，如图 7-6 所示。

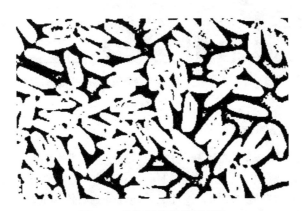

图 7-6 基于阈值的分割方法

　　图像最基本的特征是边缘，它是图像局部特性不连续（或突变）的结果。例如灰度值的突变、颜色的突变、纹理的突变等，边缘检测方法是利用图像一阶导数的极值或二阶导数的过零点信息来提供判断边缘点的基本依据，如图 7-7 所示。

　　区域分割的实质就是把具有某种相似性质的像素连通起来，从而构成最终的分割区域，它利用了图像的局部空间信息，可有效地克服其它方法存在的图像分割空间不连续的缺点，但它通常会造成图像的过度分割。在此类方法中，如果从全图出发，按区域属性特征一致的准则，决定每个像元的区域归属，形成区域图，常称之为区域生长的分割方法；如果从像元出发，按区域属性特征一致的准则，将属性接近的连通像元聚集为区域是区域增长的分割方法；若综合利用上述两种方法，就是分裂 - 合并的方法，区域生长法的基本思想是将具有相似性质的像素合起来构成区域，具体做法是选给定图像中要分割的目标物体内的一个小块或者说种子区域，再在种子区域的基础上不断将其周围的像素点以一定的规则加入其中，达到最终将代表该物体的所有像素点结合成一个区域的目的，如图 7-8 所示。

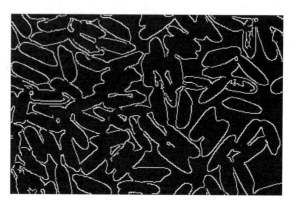

图 7-7　基于边缘的分割方法

图 7-8　基于区域的分割方法

（五）边缘提取

图像最基本的特征是边缘。所谓边缘或边沿是指其周围像素灰度有阶跃变化或屋顶变化的像素的集合。边缘广泛存在于物体与背景、物体与物体、基元与基元之间，因此它是图像分割所依赖的重要特征。Poggio 等指出"边缘或许对应着图像中物体（的边界），或许并没有对应着图像中物体（的边界），但是边缘具有十分令人满意的性质，它能大大减少所要处理的信息，但是又保留了图像中物体的形状信息"。常见的边缘有三种；第一种是阶梯形边缘（Step-edge），即从一个灰度到比它高好多的另一个灰度；第二种是屋顶形边缘（Roof-edge），它的灰度是慢慢增加到一定程度然后慢慢减小；还有一种是线性边缘（Line-edge），它的灰度从一个级别跳到另一个灰度级别之后然后回来。边缘检测是图像处理与识别中最基础的内容之一，一幅图像就是一个信息系统，其大量信息是由它的轮廓边缘提供的。因此，边缘提取与检测在图像处理中占有很重要的地位，其算法的优劣直接影响着所研制系统的性能。

传统的边缘检测算子有：Robert 算子、Sobel 算子、Prewitt 算子、LOG 算子、Canny 算子、laplacian 算子等，如图 7-9 所示。

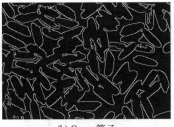

| (a) laplacian算子 | (b) Canny算子 | (c) Sobel算子 |

图 7-9　边缘检测算子

随堂笔记

（六）图像腐蚀与膨胀

腐蚀的作用是消除物体的边界点，使目标缩小，即消除小于结构元素的噪声点。

膨胀的作用是将与物体接触的所有背景点合并到物体中，使目标增大，可填补目标的空洞。

开运算是先腐蚀、后膨胀的过程，可以消除图像上细小的噪声，并使物体边缘平滑；闭运算是先膨胀、后腐蚀的过程，可以填充物体中的细小空洞，并使物体边缘平滑，如图 7-10 所示。

| (a) 腐蚀前 | (b) 腐蚀后 | (c) 膨胀前 | (d) 膨胀后 |

图 7-10　图像腐蚀与膨胀

（七）图像匹配

图像匹配是指通过提取图像中比较显著的点形成数据信息，然后与其他图像的信息进行比对，从而找到两幅或多幅图像的相关性。

随堂笔记

图像匹配的概念是通过一种方法确定两幅图片的相对空间位置、特征参数的一种匹配模式。一般意义上的图像匹配是指一张较大的图像精确匹配一张较小图像的计算过程，如图 7-11 所示。

图 7-11　图像匹配

我国科学家研制出世界首款类脑互补视觉芯片

知识点 8

机器视觉工作台组成

工作台硬件
介绍

一、知识索引

二、知识解析

(一) 机器视觉工作台结构组成

机器视觉工作台主要由操作台、接口面板、电控柜组成。

1. 操作台

机器视觉工作台(图 8-1)主要由实训机台、电控板、XYZ 三轴运动模组、外置 R 轴、报警灯、按钮盒、产品托盘、光幕传感器、显示器等组成。

光幕传感器,当工作台运行时,有外围物体通过光幕进入工作台运动范围时,工作台停止运动。

显示屏,其主要作用是呈现视觉软件,方便软件操作。

急停按钮用于设备云顶时紧急情况的停止和操作台的断电。

设备上电按钮用于设备操作台部分的通电。

XY 轴手动控制摇杆用于手动控制 XY 运动模组的上下、左右运动。

旋钮开关用于设备手动模式和自动模式的切换。

(1) XYZ 三轴运动平台

XYZ 三轴运动平台(图 8-2)由 Z 轴运动模组和 XY 运动模组组成。Z 轴运动模组可通过电机运转进行上下运动,同时在 Z 轴运动模组上安装有扩展板,在扩展板上根据需要,可以安装相机、光源和 R 轴,匹配有固定走线槽。在 Z 轴运动模组右侧安装有红、绿颜色的报警灯。

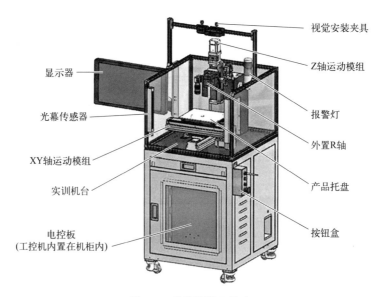

图 8-1   机器视觉工作台

XY 运动模组可通过电机进行前后、左右的运动，XY 运动模组上搭载有载物台，可根据工作需要安装标定板、背光源、产品托盘。

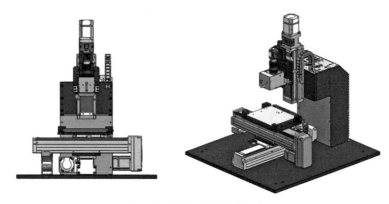

图 8-2   XYZ 三轴运动平台

Z 轴是多功能轴，自带快换装置，可方便安装 2D 相机、3D 相机等多种工业相机，也可方便安装背光、同轴光、环形光等多种常见光源。Z 轴也可以扩展安装旋转 R 轴，平台可根据实验要求合理布置各类支架。

（2）外置 R 轴

外置 R 轴（旋转轴）连接有一个吸盘，可以吸取样品并旋转角度，实现样品按照指定角度摆放的作用，可用于物品的搬运或分拣实验，R 轴示意图如图 8-3 所示，可安装在 Z 轴上，R 轴重复精度优于 ±0.5°，可连续回转。旋转轴的末端配套了三种尺寸的吸嘴，规格为：SP-06、SP-08、SP-10，根据应用需求正确选择吸嘴。

2. 视觉工作台接口面板

机器视觉工作台将所有接口集成到一块面板上，便于操作人员操作，接口包括光源连接接口、光源外部控制端口、旋转 R 轴运动接口、PLC 扩展 I/O 口、系统进气口、光源控制串口、工控机 USB 接口、PLC 下载端口，直流电源供电端口以及网口，如图 8-4 所示。

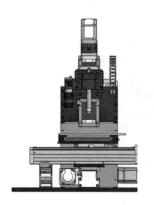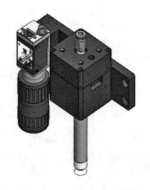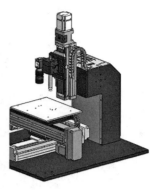

图 8-3　外置 R 轴

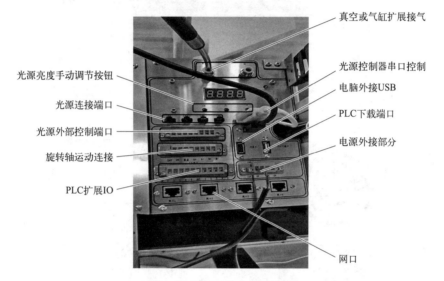

图 8-4　视觉工作台接口面板

3.电控柜

电控柜上进行了功能分区，包括使用透明窗口的电气柜（内含电控板）、工控机柜、键鼠抽屉、储物抽屉等。其中电控柜底面采用高强度福马轮地脚作为支撑，方便移动；储物抽屉采用多层设计，如图 8-5 所示。

电气部分主要包括过载保护空气开关、交流接触器、直流电源、欧姆龙 PLC、继电器和电机驱动器等，如图 8-6 所示。

（二）机器视觉配件箱

机器视觉器件箱、机器视觉工具箱分别用于收纳和放置本工作台需要的机器视觉元器件以及实训需要的治具和工具。它们的内部布局如图 8-7 所示。

图 8-5　电控柜

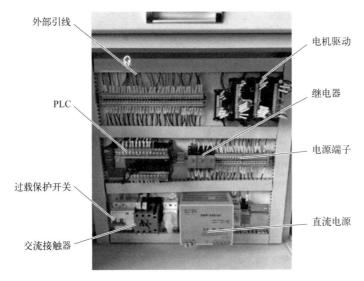

图 8-6　电控柜电气组成

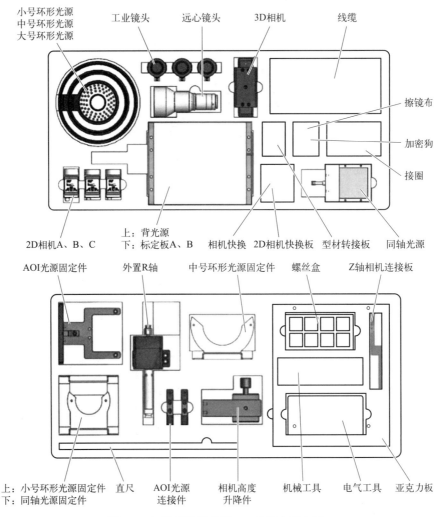

图 8-7　机器视觉器件箱、工具箱内部布局

机器视觉器件主要包括工业相机（2D、3D）、工业镜头、LED 光源、标定板等。

1. 工业相机

本实训平台提供了 3 台 2D 相机和 1 台 3D 相机，相机接口包含 USB3.0 和 GigE 两种类型，如表 8-1 所示。

表 8-1 工业相机

类别	型号	分辨率	帧率 FPS	曝光模式	颜色	芯片大小	接口
2D 相机	MV-1280M	1280×960	＞90	全局	黑白	1/2″	USB3.0
2D 相机	MV-G2448M	2448×2048	＞20	全局	黑白	2/3″	GigE
2D 相机	MV-G2592C	2592×1944	＞10	滚动	彩色	1/2.5″	GigE
3D 相机	M3D-RS1920	1920×1080×2	＞10	滚动	彩色	2/3″	USB3.0

（1）2D 相机 MV-U1280M 参数（表 8-2）

① 130 万（1280×960）像素黑白全帧 CMOS 芯片，USB3.0 接口，5Gbps 理论传输宽带，USB 接口供电（无需要单独供电）；

② 结构紧凑，外形尺寸仅为 29mm×29mm×29mm；128MB 板上缓存用于突发模式下传输或图像重传；

③ 支持软件触发 / 硬件触发 / 自动运行等多种模式；

④ 支持锐度、降噪、伽马校正、查找表、黑电平校正、亮度、对比度等 ISP 功能；

⑤ 彩色相机支持插值、白平衡、颜色转换矩阵、色度、饱和度等；

⑥ 支持多种图像数据格式输出、ROI、Binning、镜像等；

⑦ 兼容 USB 3 VISION 协议和 GenlCam 标准；符合 CE，FCC，UL，ROHS 认证。

表 8-2 2D 相机（MV-U1280M）

像素	1.3MP	尺寸	29mm×29mm×29mm
帧率 / 行频	210	供电方式	USB 供电
接口	USB3.0	功耗	≈ 3.4W
传感器厂家	Onseml	镜头接口	C
传感器名称	PYTHON 1300	工作温度	−30 ～ +50℃
传感器类型	CMOS	储存温度	−30 ～ +80℃
颜色	黑白、彩色	质量	60g
靶面	1/2″	图像缓存	支持 64MB
快门	Global	储存通道	支持 2 组用户自定义配置
位深	10	伽马	范围从 0 到 4，支持 LUT
像元	4.8μm	图像格式	黑白、彩色

（2）2D 相机 MV-G2448M 参数（表 8-3）

① 500 万（2448×2048）像素黑白全局快门 CMOS 芯片，GigE Vision（千兆以太网）接口，理论上最高 1Gbps 宽带，最大传输距离可到 100mm；

② 128MB 板上缓存用于突发模式下数据传输或图像重传；

③ 支持软件触发 / 硬件触发 / 自动运行等多种模式；

④ 支持锐度、降噪、伽马校正、查找表、电黑平校正、亮度、对比度等 IPS 功能；

⑤ 彩色相机支持插值、白平隔、颜色转换矩阵、色度、饱和度等；

⑥ 支持多种图像数据格式输出、ROI、Binning、镜像等；

⑦ 兼容 USB 3 VISION 协议和 GenlCam 标准；

⑧ 支撑 POE 供电，DC6V-26V 宽压供电；

⑨ 符合 CE、FCC、UL、ROHS 认证。

表 8-3 2D 相机（MV-G2448M）

像素	5MP	尺寸	29mm×29mm×42mm
帧率 / 行频	20	供电方式	DC6V-26V，POE
接口	GigE、POE	功耗	12V ≈ 3.2W
传感器厂家	Sony	镜头接口	C
传感器名称	IMX264	工作温度	−30 ～ +50℃
传感器类型	CMOS	储存温度	−30 ～ +80℃
颜色	黑白、彩色	质量	88g
靶面	2/3″	图像缓存	支持 64MB
快门	Global	储存通道	支持 2 组用户自定义配置
位深	12	伽马	范围从 0 到 4，支持 LUT
像元	3.45μm	图像格式	黑白、彩色

（3）2D 相机 MV-G2592C 参数（表 8-4）

① 500 万（2592×1944）像素彩色滚动快门 CMOS 芯片，GigE Vision（千兆以太网）接口，理论上最高 1Gbps 宽带，最大传输距离可到 100mm；

② 128MB 板上缓存用于突发模式下数据传输或图像重传；

③ 支撑软件触发 / 硬件触发 / 自动运行等多种模式；支撑锐度、降噪、伽马校正、查找表、电黑平校正、亮度、对比度等 IPS 功能；

④ 彩色相机支持插值、白平隔、颜色转换矩阵、色度、饱和度等；

⑤ 支持多种图像数据格式输出、ROI、Binning、镜像等；

⑥ 兼容 USB 3 VISION 协议和 GenlCam 标准；

⑦ 支撑 POE 供电、DC6V-26V 宽压供电；

⑧ 符合 CE、FCC、UL、ROHS 认证。

（4）3D 相机 ZM3D-RS1920 参数（图 8-8）

一体式 3D 相机进行 3D 标定、3D 匹配、3D 体积测量等实验，能实现基于双目特征的匹配和基于立体模式的匹配，提供配套实验例程，3D 相机视野范围：0.5 ～ 3 米（横向），最近工作距离：0.35 米。

表 8-4 **2D 相机（MV-G2592C）**

像素	5MP	尺寸	29mm×29mm×42mm
帧率/行频	23	供电方式	DC6V-26V，POE
接口	GigE	功耗	12V ≈ 2.9W
传感器厂家	Onsemi	镜头接口	C
传感器名称	AR0521	工作温度	−30 ～ +50℃
传感器类型	CMOS	储存温度	−30 ～ +80℃
颜色	黑白、彩色	质量	88g
靶面	1/2.3″	图像缓存	支持 64MB
快门	Rolling	储存通道	支持 2 组用户自定义配置
位深	12	伽马	范围从 0 到 4，支持 LUT
像元		图像格式	黑白

使用环境
室内/室外

最大范围：
0.5～3米

图像传感器技术：
卷帘快门；1.4μm×1.4μm像素大小

深度技术：
主动立体IR

深度视场(FOV)：
86°×57°(±3°)

最小深度距离(Min-Z)：
～0.45米

深度输出分辨率：
高达1280×720

深度精度
<2%位于2米[1]

深度帧率：
高达90帧/秒

图 8-8 **3D 相机（ZM3D-RS1920）**

2. 工业镜头

机器视觉系统应用实训平台配置 3 个不同焦距（12mm、25mm 和 35mm）的定焦镜头，配置 1 个远心镜头，并配套一组与镜头匹配的接圈，见表 8-5 所示。

表 8-5 配置镜头参数

类别	编号	型号	分辨率	焦距/倍率	最大光圈	工作距离	支持芯片大小
工业镜头	12mm镜头	HN-P-1228-6M-C2/3	600万像素	12mm	F2.0	>100mm	2/3″
工业镜头	25mm镜头	HN-P-2528-6M-C2/3	600万像素	25mm	F2.0	>200mm	2/3″
工业镜头	35mm镜头	HN-P-3528-6M-C2/3	600万像素	35mm	F2.0	>200mm	2/3″
远心镜头	远心镜头	HN-P-TCL03-110-C2/3	600万像素	0.3X	F5.4	110mm	2/3″
镜头接圈	0.5mm、1mm、2mm、5mm、10mm、20mm、40mm 一组						

（1）工业镜头 HN-P-1228-6M-C2/3（表 8-6）

表 8-6　工业镜头 **HN-P-1228-6M-C2/3** 参数

型号		HN-P-1228-6M-C2/3
靶面尺寸		2/3″
像元尺寸 /μm		2.4
焦距 /mm		12±5%
光学总长 /mm		55±0.2
法兰距离 /mm		17.526±0.2
光圈范围 /F 数		F2.8-F16
视场角 /HxV		39.00°×29.92°（47.50°）
畸变 /%	光学畸变	±1.2
	TV 畸变	0.51
焦距范围		0.1m～∞
前螺纹		M27×P0.5-7H
接口		c 口
尺寸（DxL）/mm		Φ33.0×41.2（不含螺纹）

（2）工业镜头 HN-P-2528-6M-C2/3（表 8-7）

表 8-7　工业镜头 **HN-P-2528-6M-C2/3** 参数

型号		HN-P-2528-6M-C2/3
靶面尺寸		2/3″
像元尺寸 /μm		2.4
焦距 /mm		25±5%
光学总长 /mm		30.2±0.2
法兰距离 /mm		17.526±0.2
光圈范围 /F 数		F2.8-F16
视场角 /HxV		20.40°×15.50°（25.44°）
畸变 /%	光学畸变	±0.4
	TV 畸变	0.2
焦距范围		0.2m～∞
前螺纹		M27×P0.5-7H
接口		c 口
尺寸（DxL）/mm		Φ33.0×31.2（不含螺纹）

（3）工业镜头 HN-P-3528-6M-C2/3（表 8-8）

表 8-8　工业镜头 **HN-P-3528-6M-C2/3** 参数

型号		HN-P-3528-6M-C2/3
靶面尺寸		2/3″
像元尺寸 /μm		2.4
焦距 /mm		35±5%
光学总长 /mm		41.07±0.2
法兰距离 /mm		17.526±0.2
光圈范围 /F 数		F2.8-F16
视场角 /HxV		14.70°×11.06°（18.24°）
畸变 /%	光学畸变	±0.1
	TV 畸变	0.25
焦距范围		0.2m～∞
前螺纹		/
接口		c 口
尺寸（DxL）/mm		Φ33.0×30.6（不含螺纹）

（4）远心镜头 HN-TCL03-110-C2/3（图 8-9）

光学参数

放大倍率β(x)	0.3
物方工作距WD(mm)	110±2
支持CCD尺寸(φmm)	11(2/3″)
像方F/#	5.6
像方MTF30(Ip/mm)	>170
物方景深DoF(mm)	±2.5@F5.6
像方畸变(% max)	<0.02
物方远心度(° max)	<0.04
视野范围(mm×mm)	
1/1.8″ EV76C570(7.2×5.4)	24.0×18.0
1/1.7″ IMX226(7.5×5.6)	25.0×18.7
2/3″ IMX250/264(8.45×7.1)	28.2×23.7

图 8-9　工业镜头 **HN-TCL03-110-C2/3** 参数

（5）镜头接圈（图 8-10 所示）

镜头接圈包括 0.5mm、1mm、2mm、5mm、10mm、20mm、40mm 七种规格。

① 增加接圈的作用：

a. 加接圈使相距增大；

b.加接圈使工作距离变小；

c.加接圈使视野变小；

d.加接圈使图像放大。

② 增加接圈的缺点：

a.加接圈会使镜头的光强衰弱；

b.加接圈会使景深变小。

图 8-10　镜头接圈

3.视觉光源

机器视觉系统应用实训平台光源包含背光、环形（三种角度光源，能够组合成一个 AOI 光源）、同轴等多种常见光源形式，光源的亮度可以手动调节，也可以通过软件编程控制，见表 8-9 所示。

表 8-9　视觉光源参数

类别	编号	主要参数	颜色	数量	备注
环形光源	小号环形光源	直射环形，发光面外径 80mm，内径 40mm	RGB	1个	三者可合并成 AOI 光源
环形光源	中号环形光源	45 度环形，发光面外径 120mm，内径 80mm	G	1个	
环形光源	大号环形光源	低角度环形，发光面外径 155mm，内径 120mm	B	1个	
同轴光源	同轴光源	发光面积 60mm×60mm	RGB	1个	
背光源	背光源	发光面积 169mm×145mm	W	1个	

注：R 表示红色、G 表示绿色、B 表示蓝色、W 表示白色、RGB 表示全彩色。

（1）环形光源

环形光源共有三个，分别是：

直射环形，发光面外径 80mm，内径 40mm，颜色为 R、G、B 可调。

45 度环形，发光面外径 120mm，内径 80mm，颜色为 G。

低角度环形,发光面外径 155mm,内径 120mm,颜色为 B。

三个光源可以合并成 AOI 光源,如图 8-11 所示。

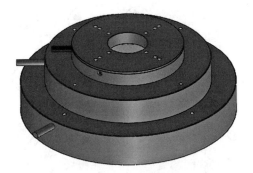

图 8-11 环形光源

(2) 同轴光源

同轴光源颜色为 RGB,光源均匀度高于 90%,发光面积 60mm×60mm,三通道单独控制,如图 8-12 所示。

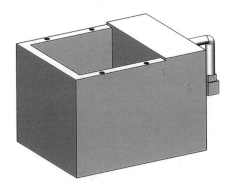

图 8-12 同轴光源

(3) 背光源

背光源颜色为白色,底部贴片 LED,光源均匀度高于 90%,发光面积 169mm× 145mm,如图 8-13 所示。

图 8-13 背光源

4. 标定板

机器视觉系统应用实训平台的标定板共有三种规格,分别是标定板 A(100mm×100mm)、标定板 B(50mm×50mm)、标定板 C(20mm×20mm),如图 8-14 所示。

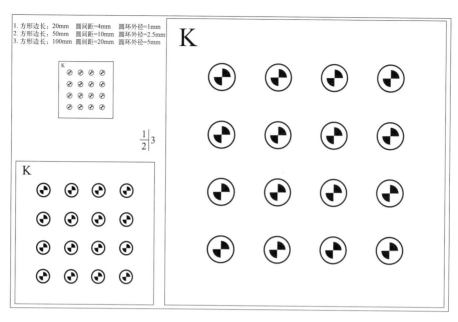

图 8-14　标定板

知识点 9

N 点标定

一、知识索引

二、知识解析

图像源工具
的使用

（一）相机

1. 基本参数

相机基础参数界面如图 9-1 所示。

【相机选择】：在下拉列表中选择相机；

【启动模式】：包含"初始化打开所有相机"或"初始化仅打开选中相机"两种模式。其中"初始化打开所有相机"为打开所有连接上的相机；"初始化仅打开选中相机"为打开选中的相机。默认为"初始化打开所有相机"。

【加载模式】：可以选择根据索引加载相机和根据序列号加载相机。

【标定数据】：可以设置相机的标定数据为 KNone 或者自标定。

【图像模式】：相机工具图像输入模式选择，可设置为"从相机采图"或者"从硬盘加载图片"。

【图像队列】：设置图像的队列顺序。

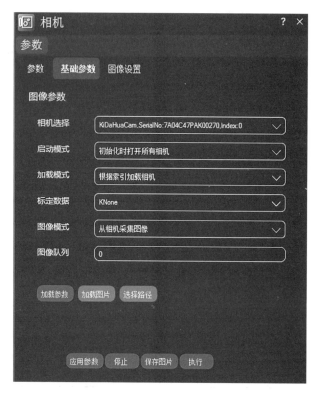

图 9-1　相机基础参数界面

2. 图像设置

相机图像设置界面如图 9-2 所示。

【曝光】：设置曝光时间，可以拖动滚动条进行设置，也可以直接在右侧编辑区手动输入曝光时间，单位是微秒（μs）。曝光时间越长相机的进光量就越多，适合光线条件比较差的场景，光线较好则相反。

【增益】：设置增益，可以拖动滚动条进行设置，也可以直接在右侧编辑区手动输入增益。光线较弱时可以增大增益的大小，不同增益时图像的成像质量不同，增益越小，噪点越小，增益越大，噪点越多。由于成像噪点的原因，在无需增益的情况下通常都不推荐使用增益。

【伽马值】设置伽马值，可以拖动滚动条进行设置，也可以直接在右侧编辑区手动输入伽马值。伽马值是对成像图像的曲线优化调整，是亮度和对比度的辅助功能。伽马调整数值较大时，会增强成像图像的亮度及对比度。

【触发模式】：设置相机的触发模式，包含"软件触发"和"硬件触发"，默认为软件触发。

【图像镜像】：设置图像镜像，包含："不镜像"、"水平镜像"、"垂直镜像"和"垂直＋水平镜像"。

【图像反转】：对图像进行 180°旋转。

【IO 设置】：设置相机的 IO 信号输入输出"持续时间"和"延时时间"。

【应用参数】：将参数设置到相机中。

【停止】：当触发模式为硬件触发时，点击按钮后将停止接收触发信号。

【保存图片】：单击后保存当前图像。

【执行】：点击后执行一次工具。

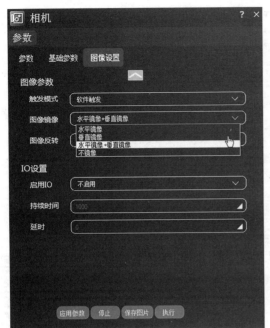 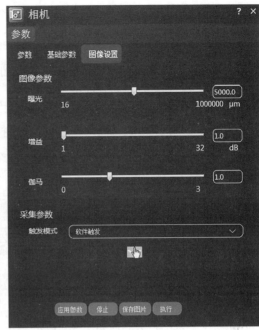

图 9-2 相机图像设置界面

(二) PLC 控制

1. 参数设置

PLC 控制参数设置界面如图 9-3 所示。

PLC 控制

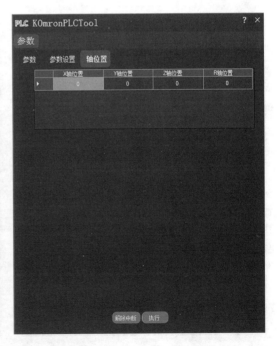

图 9-3 PLC 控制参数设置界面

【回零设置】：勾选回零设置，点击"执行"可选择全轴、X 轴、Y 轴、Z 轴或者 R 轴回到零位点。

【运动设置】：勾选运动设置。使能：打开或关闭某轴的使能开关；轴号：选择需要运动的轴；位置：输入运动轴的位置距离（X[0 ～ 200]、Y[0 ～ 200]、Z[0 ～ 45]、R[0 ～ 360]）；速度：轴运动时的速度。

【控制设置】：勾选控制设置。获取位置：可以获取当前 X 轴、Y 轴、Z 轴和 R 轴的位置信息；控制吸嘴的开 / 关；控制夹爪开 / 关；控制红灯开 / 关；控制绿灯开 / 关。

【解除中断】：解除 PLC 的中断。

【执行】：执行当前设置操作。

2. 轴位置

PLC 控制轴位置界面如图 9-3 所示。

【轴位置】：分别显示当前 X 轴、Y 轴、Z 轴和 R 轴的位置。

（三）光源控制

基础参数

光源控制基础参数界面如图 9-4 所示。

【图像参数】：分别控制四个光源通道的亮度值。

（四）定时器

系统工具
的使用

基本参数

定时器基本参数界面如图 9-5 所示。

【延时时间】：设置需要延时的时长（单位：毫秒）。

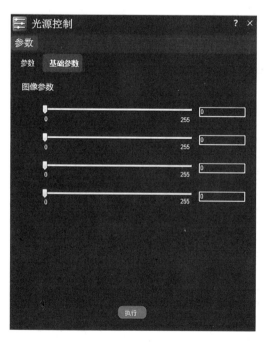

图 9-4　光源控制基础参数界面

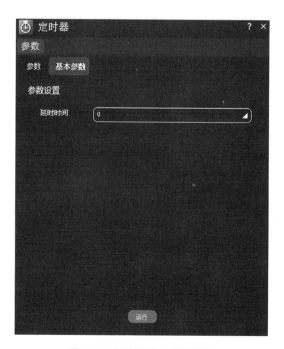

图 9-5　定时器基本参数界面

（五）查找特征点

查找特征点工具是基于 N 点标定的定位工具，主要查找相同特征的点位。

1. 基础参数

查找特征点基本参数界面如图 9-6 所示。

图 9-6　查找特征点基础参数界面

【平滑影子】：用于除去噪声干扰。
【阈值】：设置搜索点的灰度变化值。
【找点个数】：查找共同特征点的个数。

2. 高级参数

查找特征点高级参数界面如图 9-7 所示。

图 9-7　查找特征点高级参数界面

【列坐标】：特征点的 Y 坐标点。

【行坐标】：特征点的 X 坐标点。

（六）N 点标定

N 点标定工具是将像素坐标转换为世界坐标。

1. 基础参数

N 点标定基础参数界面如图 9-8 所示。

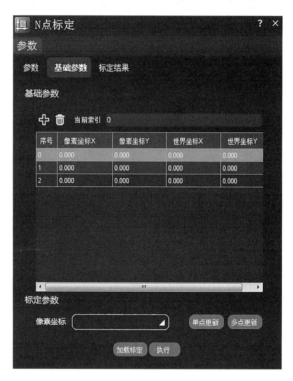

图 9-8　N 点标定基础参数界面

【像素坐标 XY】：相机坐标定点位 XY 坐标。

【世界坐标 XY】：对应像素坐标点位运动控制平台的 XY 坐标。

【标定参数】：将像素坐标更新到基础参数中。

2. 标定结果

N 点标定标定结果界面如图 9-9 所示。

【结果数据】：显示标定结果的放射矩阵。

【结果测试】：输入像素坐标生成对应的世界坐标，进行测试。

（七）XY 标定

XY 标定工具，可以根据输入的像素距离以及实际距离，得到像素当量。这个工具不需要一直执行，仅需要在项目的配置阶段执行一次即可。因此在配置流程时可以使用一个独立的模块（该模块不需要执行），在其中添加该工具，然后进行标定操作。

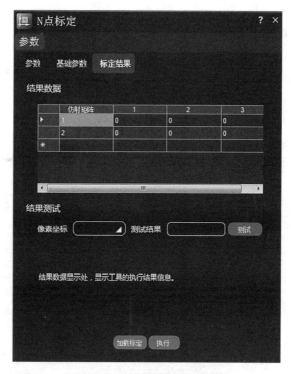

图 9-9　N 点标定标定结果界面

1. 基础参数

XY 标定基础参数界面如图 9-10 所示。

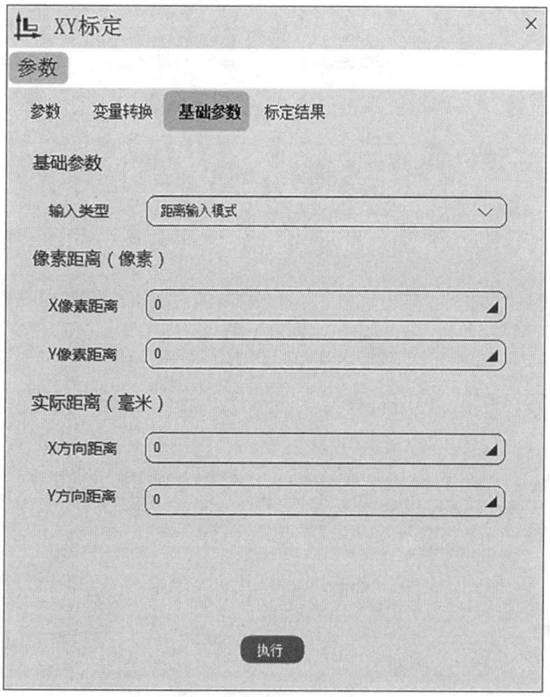

图 9-10　XY 标定基础参数界面

【输入模式选择】：用于选择计算的方式。

距离输入模式：需要输入像素距离和实际距离，像素当量为两个距离的比值。

点 - 距离输入模式：需要输入图像上两个点的像素坐标和实际距离。

2. 标定结果

XY 标定标定结果界面如图 9-11 所示。

标定结果界面主要是将计算界面显示出来，其中包含 X 和 Y 方向的像素当量值以及工具的执行时间。

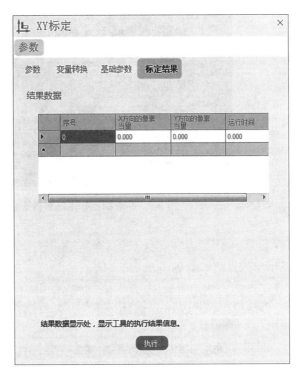

图 9-11　XY 标定标定结果界面

知识点 10

尺寸测试技术

一、知识索引

定位工具
的使用

多个特征点同
时定位

测量工具的
使用

齿条检测

二、知识解析

（一）形状匹配

形状匹配工具是基于形状匹配的定位工具，主要用于进行产品的粗定位。

1. 基础参数

形状匹配基础参数界面如图 10-1 所示。

【工具绑定】：用于绑定工具的输入图像、模板图像等，默认自动绑定上一个工具的输出图像。

【模板名称】：定位成功后，在图像显示窗口中显示找到的实例的名称。

【模板个数】：实例搜索的个数，当值为 0 或者负数时，将搜索图片上所有的实例。

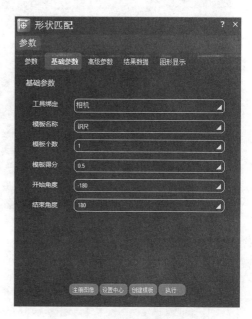

图 10-1 形状匹配基础参数界面

【模板得分】：模板搜索的最小得分，当搜索到的实例分数小于设定值时视为搜索失败。

【开始角度】：实例搜索从该角度开始进行。

【结束角度】：结束实例搜索时的角度。

2. 高级参数

形状匹配高级参数界面如图 10-2 所示。

【是否使用搜索区域】：设置进行匹配定位时是否在设定的搜索区域内进行搜索，默认为不使用搜索区域（即匹配定位在全图范围内进行搜索）。

【重叠度】：最大重叠。值范围 0 ～ 1。如果模型呈现对称性，则可能发生在图像中具有相似位置但旋转不同的多个实例。

【仿射矩阵】：设置是否需要引用其它定位工具输出的仿射变换矩阵。当待检图像与参考图像存在几何变化时，需要对待检图像引用仿射矩阵进行仿射变换以对齐图像。

【轮廓抽样】：对显示出图像轮廓点数进行抽样。

3. 基准设置

形状匹配基准设置界面如图 10-3 所示。

基准设置用于设置定位的参考基准，包含基准坐标以及基准角度。

【基准 X 坐标】：参考基准坐标值中的 X 坐标值。

【基准 Y 坐标】：参考基准坐标值中的 Y 坐标值。

【基准角度】：参考基准的角度。

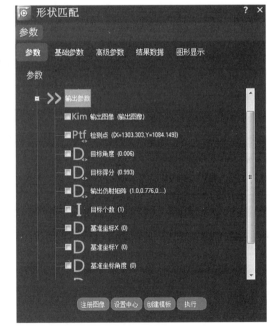

图 10-2　形状匹配高级参数界面　　　　图 10-3　形状匹配基准设置界面

4. 结果数据

形状匹配结果数据界面如图 10-4 所示。

【结果数据】：显示定位完毕后的信息。

【个数】：设置是否启用实例个数的条件判断。若勾选则为启用实例个数的条件判断，当定位完毕后，得到的实例个数不在设置的最小值和最大值范围内时，工具的执行结果为 false，反之则为 true。

【坐标 X】：设置是否启用实例坐标值 X 的条件判断。若勾选则为启用实例坐标值 X 的条件判断，当定位完毕后，得到的实例坐标值 X 不在设置的最小值和最大值范围内时，工具的执行结果为 false，反之则为 true。

【坐标 Y】：设置是否启用实例坐标值 Y 的条件判断。若勾选则为启用实例坐标值 Y 的条件判断，当定位完毕后，得到的实例坐标值 Y 不在设置的最小值和最大值范围内时，工具的执行结果为 false，反之则为 true。

【实例角度】：设置是否启用实例角度的条件判断。若勾选则为启用实例角度的条件判断，当定位完毕后，得到的实例角度不在设置的最小值和最大值范围内时，工具的执行结果为 false，反之则为 true。

5. 图形显示

形状匹配图形显示界面如图 10-5 所示。

【搜索 ROI】：启用后，图片上将会显示出定位工具的搜索区域。

【设置点】：启用后，图片上将会显示出设置的检测点。

【模板轮廓】：启用后，图片上将会显示出实例的轮廓。

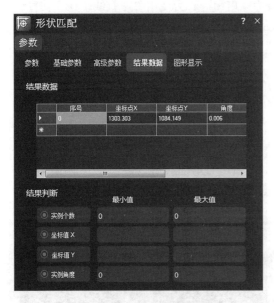

图 10-4　形状匹配结果数据界面

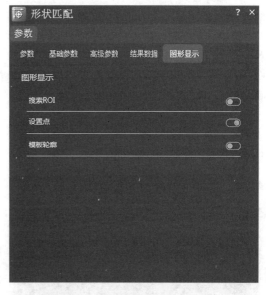

图 10-5　形状匹配图形显示界面

（二）找线

找线工具用于查找直线，可以输出直线的中点坐标、端点坐标等信息。

1. 基础参数

查找线基础参数界面如图 10-6 所示。

【工具绑定】：用于绑定工具的输入图像、模板图像等，默认自动绑定上一个工具的输出图像。

【直线名称】：检测成功后在图像上显示的直线的名称。

【平滑系数】：高斯平滑系数，取值范围为（0.4 ～ 120）。平滑系数决定了平滑水平以及对预测值与实际结果之间差异的响应速度。平滑常数越接近于 1，远期实际值对本期平滑值的影响程度下降越迅速；平滑常数越接近于 0，远期实际值对本期平滑值影响程度的下降越缓慢。由此，当时间序列相对平稳时，可取较小的平滑系数；当时间序列波动较大时，应取较大的平滑系数，以不忽略远期实际值的影响。

【灰度变化】：设置搜索点的灰度变化值，即相邻像素点 RGB 数值变化的大小，取值范围 0 ～ 255。

【最小得分】：检测成功时最小的得分。

【边缘选择】：搜索时，自搜索方向边缘的变化规律，即边缘的明暗过渡情况：设置为"第一条边"时，只返回第一个提取的边缘点；设置为"第二条边"时，只返回最后个提取的边缘点；设置为"所有边"时，返回所有边缘点。

【搜索极性】：搜索时选择返回的边缘点：设置为"从白到黑"时，沿搜索方向构成光到暗过渡的边缘；设置为"从黑到白"时，沿搜索方向构成暗到光过渡的边缘；设置为"所有方向"时，对上述两种情况进行搜索。

2. 高级参数

查找线高级参数界面如图 10-7 所示。

【参考直线】：设置是否使用参考直线，设置为"启用"时为使用参考直线，在查找直线时将会判断用于拟合直线的点是否在参考直线的允许范围内。

【迭代模式】：KStaticLine 是默认使用检测矩形的中线作为参考直线。KIteration 动态迭代是通过多次迭代，直到没有超出值的点为止。

【容忍程度】：用于拟合直线的点离参考直线的距离。

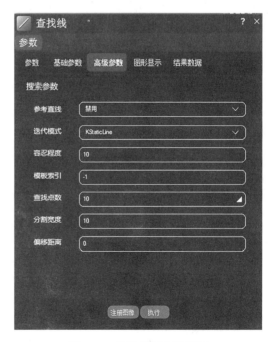

图 10-6　找线基础参数界面　　　　　图 10-7　找线高级参数界面

【模板索引】：当值设置为"-1"时，根据输入的仿射矩阵将所有的直线全部找出。否则仅提出对应引用的仿射矩阵查找直线。

【查找点数】：将搜索区域按照查找点数进行划分，在每个区域中检测边缘点，最终将找到的所有点进行拟合。

【分割宽度】：根据查找点进行分割搜索区域时，每一个小区域的宽度。

【偏移距离】：基于查找到的直线偏移一定的距离。

3.图形显示

找线图形显示界面如图 10-8 所示。

【拟 合 点】：设置是否在图像上显示用于拟合直线的点，启用时显示。

【删除的点】：设置是否在图像上显示剔除掉的点，启用时显示。

【所有的点】：设置是否在图像上显示找到的所有点，启用时显示。

【分割区域】：设置是否在图像上显示分割的小区域，启用时显示。

【检测区域】：设置是否在图像上显示搜索区域，启用时显示。

【结果直线】：设置是否在图像上显示查找到的直线，启用时显示。

【直线名称】：设置是否在图像上显示直线的名称，启用时显示。

【直线中点】：设置是否在图像上显示查找到的直线的中点，启用时显示。

4.结果数据

查找线结果数据界面如图 10-9 所示。

【结果数据】：显示搜索完毕后坐标点位的信息。

图 10-8　找线图形显示界面

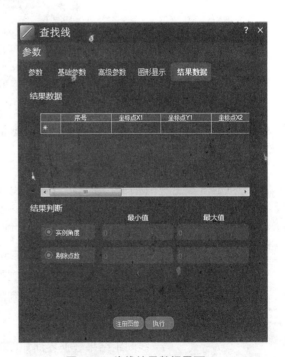

图 10-9　找线结果数据界面

【实例角度】设置是否启用实例角度的条件判断。若勾选则为启用实例角度的条件判断，此时当搜索完毕后，得到的实例角度不在设置的最小值和最大值范围内时，工具的执行结果为 false，反之则为 true。

【剔除点数】：设置是否启用实例剔除点个数的条件判断。若勾选则为启用实例剔除点个数的条件判断，此时当搜索完毕后，得到的实例剔除点个数不在设置的最小值和最大值范围内时，工具的执行结果为 false，反之则为 true。

（三）线间距

线间距工具用于计算两条线之间的间距。

1. 基础参数

线间距基础参数界面如图 10-10 所示。

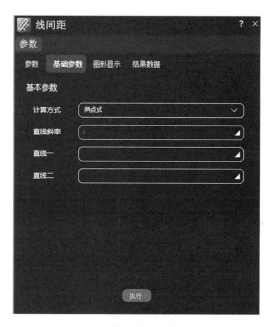

图 10-10　线间距基础参数界面

【计算方式】：计算方式包括"两点式"和"点斜式"，"两点式"需要输入两条直线上的两个点，"点斜式"需要输入一条直线上的两个点和另外一条直线的斜率和直线上的另一个点。

【直线斜率】：当计算方式为点斜式时输入斜率。

【直 线 一】：输入寻找到的第一条直线的线坐标。

【直 线 二】：输入寻找到的第二条直线的线坐标。

2. 结果数据

线间距结果数据界面如图 10-11 所示。

【结果数据】：执行后表格中会显示两直线距离的结果数据。

【两直线距离】：启用后将判断结果数据中两直线间的距离是否在设定的范围内。

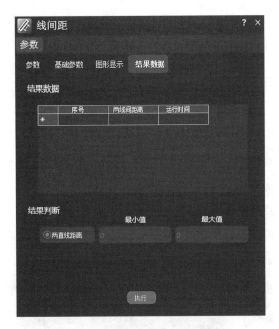

图 **10-11**　线间距结果数据界面

（四）边缘点

1. 基础参数

边缘点基础参数界面如图 10-12 所示。

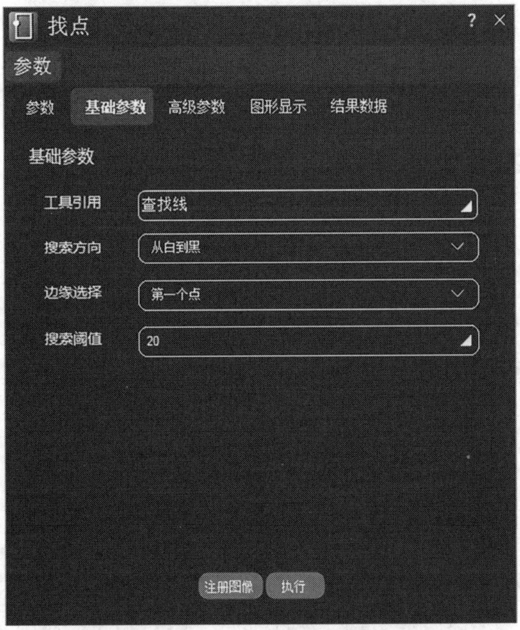

图 **10-12**　边缘点基础参数界面

【搜索方向】：设置搜索的方向，搜索方向默认为矩形 ROI 区域箭头指向的方向，而这里的检测方向是找边缘点的方向，沿箭头方向由黑到白或者由白到黑检测边缘点。

【搜索点】：可以选择搜索指定的点，可以是检测到的第一个点、最后一个点、所有点。

【阈值】阈值又称为临界值，它的目的是通过阈值数值判断相邻 RGB 值的大小从而划定出一个范围，通过不同区域之间的划分找出边缘点，值为 1 ~ 255。

2. 高级参数

边缘点高级参数界面如图 10-13 所示。

【搜索模式】：搜索模式包括单点搜索、分割矩阵和阵列矩阵。

【参考直线】：引用一条直线作为参考。

【分割点数】：对应搜索模式中的分割矩阵。

【阵列步长】：阵列点的间离。

【阵列角度】：阵列点的偏移角度。

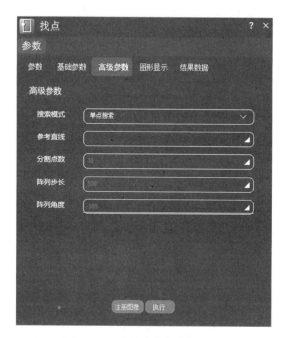

图 10-13　边缘点高级参数界面

3. 图形显示

边缘点图形显示界面如图 10-14 所示。

【检测区域】：启用时点击执行按钮会显示用来检测点的矩形框。

【检测点】：启用时点击执行按钮会显示检测到的点。

4. 结果数据

边缘点结果数据界面如图 10-15 所示。

【结果数据】：点击执行后表格里会显示出当前找点工具的输出参数。

【X 坐标】：启用时可以对找到点的 X 坐标值设置判断，在后面的文本框中输入判断范围。

【Y 坐标】：启用时可以对找到点的 Y 坐标值设置判断，在后面的文本框中输入判断范围。

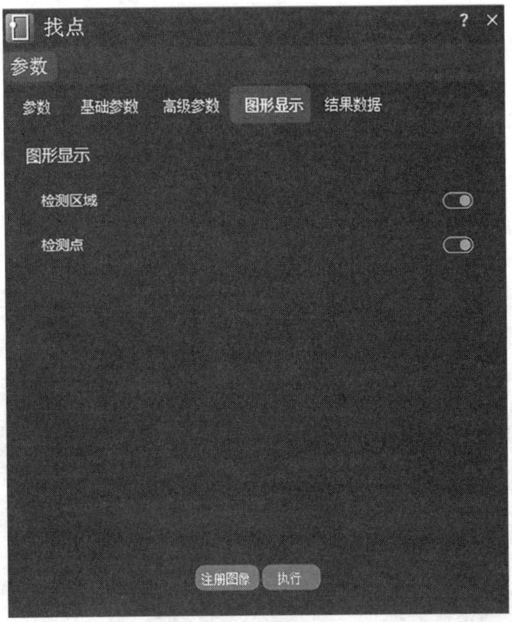

图 10-14　边缘点图形显示界面

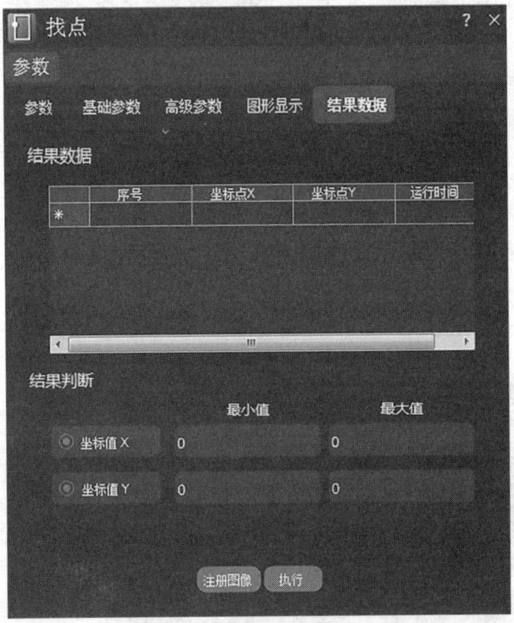

图 10-15　边缘点结果数据界面

（五）点间距

点间距工具用于计算两点之间的距离。

1. 基础参数

点间距基础参数界面如图 10-16 所示。

【点1】：第一个点的坐标。

【点2】：第二个点的坐标。

2. 图形显示

点间距图形显示界面如图 10-17 所示。

【结果直线】：启用后视图显示结果直线。

【结果距离】：启用后视图显示点和点的距离。

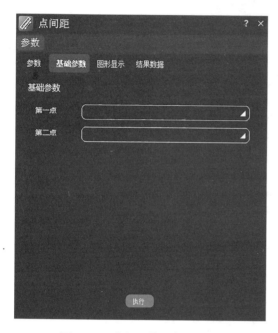
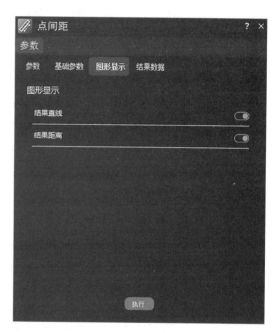

图 10-16　点间距基础参数界面　　　　　　　图 10-17　点间距图形显示界面

3. 结果数据

点间距结果数据界面如图 10-18 所示。

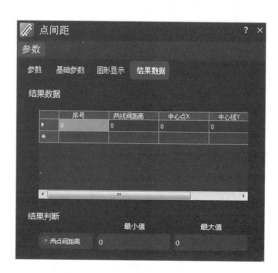

图 10-18　点间距结果数据界面

【结果数据】：结果显示，显示执行后的距离、中心点、中心线和执行时间。

【结果判断】：结果判断是输出参数距离的判断。

（六）点线间距

点线间距工具用于计算点和线之间的距离。

1. 基础参数

点线间距基础参数界面如图 10-19 所示。

【计算方式】：选择添加直线的模式，包括两点式和点斜式。

【直线斜率】：选择点斜式时需要输入直线的斜率。

【端点坐标】：用于计算的点的坐标。

【直线坐标】：用于计算的直线参数。

2. 图形显示

点线间距图形显示界面如图 10-20 所示。

【结果直线】：启用后视图显示结果直线。

【结果距离】：启用后视图显示点和线的距离。

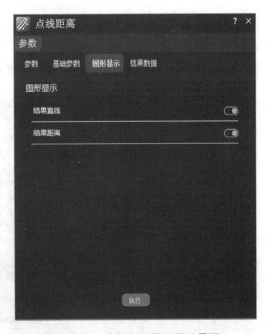

图 10-19　点线间距基础参数界面　　　　图 10-20　点线间距图形显示界面

3. 结果数据

点线间距结果数据界面如图 10-21 所示。

【结果数据】：结果显示，显示执行后的距离、中心点、中心线和执行时间。

【结果判断】：结果判断是输出参数距离的判断。

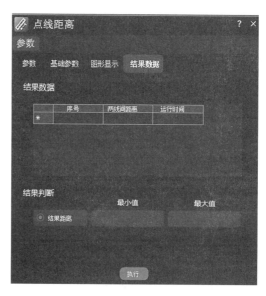

图 10-21　点线间距结果数据界面

（七）线夹角

线夹角工具用于计算两条线之间的夹角。

1. 基础参数

线夹角基础参数界面如图 10-22 所示。

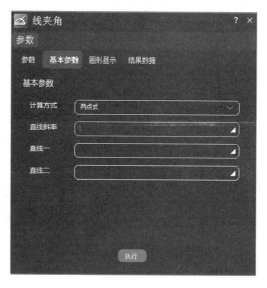

图 10-22　线夹角基础参数界面

【计算方式】：选择添加直线的模式，包括两点式和点斜式。

【直线斜率】：选择点斜式时需要输入直线的斜率。

【直线一】：第一条直线的线坐标参数。

【直线二】：第二条直线的线坐标参数。

2. 图形显示

线夹角图形显示界面如图 10-23 所示。

图 10-23　线夹角图形显示界面

【相交直线】：启用后显示相交直线。

【直线夹角】：启用后显示夹角及度数。

3. 结果数据

线夹角结果数据界面如图 10-24 所示。

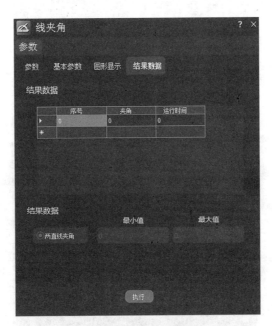

图 10-24　线夹角结果数据界面

【结果数据】：结果显示，显示执行后的序号、夹角和执行时间。

【两直线夹角】：结果判断是输出参数角度的判断。

（八）图像拼接

图像拼接工具用于拼接若干个相机的输出图像。

1. 基础参数

图像拼接基础参数界面如图 10-25 所示。

图 10-25　图像拼接基础参数界面

【基础参数】：用于添加、删除和清除图片个数。

【图像引用】：引用需要拼接的图片源。

2. 参数

图像拼接参数界面如图 10-26 所示。

图 10-26　图像拼接参数界面

【拼接模式】:"KMatch"为根据特征点将若干个图拼接在一起,"KMerge"是直接将若干个图拼接在一起。

【拼接行数】:设置需要拼接的行个数。

【拼接列数】:设置需要拼接的列个数。

(九)保存表格

保存表格工具用于数据存储为 csv 表格文件。

1. 基础参数

保存表格基础参数界面如图 10-27 所示。

数据处理工具
的使用

图 10-27　保存表格基础参数界面

【最大行数】文件中可以保存的表格的最大行数。

【文件名】保存的 csv 文件的名字。

【文件路径】保存的 csv 文件在电脑硬盘的路径。

视觉定位技术

一、知识索引

序号	知识点	页码	序号	知识点	页码
1	颜色提取	088	2	线段卡尺	089

二、知识解析

图像处理工具
的使用

（一）颜色提取

1. 基本参数

颜色提取基础参数界面如图 11-1 所示。

图 11-1　颜色提取基础参数界面

【颜色空间】：设置提取的颜色空间，包括 rgb、hsv、hls、hsi、yuv空间。

【输出模式】：输出图像的格式，包括彩色图、二值图、灰度图。

【检测点数】：设置检测的边缘点的个数。

【红色】：指定第一个通道值范围。若为 RGB 通道则为 R 通道。

【绿色】：指定第二个通道值范围。若为 RGB 通道则为 G 通道。

【蓝色】：指定第三个通道值范围。若为 RGB 通道则为 B 通道。

（二）线段卡尺

1. 基础参数

线段卡尺基础参数界面如图 11-2 所示。

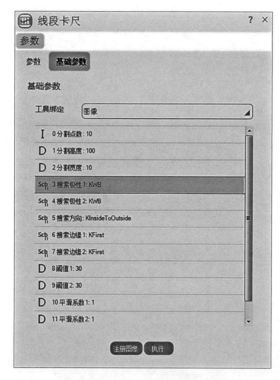

图 11-2　线段卡尺基础参数界面

【分割点数】：指在线段上设置多少个分割点。同一线段上的分割点越多，检测越精准。

【分割高度】：指测量矩形的高度。

【分割宽度】：指测量矩形的宽度。

【搜索极性 1】：测量矩形一端的搜索极性，KBW 指黑到白，KWB 指白到黑，KALL 指所有极性。

【搜索极性 2】：测量矩形另一端的搜索极性，KBW 指黑到白，KWB指白到黑，KALL 指所有极性。

【搜索方向】：KInsideToOutside 指从中间向两边找，KOutsideToInside

随堂笔记

指从中间向两边找。

【搜索边缘 1】：测量矩形一端的搜索边缘，KFist 指找到的第一条边缘，KLast 指找到的最后一条边缘，KALL 指找到的所有边缘。

【搜索边缘 2】：测量矩形另一端的搜索边缘，KFist 指找到的第一条边缘，KLast 指找到的最后一条边缘，KALL 指找到的所有边缘。

【阈值 1】：测量矩形一端的检测阈值。

【阈值 2】：测量矩形另一端的检测阈值。

阈值的目的是通过阈值的数值判断相邻 RGB 值的大小划定出所测线段的范围，范围为 0 ~ 255。

【平滑系数 1】：测量矩形一端的平滑系数。

【平滑系数 2】：测量矩形另一端的平滑系数。

平滑系数是识别线段区域像素变化的平滑系数。

知识点 **12**

模式识别技术

一、知识索引

序号	知识点	页码	序号	知识点	页码
1	条码检测	091	2	图像处理	093

二、知识解析

识别工具
的使用

（一）条码检测

1. 基础参数

条码检测基础参数界面如图 12-1 所示。

图 12-1 条码检测基础参数界面

【工具引用】：获取输入图像，模板图像和仿射矩阵。

【搜索模式】：搜索模式包括"全局搜索"（Global）和"局部搜索"（Local），选择"局部搜索"后点击注册图像会出现矩形的检测 ROI。

【自动】：勾选后自动识别条码的类型。

【手动】：勾选后可以在下面一维码类型中选择要检测的一维码类型。

2. 图形显示

条码检测图形显示界面如图 12-2 所示。

【显示结果】：勾选后点击执行，在显示框内会显示出识别的一维码结果数据。

【结果显示位置】：设置结果显示的位置。

【字体大小】：设置结果显示的字体大小。

【字体颜色】：设置结果显示的字体颜色。

图 12-2　条码检测图形显示界面

3. 结果数据

条码检测结果数据界面如图 12-3 所示。

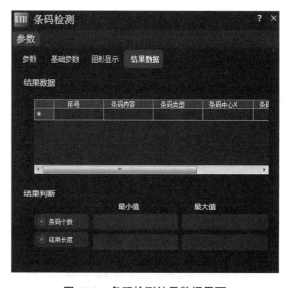

图 12-3　条码检测结果数据界面

【结果数据】：表格里的内容为识别一维码的数据和一维码所在的位置信息。

【条码个数】：勾选后对识别到的二维码个数进行判断，在后面的文本框中输入判断值，若一维码的个数在设置的范围之内则工具执行结果为 true，否则为 false。

【结果长度】：勾选后对识别到的一维码内容的长度进行判断。

（二）图像处理

图像处理工具用来对图像进行常规的图像处理。

基础参数

图像处理基础参数界面如图 12-4 所示。

【识别模式】：在该下拉选项中可以选择需要进行图像处理的类型，当选择不同处理类型时，下方也会显示不同的调试参数（当前选择的是均值滤波）。

【掩码宽度】：拖动滚动条设置均值滤波的掩码宽度，图像会实时变化。

【掩码高度】：拖动滚动条设置均值滤波的掩码高度，图像会实时变化。

拖动滚动条设置均值滤波的掩码宽度与高度，数值越大图像处理程度越大，同时图像会实时变化。

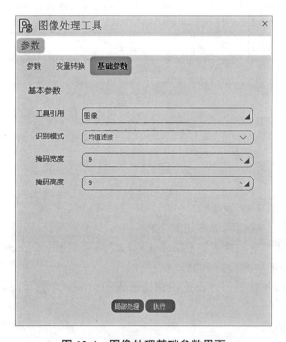

图 12-4　图像处理基础参数界面

知识点 13

缺陷检测技术

一、知识索引

二、知识解析

（一）二维码检测

1. 基础参数

二维码检测基础参数界面如图 13-1 所示。

【工具引用】：获取输入图像，模板图像和仿射矩阵。

【搜索模式】：搜索模式包括"全局搜索"（Global）和"局部搜索"（Local），选择"局部搜索"后点击注册图像会出现矩形的检测 ROI。

【检测超时】：勾选后启用该参数，可以设置识别二维码的时间，超过该时间则为检测超时工具结果为 False。

【码类型】：读取的二维码类型。

2. 图形显示

二维码检测图形显示界面如图 13-2 所示。

【识别结果】：启用后点击执行，在显示框内会显示出识别的二维码结果数据。

【显示位置】：设置结果显示的位置。

【字体大小】：设置结果显示的字体大小。

【字体颜色】：设置结果显示的字体颜色。

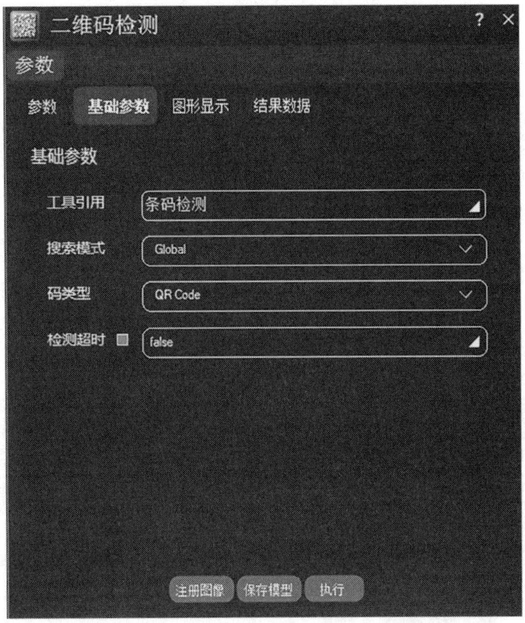

图 13-1　二维码检测基础参数界面

3. 结果数据

二维码检测结果数据界面如图 13-3 所示。

【结果数据】：表格里的内容为识别二维码的数据和二维码所在的位置信息。

【码个数】：勾选后对识别到的二维码个数进行判断，在后面的文本框中输入判断值，若二维码的个数在设置的范围之内则工具执行结果为 true，否则为 false。

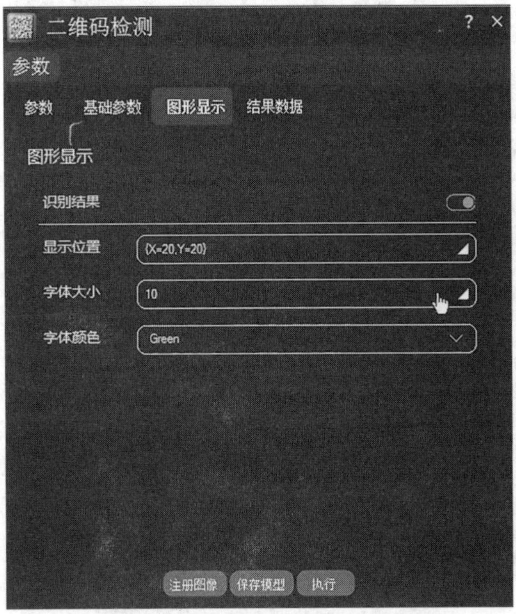

图 13-2　二维码检测图形显示界面

随堂笔记

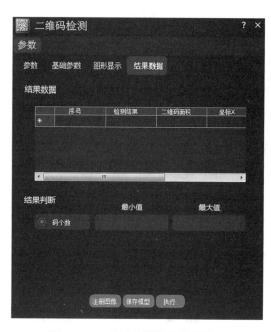

图 13-3　二维码检测结果数据界面

缺陷检测工具
的使用

（二）缺陷检测

缺陷检测工具（不带定位）用于检测输入图像和标准图像的差异。

1. 基础参数

缺陷检测基础参数界面如图 13-4 所示。

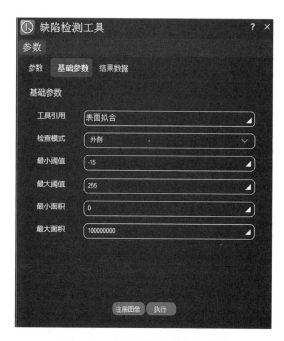

图 13-4　缺陷检测基础参数界面

【工具引用】：用于绑定工具的输入图像、模板图像等，默认自动绑定上一个工具的输出图像。

【阈值】：通过阈值的数值判断相邻 RGB 值的大小，划定出图像缺陷的范围，范围为 0 ~ 255。

【面积】：缺陷的面积范围。

【检查模式】：缺陷检测的模式。设置为"内侧"时在阈值上限和下限之间检查；设置为"外侧"时在大于阈值上限或者小于阈值下限范围检查。

2. 结果数据

缺陷检测结果数据界面如图 13-5 所示。

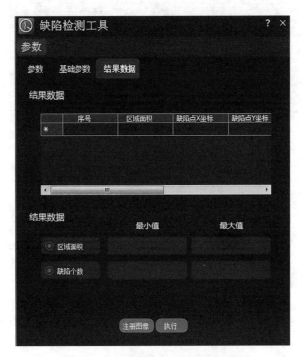

图 13-5　缺陷检测结果数据界面

【结果数据】：点击执行后表格里会显示出当前工具的输出参数。

【区域面积】：勾选后可以对检测到的缺陷面积设置判断，在后面的文本框中输入判断范围。

【缺陷个数】：勾选后可以对检测到的缺陷个数设置判断，在后面的文本框中输入判断范围。

（三）斑点分析

1. 基础参数

斑点分析基础参数界面如图 13-6 所示。

【阈值】：通过阈值的数值划定出一个斑点像素的范围，范围为 0 ~ 255。

【面积】：斑点的面积范围。

【斑点中心】：选择获取斑点的内外接圆的中心和内外接矩形的中心。

图 13-6　斑点分析基础参数界面

【面积】：对搜索到的斑点面积设置判断，当结果面积在设置范围内，工具的执行结果为 true，否则为 false。

【半径】：对搜索到的斑点的半径设置判断，当结果半径在设置范围内，工具的执行结果为 true，否则为 false。

【角度】：对搜索到的斑点角度设置判断，当结果角度在设置范围内，工具的执行结果为 true，否则为 false；

【圆度】：对搜索到的斑点圆度设置判断，当结果圆度在设置范围内，工具的执行结果为 true，否则为 false。

【宽度】：对搜索到的斑点宽度设置判断，当结果宽度在设置范围内，工具的执行结果为 true，否则为 false。

【高度】：对搜索到的斑点高度设置判断，当结果高度在设置范围内，工具的执行结果为 true，否则为 false。

【周长】：对搜索到的斑点周长设置判断，当结果周长在设置范围内，工具的执行结果为 true，否则为 false。

【长宽比】对搜索到的斑点长宽比设置判断，当结果长宽比在设置范围内，工具的执行结果为 true，否则为 false。

2. 结果数据

斑点分析结果数据界面如图 13-7 所示。

【结果参数】：显示搜索到的斑点的信息。

【搜索区域】：勾选该选项后，点执行图像上会显示搜索区域。

【斑点轮廓】：勾选该选项后，点执行图像上会显示搜索到的斑点的轮廓。

【斑点中心】：勾选该选项后，点执行图像上会显示搜索到的斑点的中心。

图 13-7　斑点分析结果数据界面

用机器视觉替
代人眼，点亮
中国钢铁未来

3D 检测技术

3D 工具的
使用

一、知识索引

序号	知识点	页码	序号	知识点	页码
1	表面拟合	100	2	3D 坐标获取	100

二、知识解析

（一）表面拟合

表面拟合工具可以将一片三维点云拟合为一个平面。

图 14-1　表面拟合基础参数界面

1. 参数

表面拟合参数界面如图 14-1 所示。

【二维仿射变换】：引用其它定位工具输出的仿射变换矩阵。

【输入图像】：拟合三维模型的图像。

【模型图像】：拟合图像的三维模型。

【Z 图像】：三维模型 Z 坐标方向的图形。

（二）3D 坐标获取

3D 坐标获取工具可以获取三维图中的坐标点。

1. 基础参数

3D 坐标获取基础参数界面如图 14-2 所示。

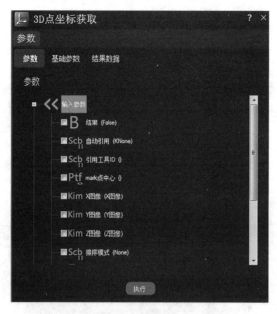

图 14-2　3D 坐标获取基础参数界面

【标志中心】：输入三维图中想要获取的点。
【X 轴图像】：三维图中 X 轴方向的视图。
【Y 轴图像】：三维图中 Y 轴方向的视图。
【Z 轴图像】：三维图中 Z 轴方向的视图。
【标志坐标】：获取到的三维图像的点坐标。

3D 视觉零件
坡口智能切割
装备开发成功

技能库

技能点 1

机器视觉系统环境搭建

二、操作提示

（一）硬件安装操作步骤

序号	操作步骤	图片说明
1	准备好相机、镜头、光源、线缆、R 轴、工具、快接板、螺钉。	

序号	操作步骤	图片说明
2	分开快接板。	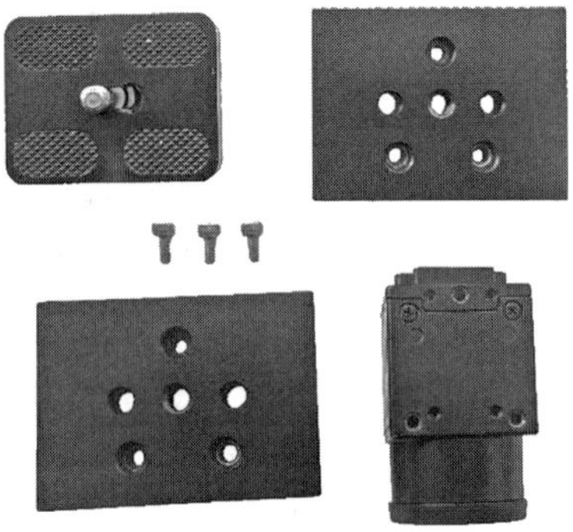
3	用螺钉连接快接板大板与相机。	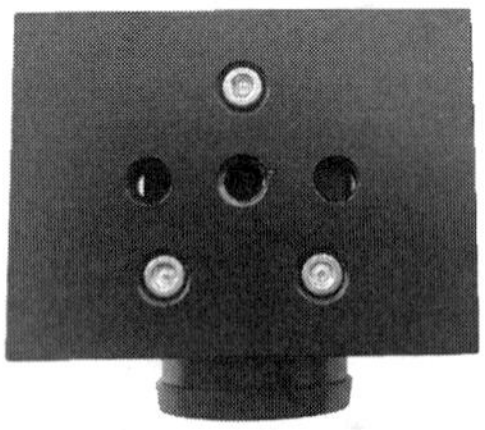
4	用螺钉连接快接板小板与大板，保证快接板与相机水平。	
5	将镜头安装到相机上。	

序号	操作步骤	图片说明
6	将相机安装到平台支撑横梁上。	
7	网线一端连接接口面板网口，另一端连接相机网口。 备注： 　①如网线连接两个相机以上时，按网口顺序连接。 　②如果是 HDI 接口的相机，用配备线缆 HDI 端接相机，另一端接接口面板的 USB 口。	 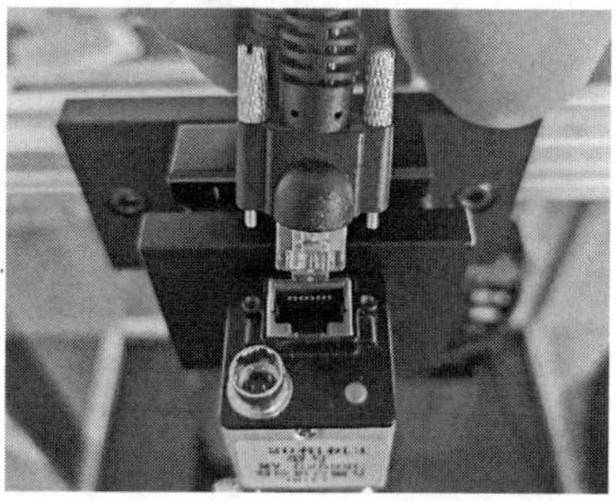
8	相机电源线一端与接口面板连接，另一端与相机连接。 备注： 　①电源线禁正负极反接，否则烧毁相机。 　② GigE 接口相机需要接电源线和网口线，电源使用的是 12V 电源，USB3.0 接口相机只需要接 USB 电源线。	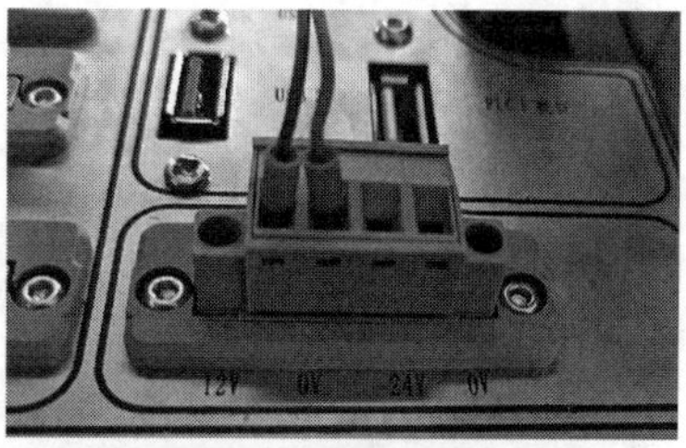 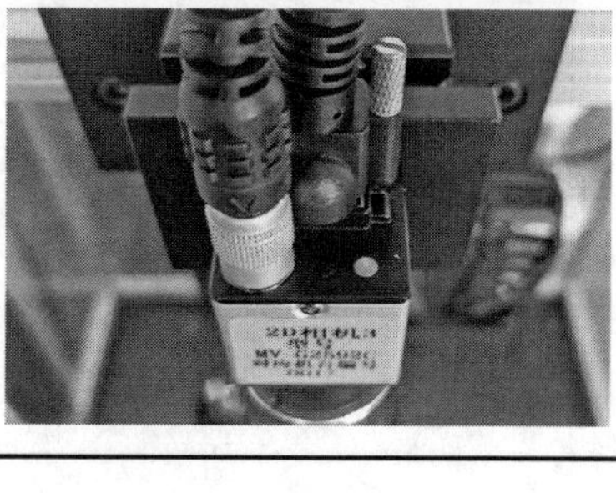

序号	操作步骤	图片说明
9	用螺钉将 R 轴安装到平台上。	
10	气管一端连接 R 轴，另一端连接操作面板真空气管接口。	
11	将 R 轴的电源线缆按照号码管标注连接到操作面板接口。	
12	安装光源。	
13	连接光源电源线。 备注：按照顺序接线，如安装 AOI 光源按照红绿蓝顺序插线。	

序号	操作步骤	图片说明
14	用一字螺丝刀打开线槽盖板。	
15	将所有线缆、气管收纳到线槽中，盖上线槽盖板。	 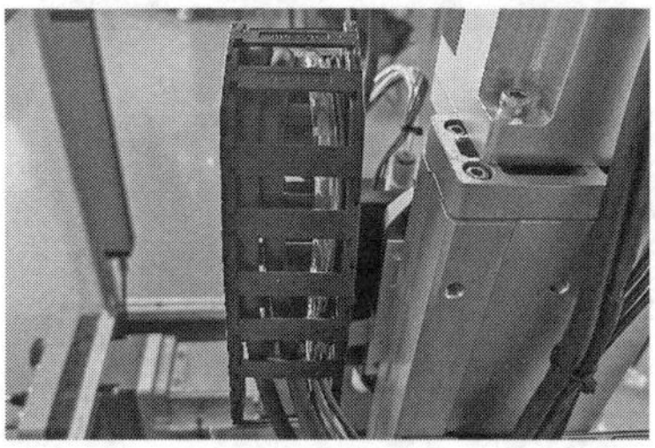

（二）软件设置操作步骤

序号	操作步骤	图片说明
1	打开 MV Viewer 软件，点击相机，查看相机 IP 地址。	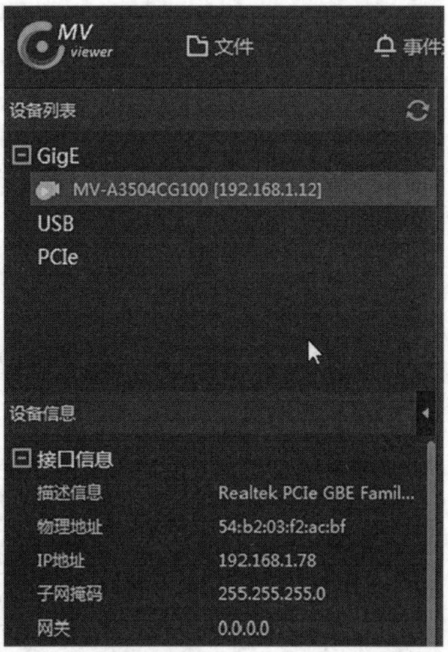

续表

序号	操作步骤	图片说明
2	打开电脑网络和共享中心，点击更改适配器设置。	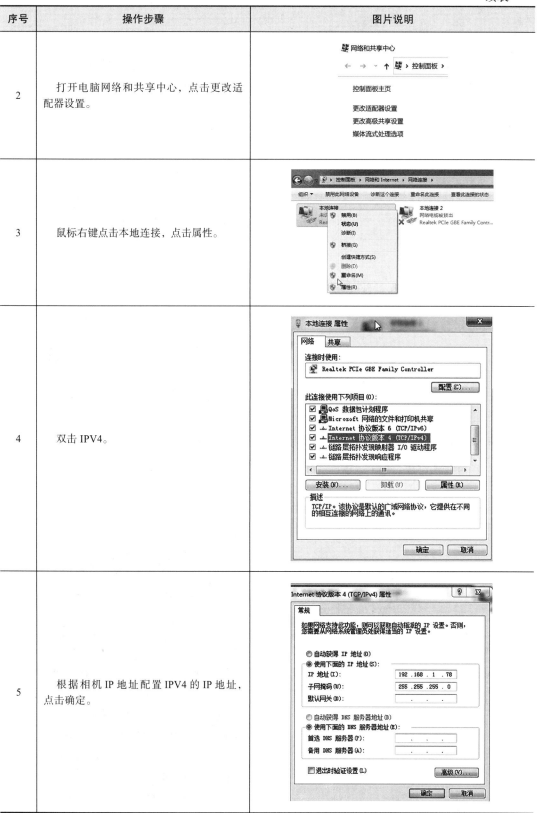
3	鼠标右键点击本地连接，点击属性。	
4	双击 IPV4。	
5	根据相机 IP 地址配置 IPV4 的 IP 地址，点击确定。	

序号	操作步骤	图片说明
6	点击配置。	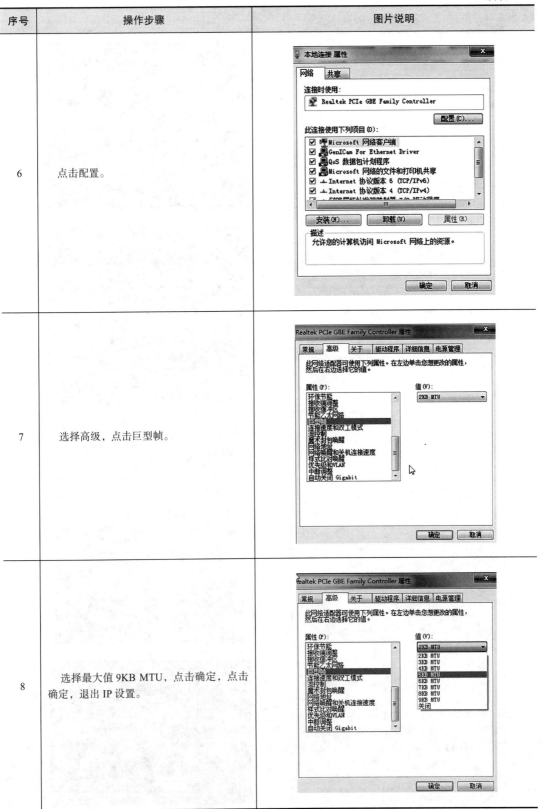
7	选择高级，点击巨型帧。	
8	选择最大值 9KB MTU，点击确定，点击确定，退出 IP 设置。	

续表

序号	操作步骤	图片说明
9	打开 KImage 软件,点击设备。	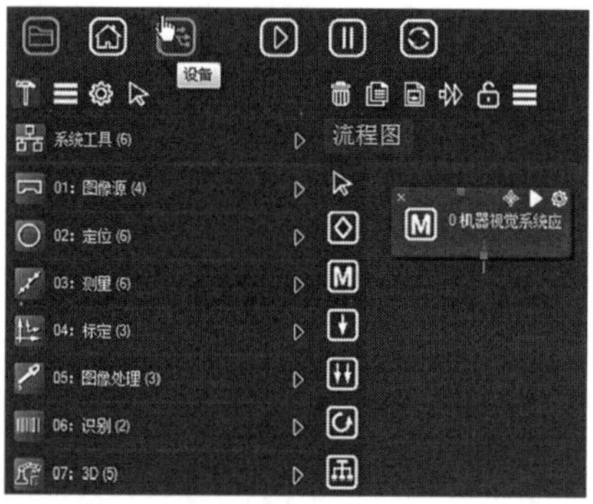
10	展开串口列表。	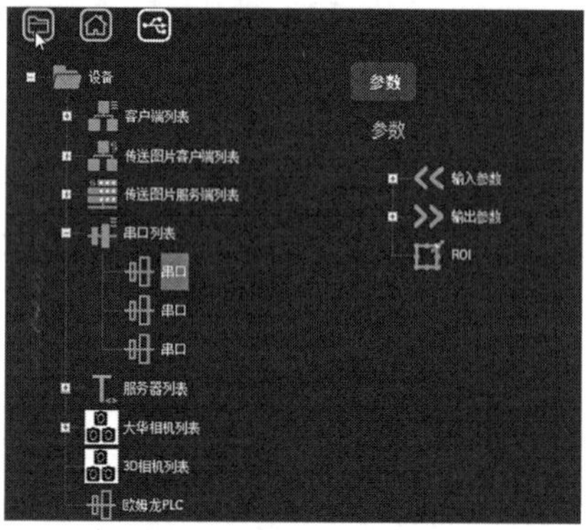
11	查看电脑主机 COM 端口与光源、PLC 的接线,白色线是光源通讯线,黑色线是 PLC 通讯线。 如右图所示:光源接 COM5 端口;PLC 接 COM8 端口。	
12	串口列表中第一个串口是光源串口,双击该串口,在端口号输入 COM5,数据格式选择 ASCLL。	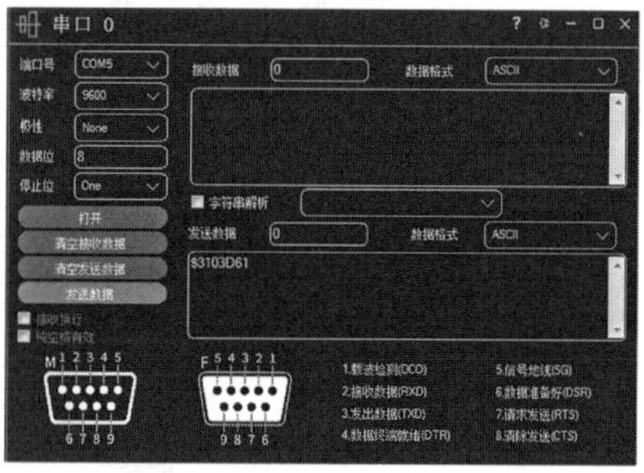

续表

序号	操作步骤	图片说明
13	串口列表中第二个串口是 PLC 串口，双击该串口，在端口号输入 COM8，数据格式选择 Hex。	
14	软件设置完成。	

（三）新建文件操作步骤

序号	操作步骤	图片说明
1	打开 KImage 视觉软件，点击左上角文件配置。	
2	在产品名称中输入对应的名称，点击新建。	

序号	操作步骤	图片说明
3	添加【模块】指令。 备注：鼠标选中【模块】（ M ）指令，按下鼠标左键不放，拖拽到流程图中松开。	
4	点击【模块】指令的 M 图标，对模块进行命名。	
5	添加【工具组】指令。 备注：鼠标选中【工具组】（ T ）指令，按下鼠标左键不放，拖拽到流程图中松开。	
6	点击【工具组】指令的 T 图标，命名工具组。	
7	新建文件完成。	

（四）N 点标定操作步骤

序号	操作步骤	图片说明
1	双击 T 图标进入工具组，在左侧的工具栏系统工具中，按下鼠标左键拖动【PLC 控制】工具，添加至右侧流程图中。命名拍照位。	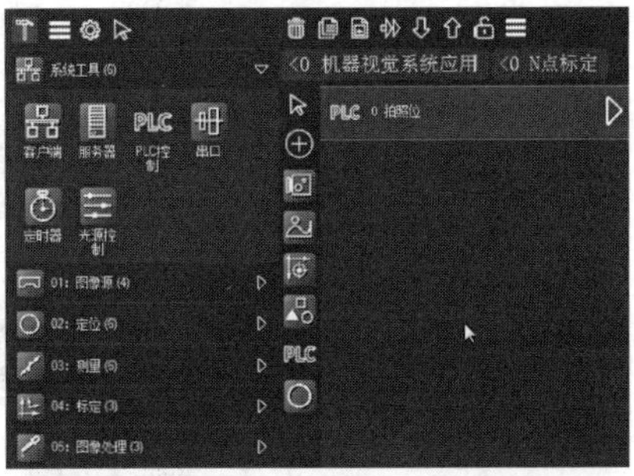
2	双击【PLC 控制】工具，选择回零设置，依次点击解除中断、执行。等待工作台回零执行完成。	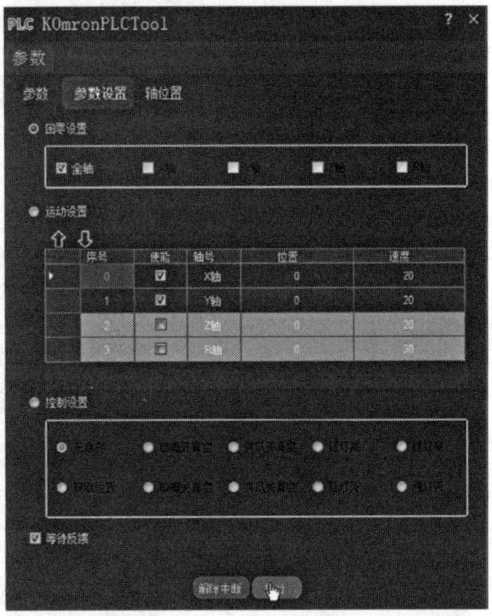
3	将标定板放入十字工作台固定卡槽中。	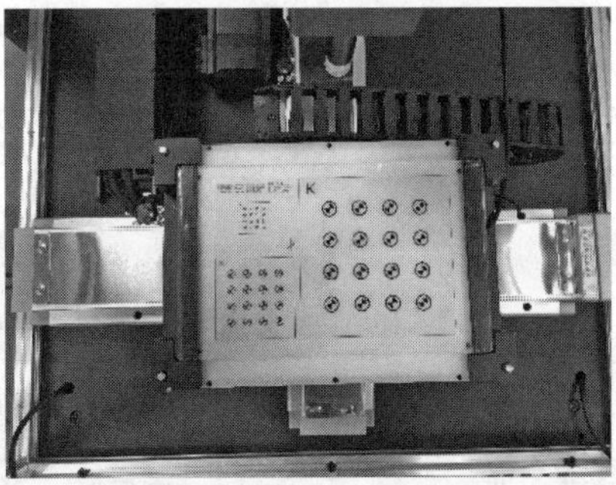
4	使用 XY 手动摇杆将十字工作台移动到相机正下方。	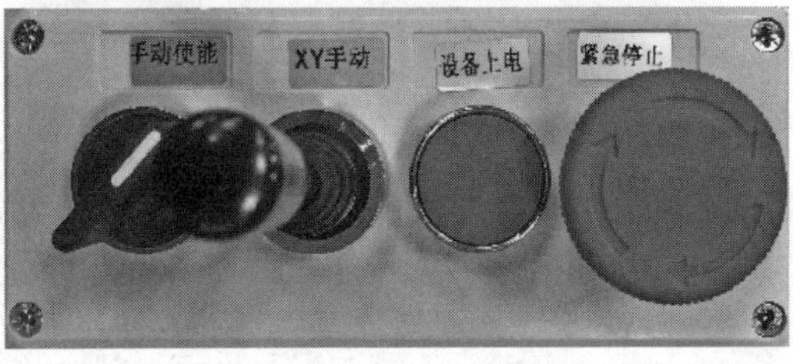

序号	操作步骤	图片说明
5	添加【光源控制】工具，命名为光源开。	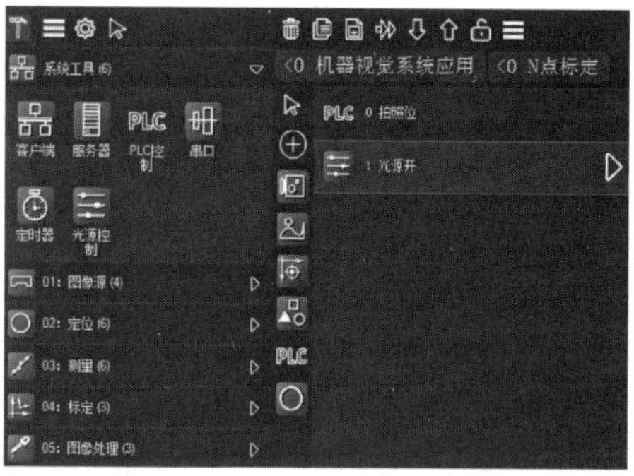
6	双击打开【光源控制】工具，将光源调到合适亮度，点击执行。	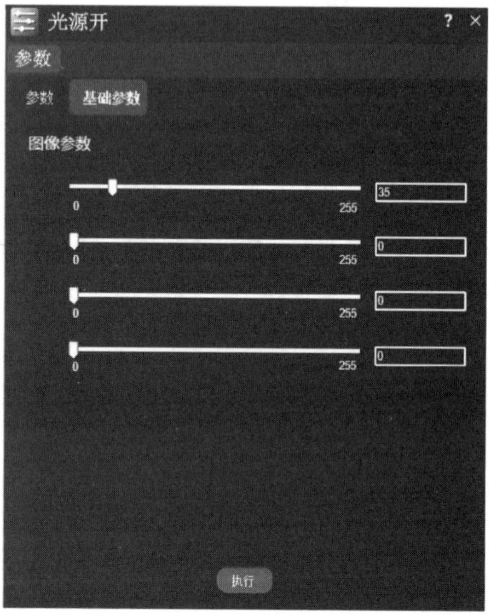
7	添加【相机】工具。	

序号	操作步骤	图片说明
8	双击打开【相机】工具，将图像设置中的图像镜像水平镜像＋垂直镜像，依次点击应用参数、执行。 备注：查看相机拍照图像，如果位置不符合要求，可通过 XY 手动摇杆移动工作台到合适位置。	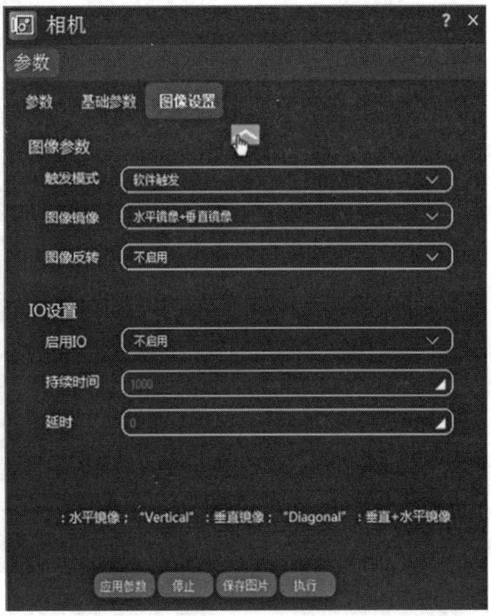
9	双击打开【PLC 控制】工具，选择控制设置中的获取位置，点击执行。	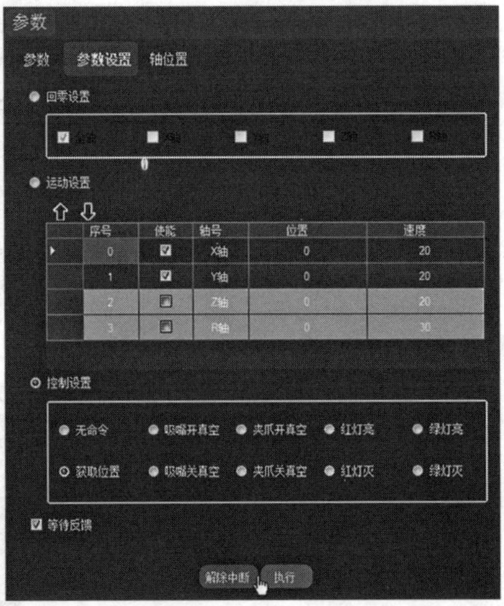
10	点击轴位置，查看 X 轴和 Y 轴的位置。	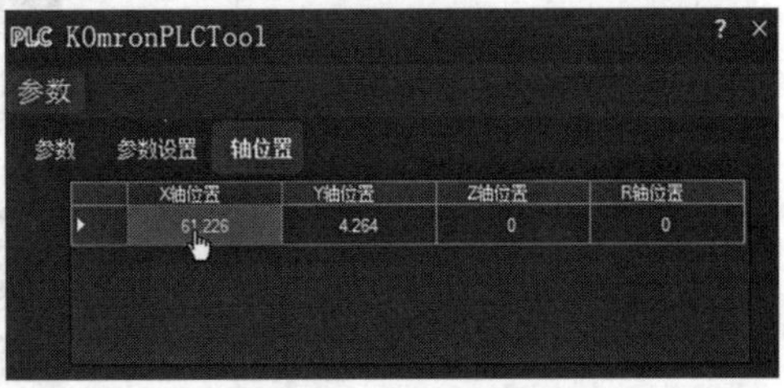

序号	操作步骤	图片说明
11	点击参数设置，选择运动设置，勾选 X 轴、Y 轴，然后将轴位置中的 X 轴、Y 轴位置数据输入到运动设置中的 X 轴、Y 轴中。点击执行。	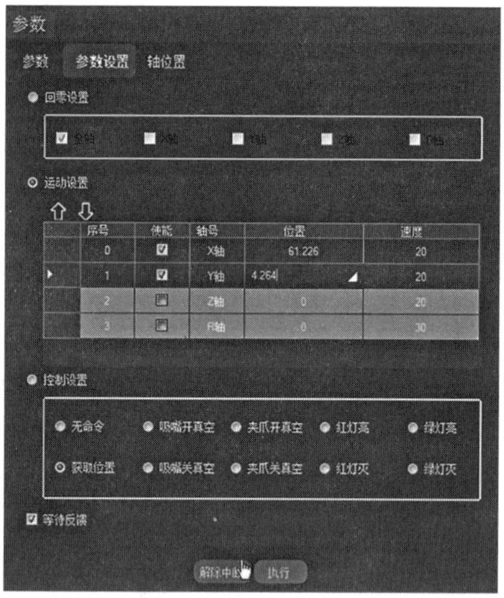
12	添加【查找特征点】工具。	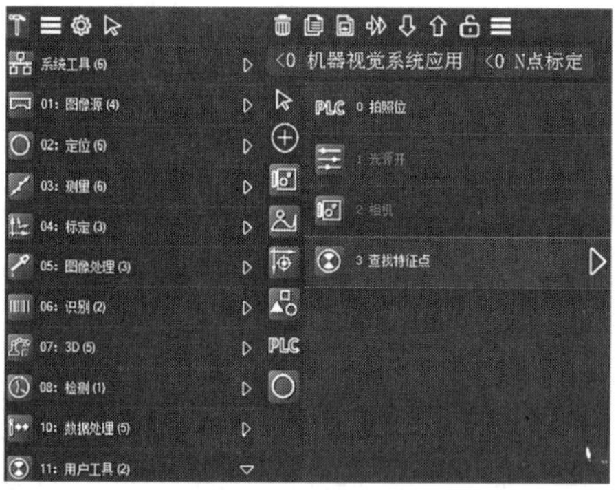
13	双击打开【查找特征点】工具，将找点个数修改为"9"。	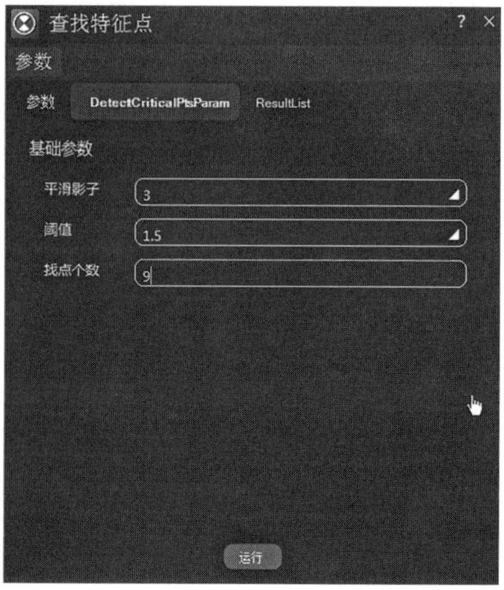

序号	操作步骤	图片说明
14	调整特征点 ROI 区域的大小，使其框选 9 个特征点。	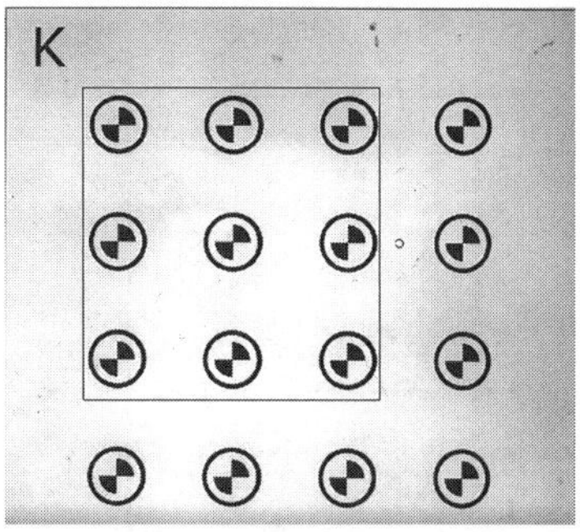
15	运行【查找特征点】工具，将显示出 9 个特征点的中心。通过放大显示界面查看并记录 P0-P8 的排布顺序，方便接下来的标定工作。	
16	添加【N 点标定】工具。	
17	双击打开【N 点标定】工具，在像素坐标中添加引用。	

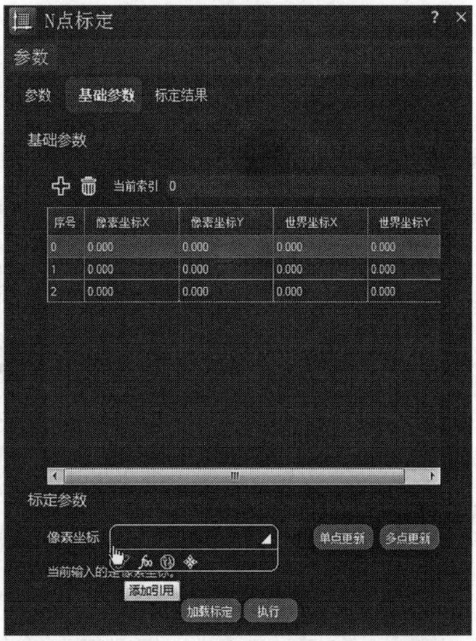

117

序号	操作步骤	图片说明
18	依次点击变量引用、流程图、标定、查找特征点、输出参数关键点。点击左上角参数，返回 N 点标定参数界面。	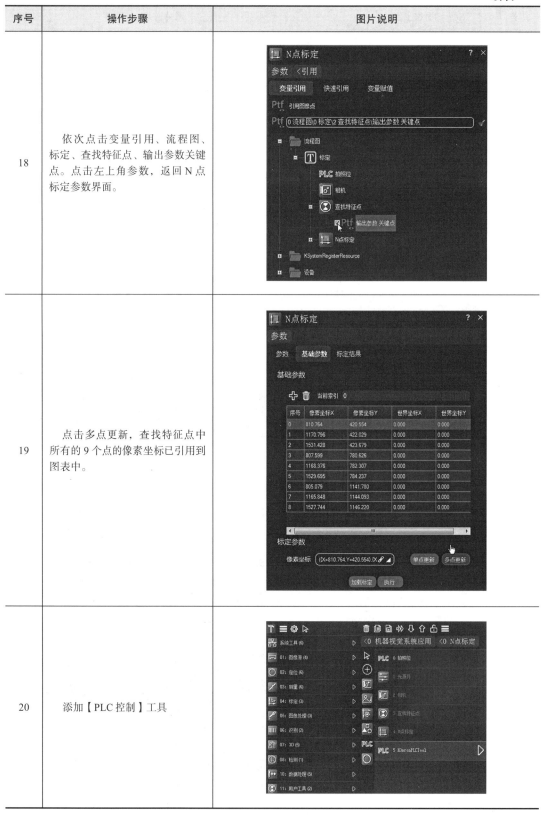
19	点击多点更新，查找特征点中所有的 9 个点的像素坐标已引用到图表中。	
20	添加【PLC 控制】工具	

序号	操作步骤	图片说明
21	设置【PLC 控制】工具的运动设置，将 Z 轴下降到吸盘刚好贴合标定板位置。	
22	使用 X/Y 手动摇杆，将 Z 轴吸盘移动到标定板特征点 P0 位置。	
23	获取此时 PLC 的 X 轴、Y 轴位置坐标。	
24	打开【N 点标定】工具的基础参数页面，将获取的特征点 P0 位置 PLC 坐标输入到对应的世界坐标 X、世界坐标 Y 表格中。	

序号	操作步骤	图片说明
25	使用 X/Y 手动摇杆，依次将 Z 轴吸盘移动到标定板特征点 P1、P2……P8 位置，并通过【PLC 控制】工具获取每一个位置的 PLC 坐标，然后输入到 N 点标定对应的世界坐标 X、世界坐标 Y 表格中。点击执行完成 N 点标定的计算。	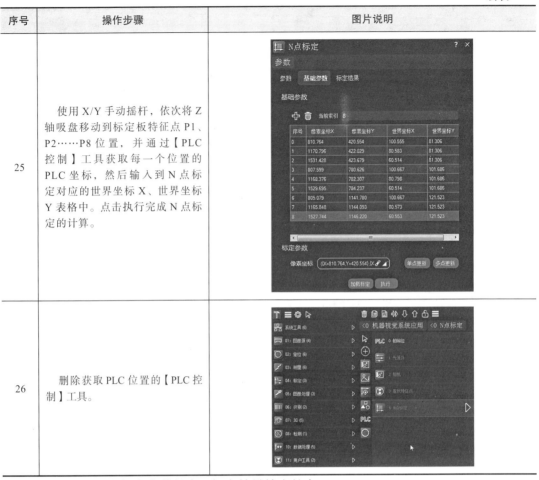
26	删除获取 PLC 位置的【PLC 控制】工具。	

温馨提示：N 点标定点数越多，标定结果精度越高。

随堂笔记

技能点 2

机器视觉系统尺寸测量

XY 标定

一、技能索引

二、操作提示

（一）形状匹配操作步骤

序号	操作步骤	图片说明
1	添加指令完成相机拍照，添加【形状匹配】工具。	

序号	操作步骤	图片说明
2	双击【形状匹配】工具进入基础参数设置界面。	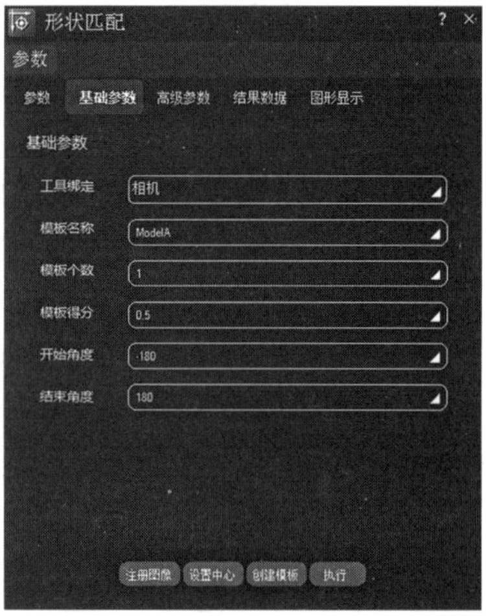
3	单击注册图像，在视图区域生成 ROI 模板区域。	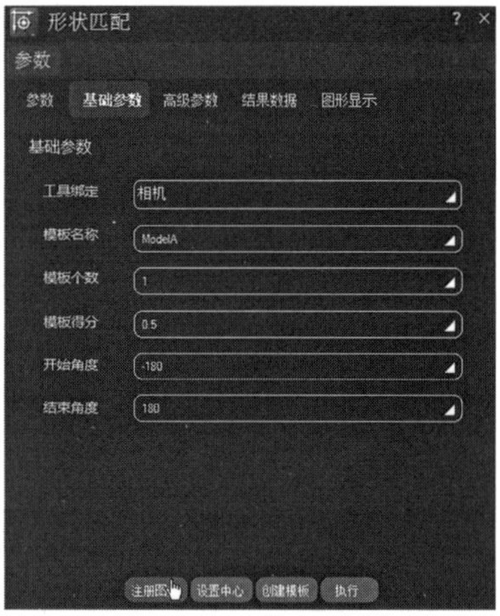
4	拖动鼠标框选需要注册模板的范围。	
5	模板区域选定好之后，依次单击设置中心、创建模板、执行。	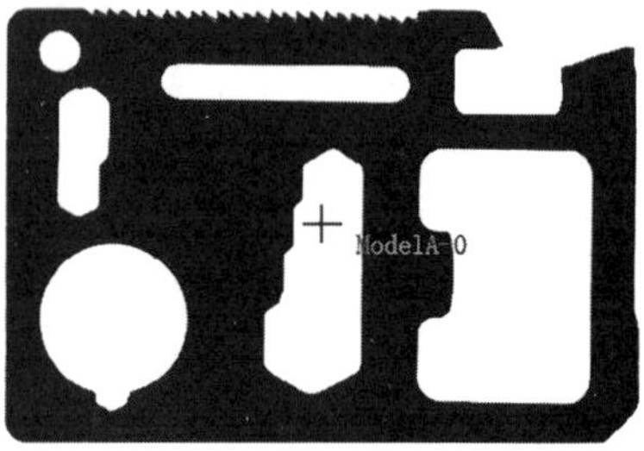

序号	操作步骤	图片说明
6	在【形状匹配】工具图型显示参数中，启用模板轮廓，关闭【形状匹配】指令参数。	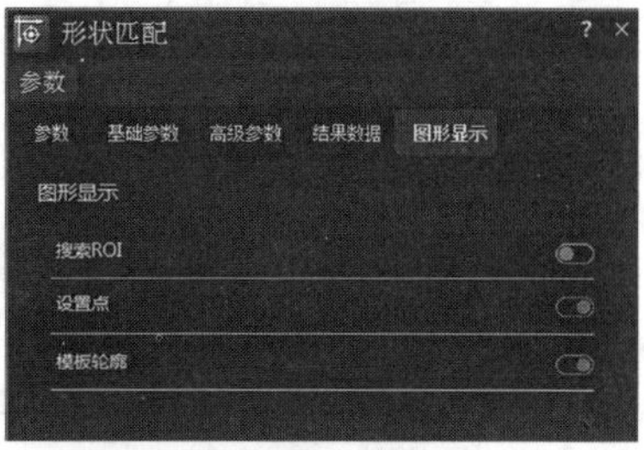
7	形状匹配操作完成，显示形状匹配的轮廓。	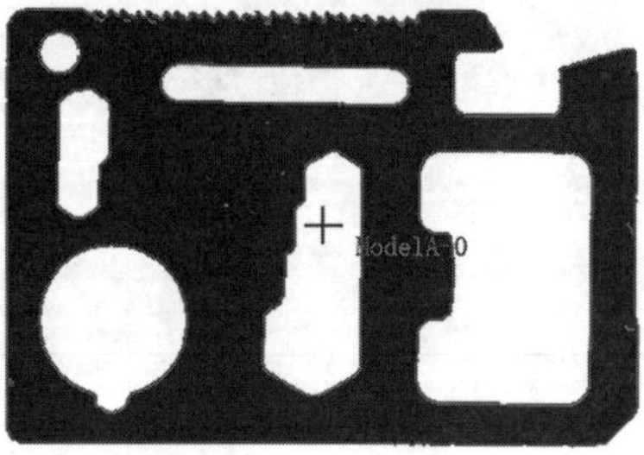

（二）测量圆直径操作步骤

序号	操作步骤	图片说明
1	添加【找圆】工具。	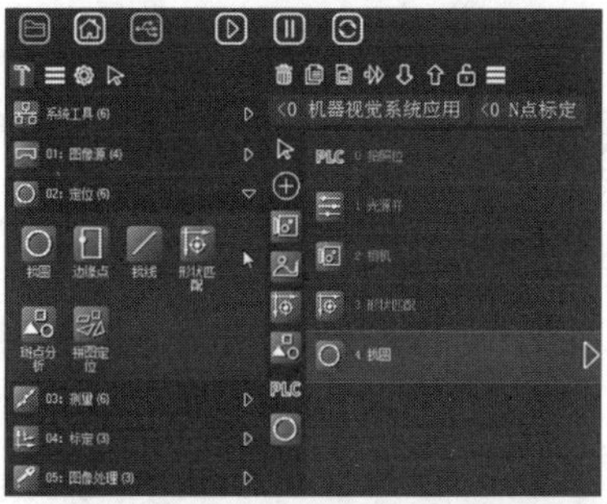
2	双击【找圆】工具进入参数设置。	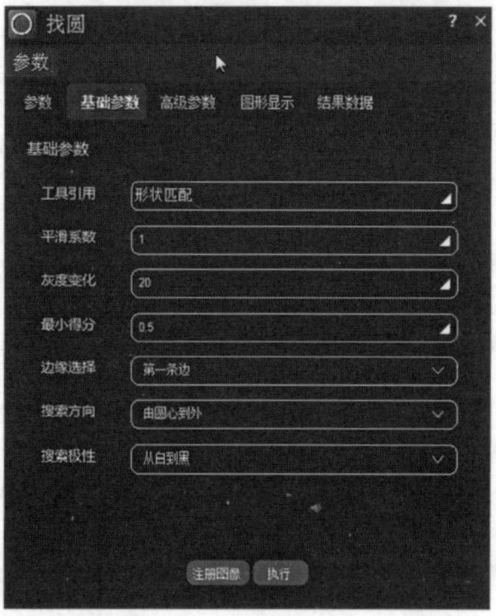

序号	操作步骤	图片说明
3	单击注册图像，在视图区域生成找圆 ROI。	
4	拖动鼠标框选需要找圆的范围。	
5	ROI 区域选定好之后，【找圆】工具基础参数中，将参数搜索方向设置为由圆心到圆外；将参数搜索极性设置为由白到黑。	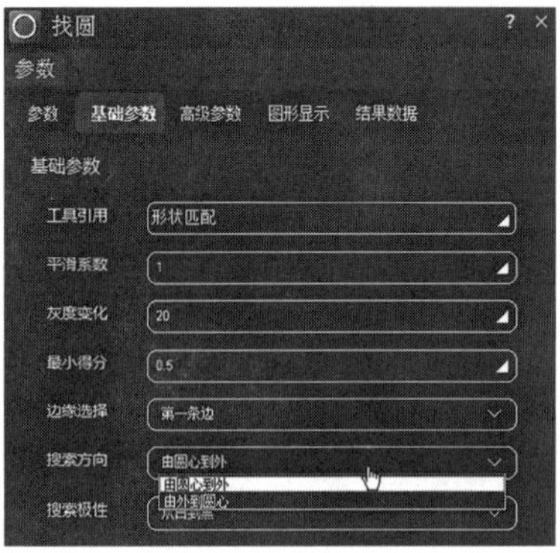 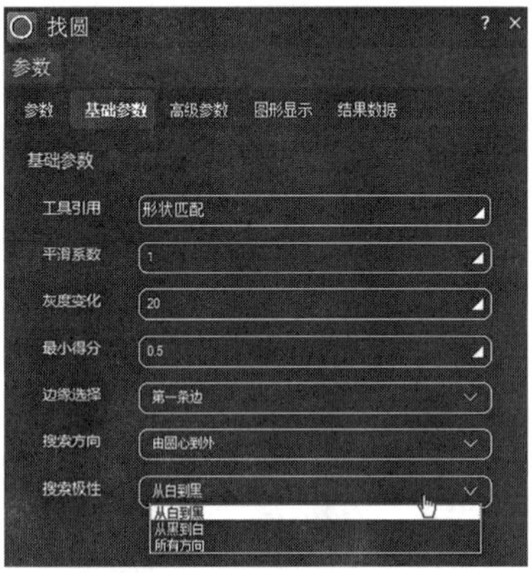
6	单击执行，成功找到圆。	

序号	操作步骤	图片说明
7	在【找圆】工具参数中，找到输出参数——圆直径，完成测量圆直径操作。	
8	点击变量设置。	
9	设置圆的直径大小区间范围，以此来判断工件圆的直径大小是否合格。	

序号	操作步骤	图片说明
10	【找圆】工具运行后，测量的圆直径大小在区间范围内的，找圆指令显示绿色。	
11	【找圆】运行工具后，测量的圆直径大小不在区间范围内的，找圆指令显示红色。	

（三）测量点间距操作步骤

序号	操作步骤	图片说明
1	添加【找圆】工具。	
2	添加两个或以上【找圆】工具，并设置参数找到对应的圆。	

序号	操作步骤	图片说明
3	添加【点间距】工具。	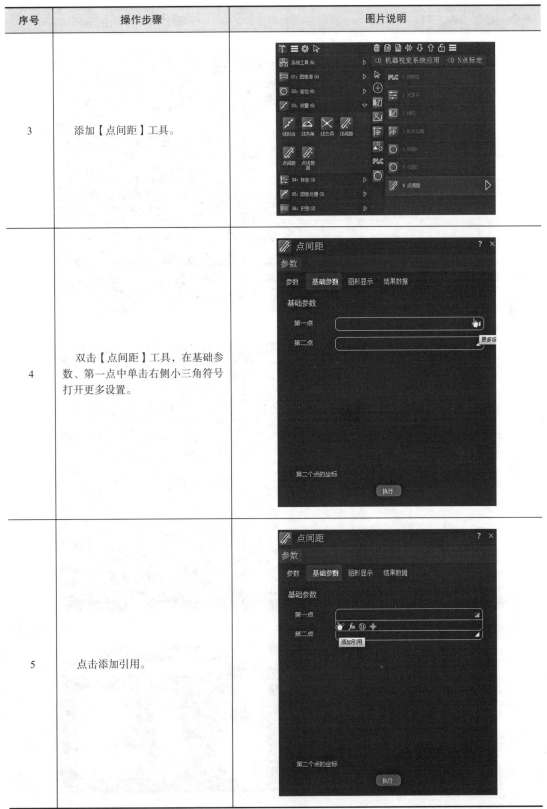
4	双击【点间距】工具，在基础参数、第一点中单击右侧小三角符号打开更多设置。	
5	点击添加引用。	

序号	操作步骤	图片说明
6	在流程图中勾选输出参数圆中心点，完成引用。	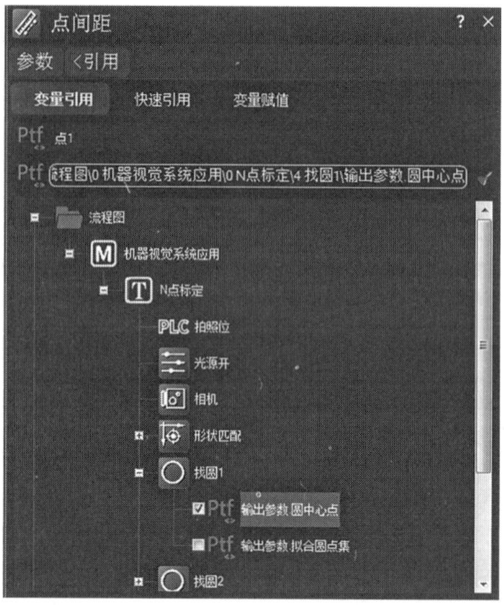
7	重复第一点圆心引用操作步骤，完成第二点的引用。	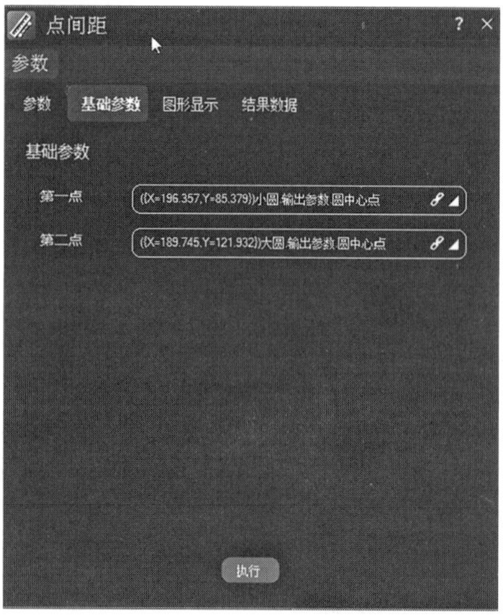
8	单击执行，成功完成测量点间距基本操作过程。	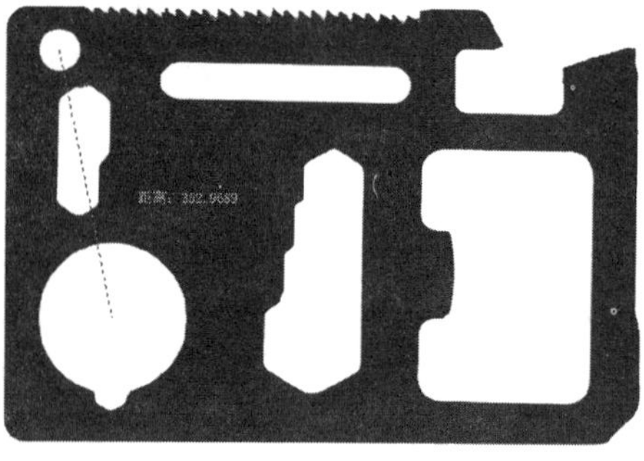

续表

序号	操作步骤	图片说明
9	双击【点间距】工具，在参数界面输出参数中找到点到点的距离，然后鼠标选中，按住左键不放，拖拽到视图区。	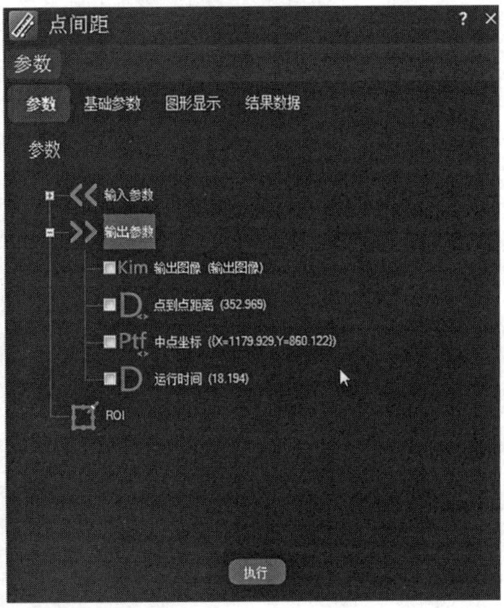
10	视图区显示点到点的距离。	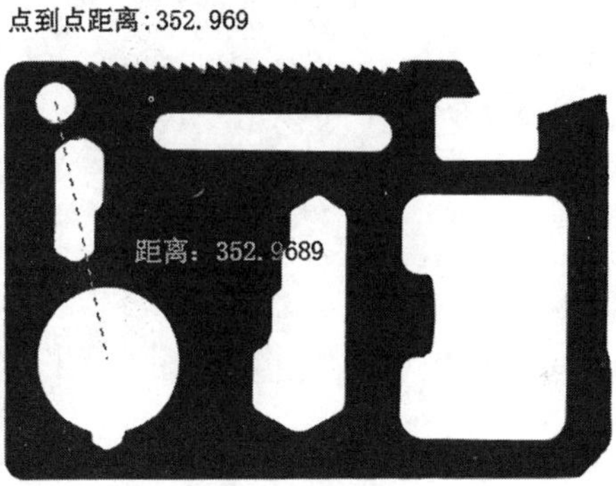

📝 随堂笔记

（四）测量线间距操作步骤

序号	操作步骤	图片说明
1	添加【找线】工具。	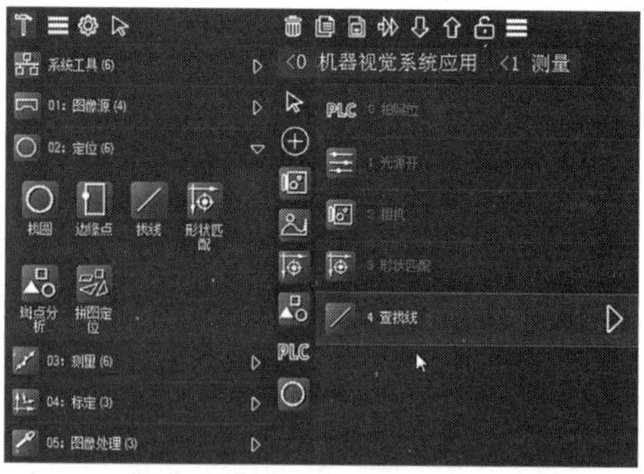
2	双击【找线】工具进入参数设置界面。	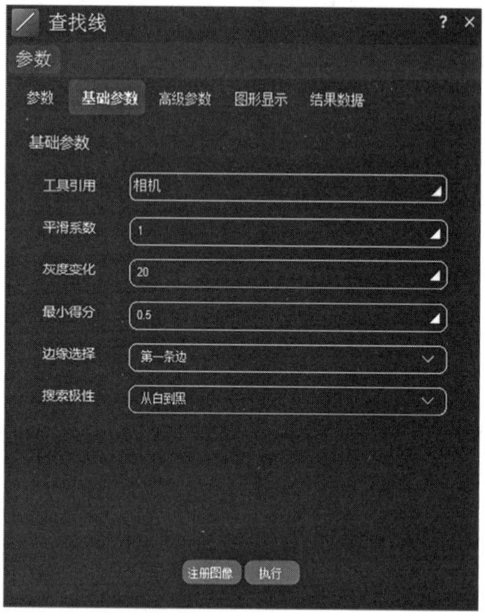
3	单击注册图像，在视图区域生成找线 ROI。	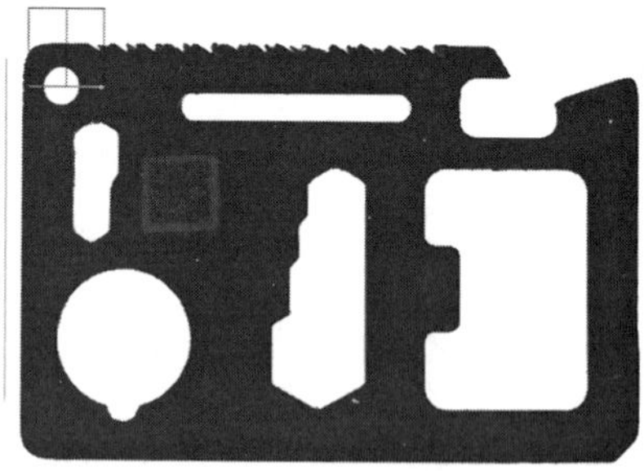
4	拖动鼠标框选需要找线的边缘。	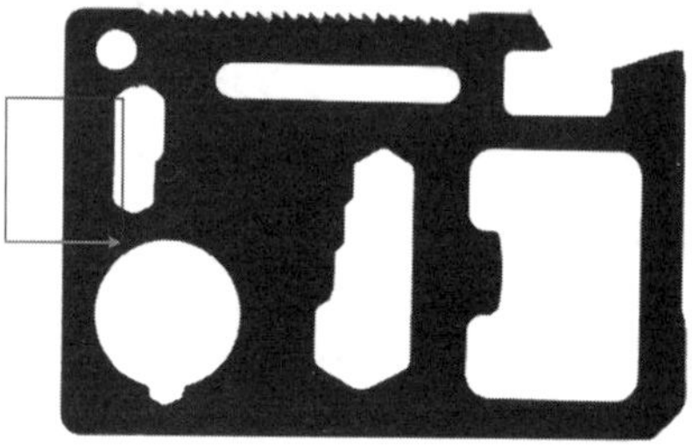

序号	操作步骤	图片说明
5	ROI 区域选定之后，在【找线】工具基础参数中，将参数边缘选择设置为第一条边；将参数搜索极性设置为由白到黑。	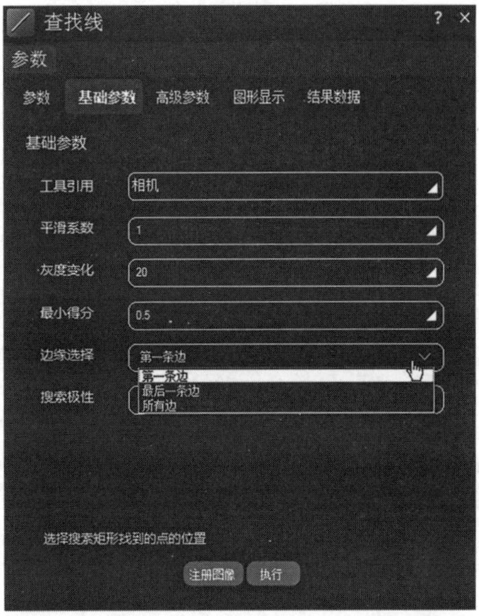 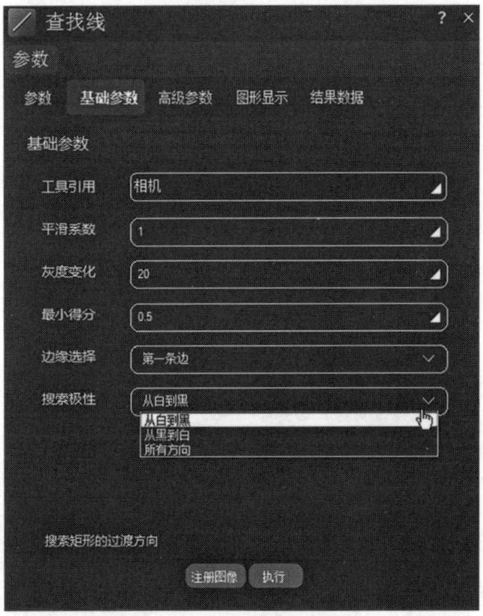
6	单击执行，成功找到边缘线。	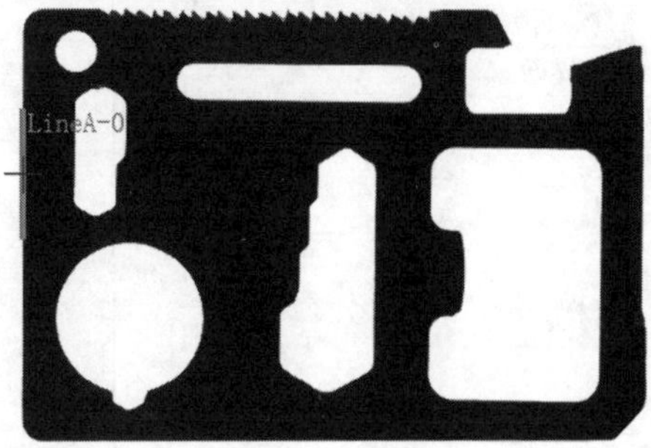

序号	操作步骤	图片说明
7	继续添加【找线】工具。	
8	重复以上找线操作步骤找到第二条边缘线。	
9	添加【线间距】工具。	
10	双击打开【线间距】指令基础参数界面。	

序号	操作步骤	图片说明
11	完成直线一、直线二线坐标引用。	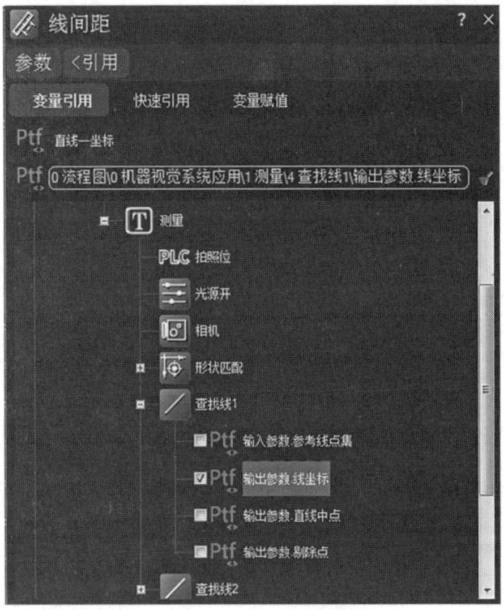
12	单击执行，成功完成测量线间距基本操作过程。	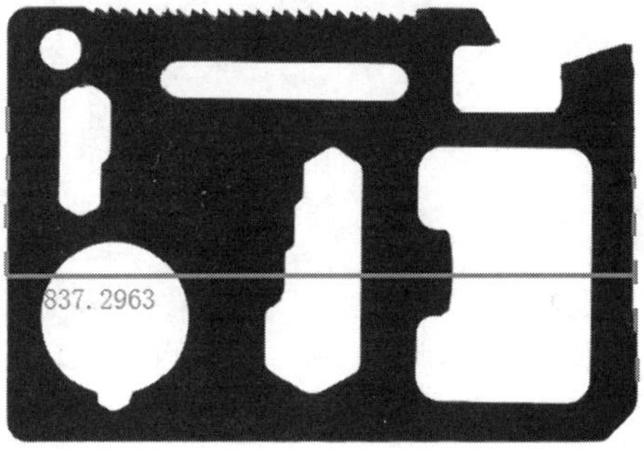

（五）测量线夹角操作步骤

序号	操作步骤	图片说明
1	新建工具组，添加两条【查找线】工具。	

序号	操作步骤	图片说明
2	找到第一条线。	
3	找到第二条线。	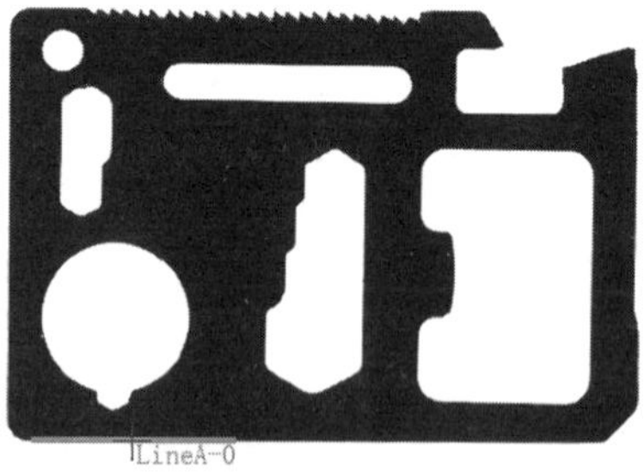
4	添加【线夹角】工具。	
5	双击【线夹角】指令，在基础参数界面中链接直线一和直线二的坐标。	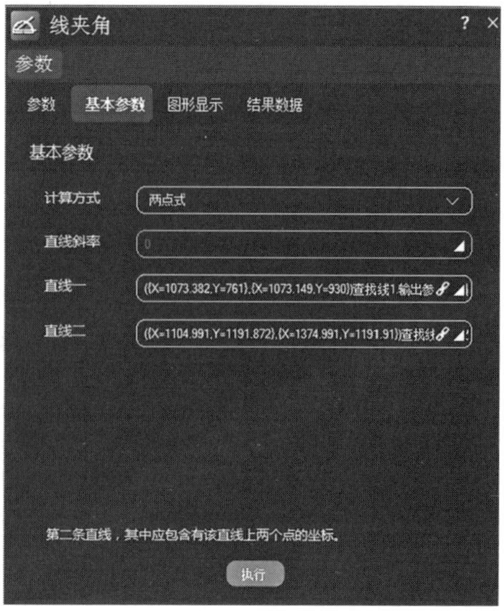

续表

序号	操作步骤	图片说明
6	单击执行，完成测量线夹角基本操作过程。	 89. 9289017436052

随堂笔记

（六）测量点线间距操作步骤

序号	操作步骤	图片说明
1	添加【找线】工具，完成找线操作。	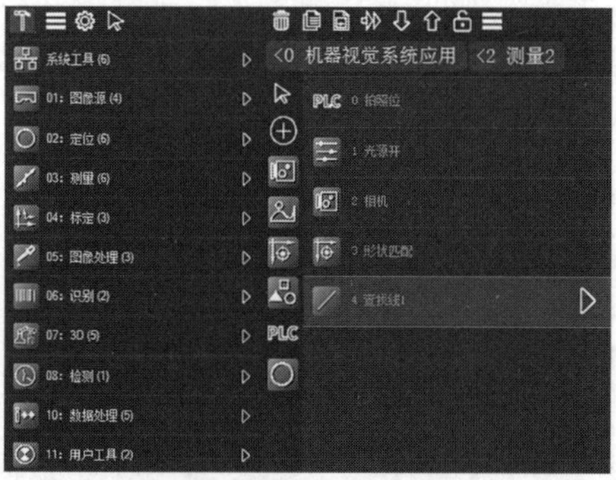 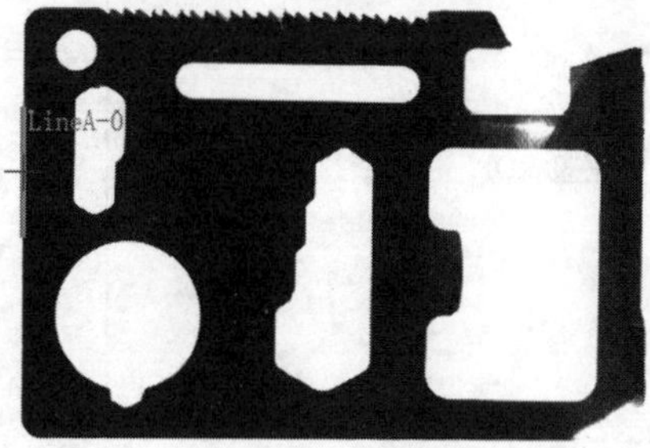

序号	操作步骤	图片说明
2	在左侧工具栏定位中，点击并拖动【边缘点】工具，添加至右侧流程图中。	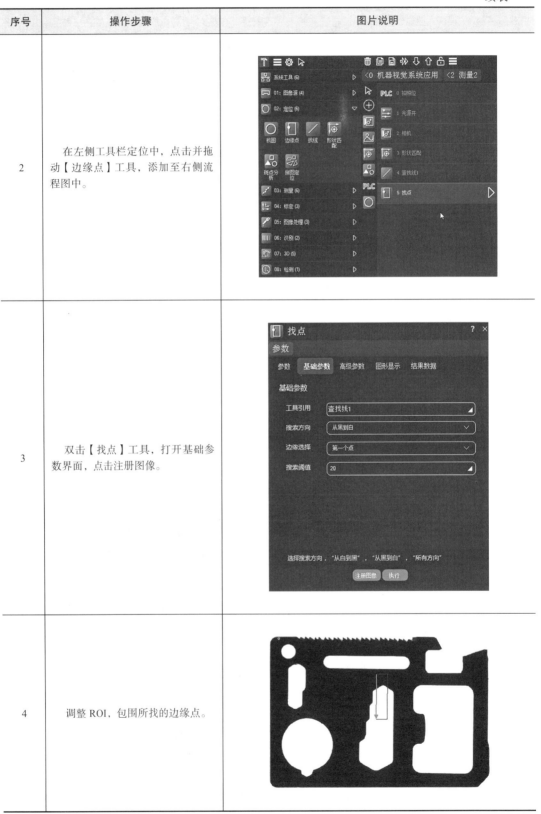
3	双击【找点】工具，打开基础参数界面，点击注册图像。	
4	调整 ROI，包围所找的边缘点。	

序号	操作步骤	图片说明
5	ROI 区域选定好之后，在【找点】工具的基础参数中，将参数搜索方向设置为从白到黑；将边缘选择设置为第一个点。	
6	点击执行，找到边缘点并在图形区域实时显示。	

序号	操作步骤	图片说明
7	添加【点线距离】工具。	
8	双击打开【点线距离】指令的基础参数界面。	
9	完成端点坐标、直线坐标的引用。	

序号	操作步骤	图片说明
10	单击执行，完成测量点线间距基本操作过程。	 距高：427.1493

（七）XY 标定操作步骤

序号	操作步骤	图片说明
1	添加【PLC 控制】工具，手动控制运动平台到拍照位，双击 PLC 工具打开 PLC 参数设置窗口，勾选获取位置。	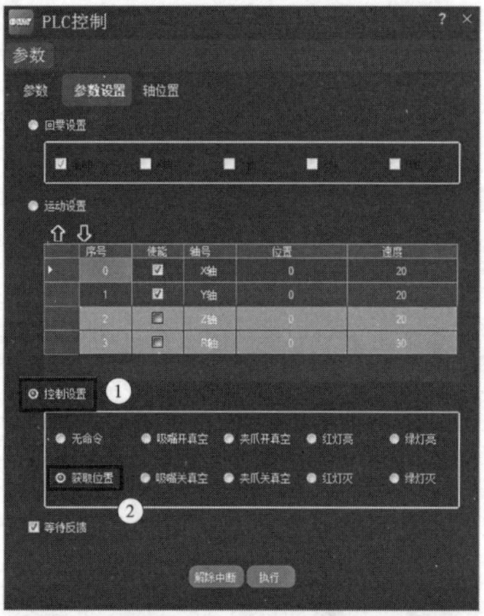
2	将获取的 X 轴、Y 轴点位数据输入到运动控制中的 X、Y 栏标处。	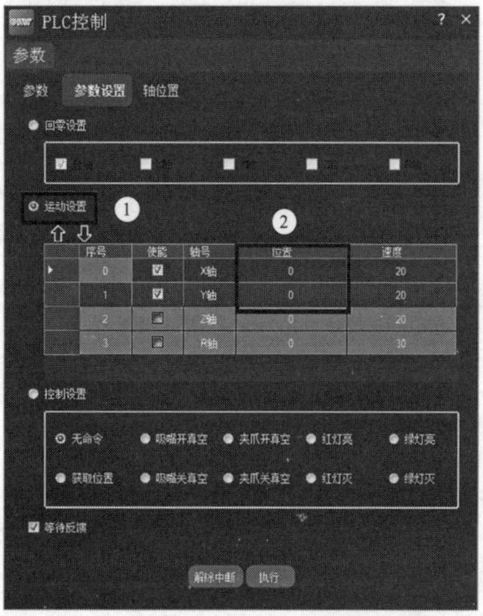

序号	操作步骤	图片说明
3	添加【光源控制】工具，设置光源参数。	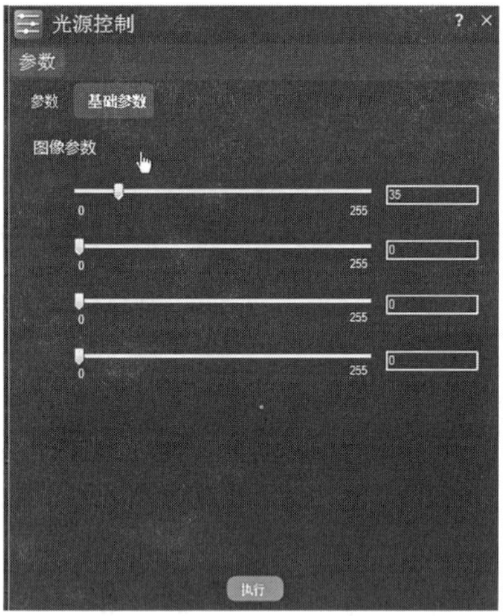
4	添加【相机】工具，设置相机参数。	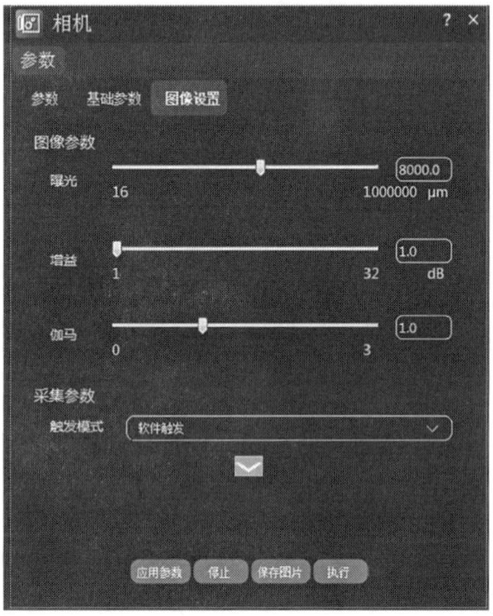
5	添加【找圆】工具，双击找圆工具，点击注册图像，在显示窗口拖拽鼠标设置好 ROI 位置黄色方框，设置找圆工具参数，点击执行。	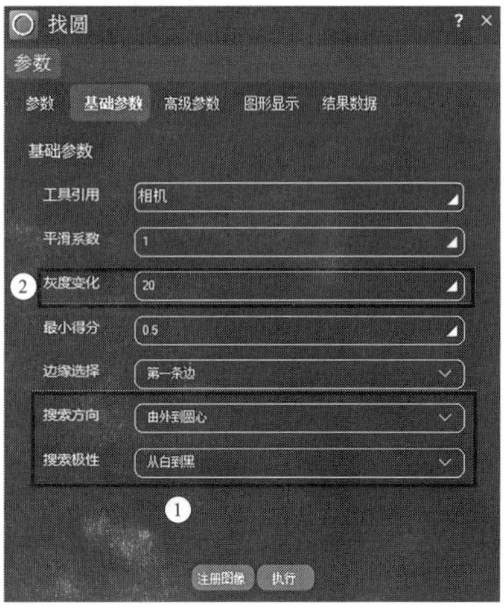

序号	操作步骤	图片说明
6	标定板上 1-3 编号分别指三个区域的尺寸，分别为正方形尺寸、圆间距、圆外半径，以 3 区域圆为例，故而查看标识 1 处可知半径为5mm。	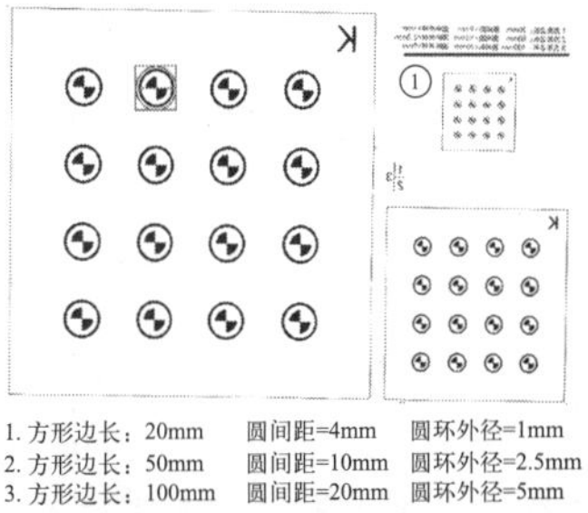 1. 方形边长：20mm　圆间距=4mm　圆环外径=1mm 2. 方形边长：50mm　圆间距=10mm　圆环外径=2.5mm 3. 方形边长：100mm　圆间距=20mm　圆环外径=5mm
7	双击【找圆】工具，在参数 - 输出参数 - 圆半径中查看圆半径数值。	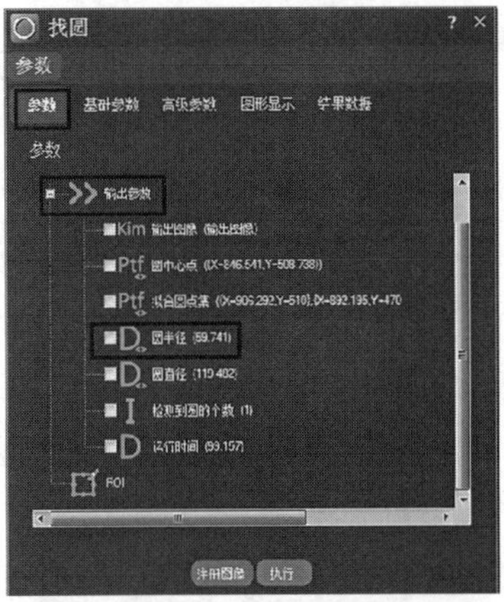
8	添加【XY 标定】工具，双击【XY 标定】工具，弹出 XY 标定参数窗口，点击基础参数进入基础参数界面，像素距离（像素）栏输入找圆工具中圆半径数据，实际距离（毫米）栏处填入实际圆半径。	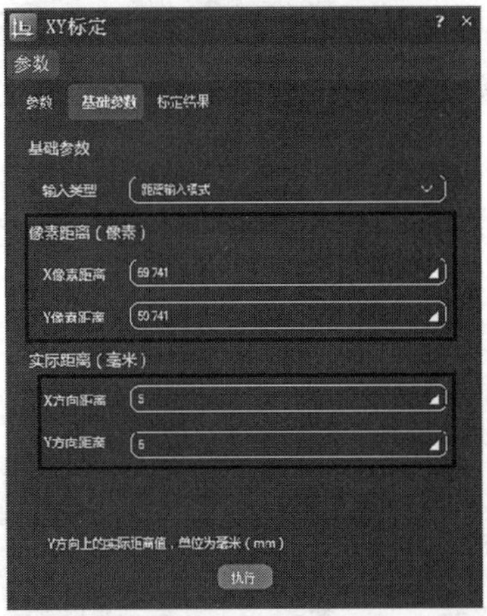
9	单击执行，完成 XY 标定基本操作过程，XY 标定程序示例如右图所示。	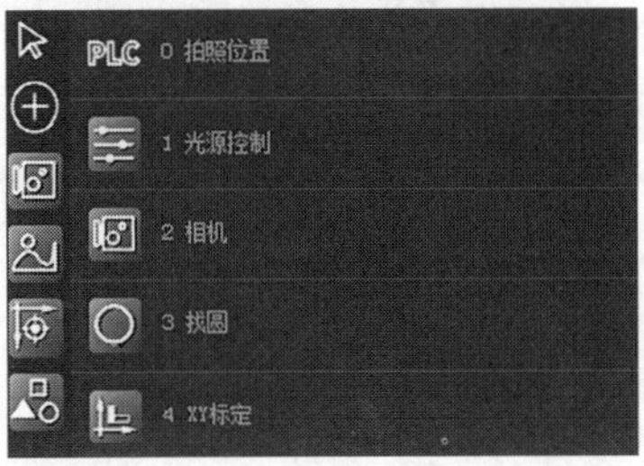

温馨提示：XY 标定适用于无搬运的项目。

（八）找点阵列操作步骤

序号	操作步骤	图片说明
1	添加【PLC控制】、【光源控制】、【相机】、【形状匹配】工具，设置工具参数。	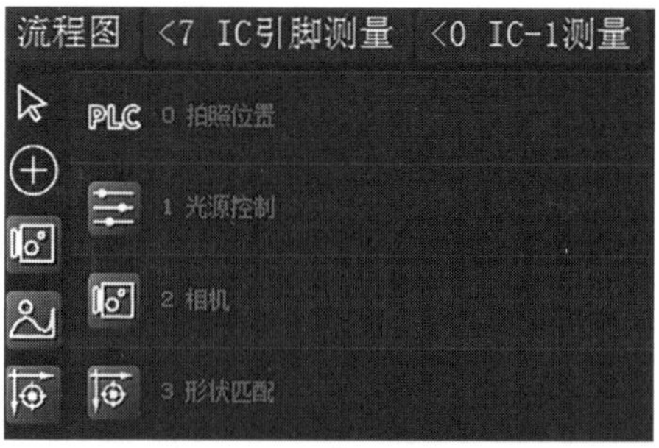
2	添加【找点】工具，点击注册图像设置ROI搜索第一个针脚，根据ROI搜索方向选择从白到黑。	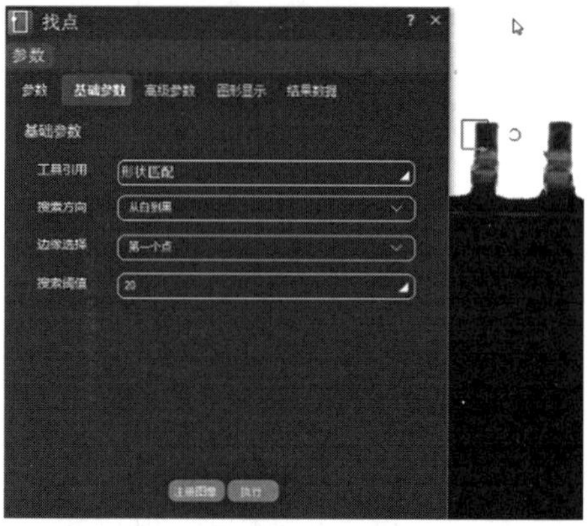
3	点击高级参数打开高级参数设置界面，搜索模式选择阵列矩形，该芯片引脚个数为14，故而阵列个数为13，阵列步长是每个找点ROI间隔距离，可根据实际情况对数值进行修改，阵列角度是以第一个ROI为原点的角度转换，这里以阵列步长170，阵列角度1.5为例。点击执行。	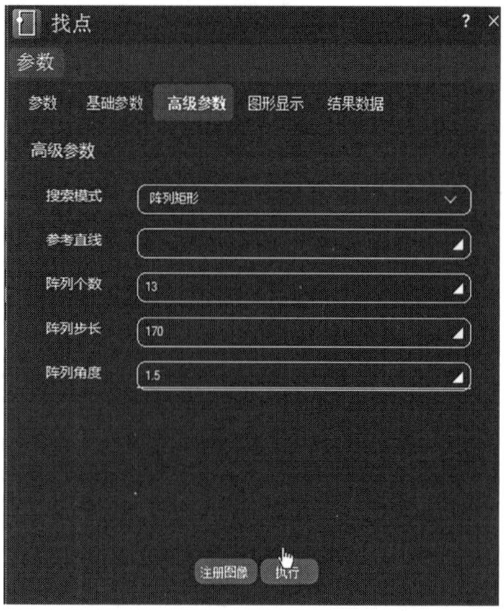
4	执行后找点阵列界面。	

序号	操作步骤	图片说明
5	继续添加【找点】工具，同上操作，设置 ROI 搜索第二个针脚，然后点击执行。	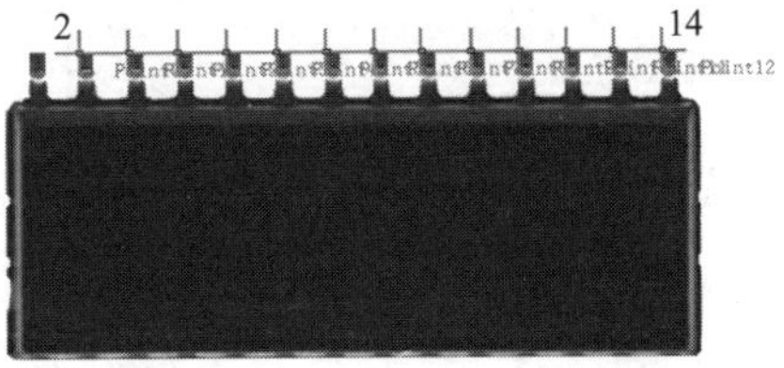

随堂笔记

(九) 找线矩阵操作步骤

序号	操作步骤	图片说明
1	添加【PLC 控制】、【光源控制】、【相机】工具，设置工具参数。	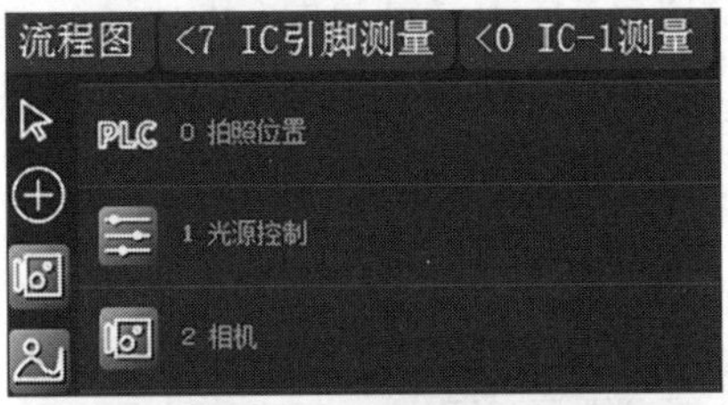
2	添加【形状匹配】工具，点击注册图像，ROI 设置框选一个引脚，点击设置中心，点击创建模板，模板个数设置为实际引脚个数，点击执行。	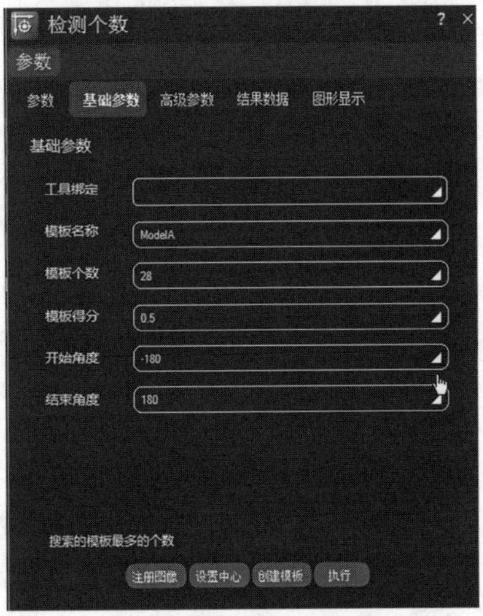

序号	操作步骤	图片说明
3	【形状匹配】模板执行结果，可作为引脚个数查找使用。	
4	添加【查找线】工具，清除工具引用，点击参数 - 输入参数 - 相机 - 输出图像，点击注册图像，设置 ROI 搜索区域，点击引用工具选择仿射矩阵。	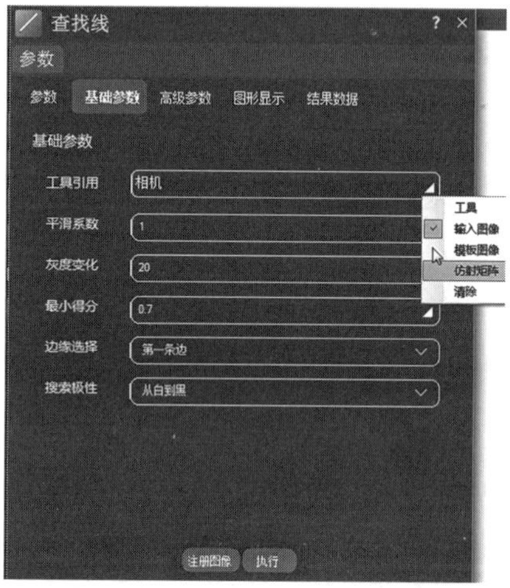
5	选择检测个数 - 输出参数输出仿射矩阵。	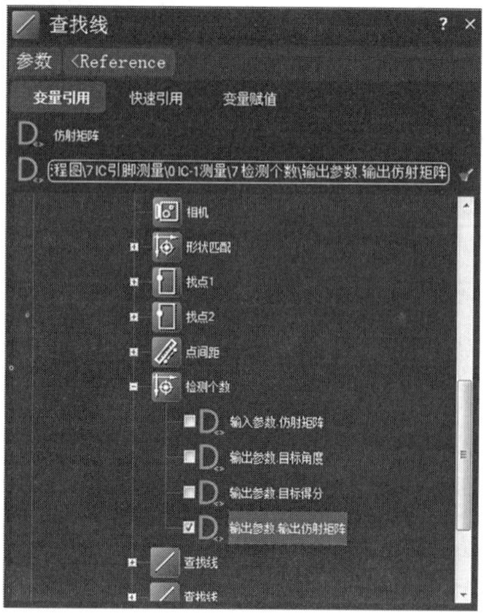

续表

序号	操作步骤	图片说明
6	返回参数界面，点击执行，完成找线矩阵操作过程。	

（十）图像拼接操作步骤

序号	操作步骤	图片说明
1	添加相关指令，完成拍照。	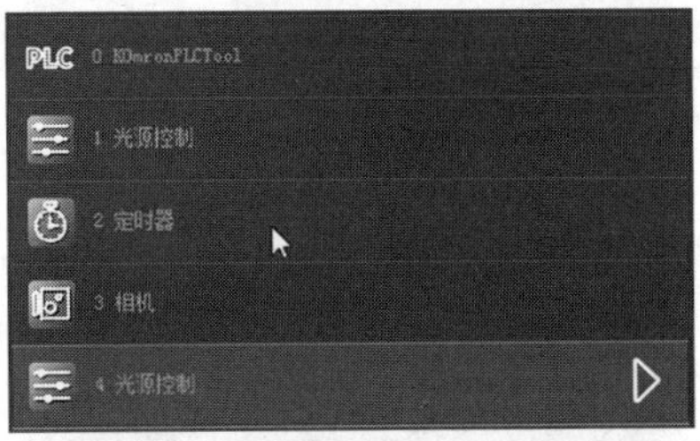
2	根据拼接段数需求，添加拍照次数。	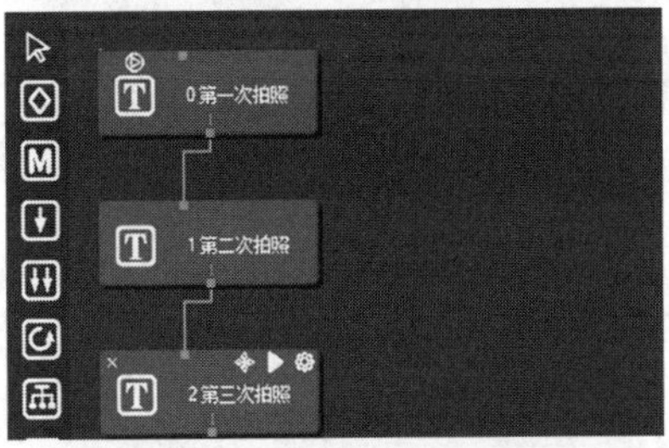
3	新建工具组，添加【图像拼接】工具。	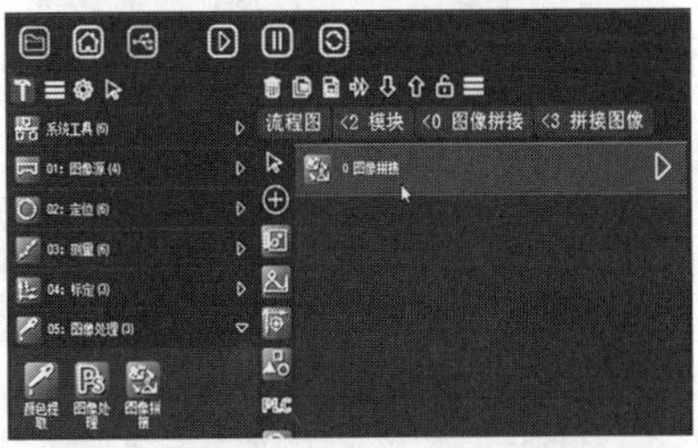
4	双击【图像拼接】工具，添加需要拼接的图像个数。	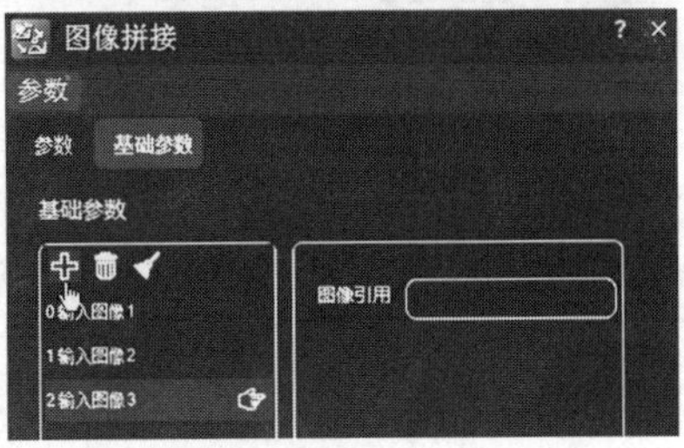

序号	操作步骤	图片说明
5	点击右侧图像引用，依次选择流程图 - 图像拼接 - 相机 - 输出参数输出图像。依次完成需要拼接图像的引用，点击运行。	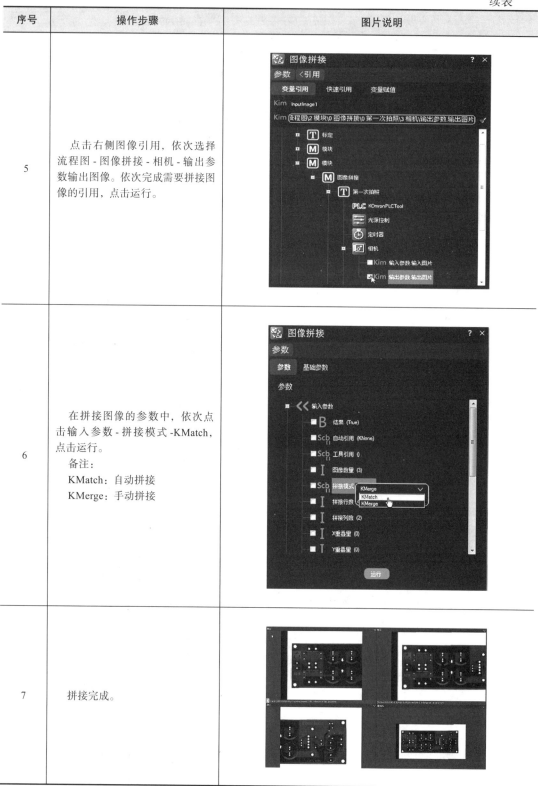
6	在拼接图像的参数中，依次点击输入参数 - 拼接模式 -KMatch，点击运行。 备注： KMatch：自动拼接 KMerge：手动拼接	
7	拼接完成。	

温馨提示：图像拼接各段要有明显的可重叠区域和明显不同区域。

（十一）求平均值操作步骤

序号	操作步骤	图片说明
1	新建几组需要求平均值的测量数据。例：求四个圆直径的平均值。	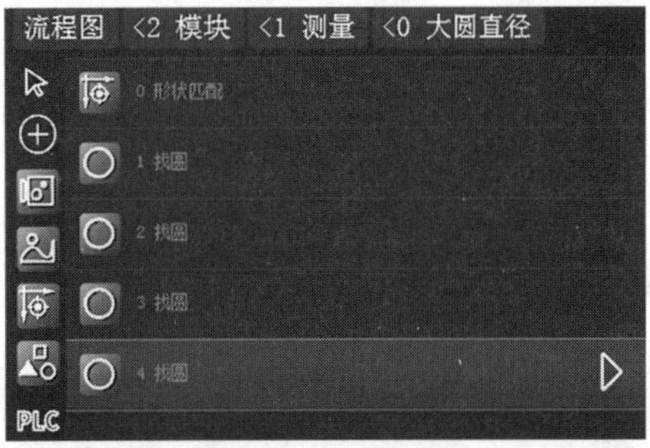
2	添加【用户变量】工具。	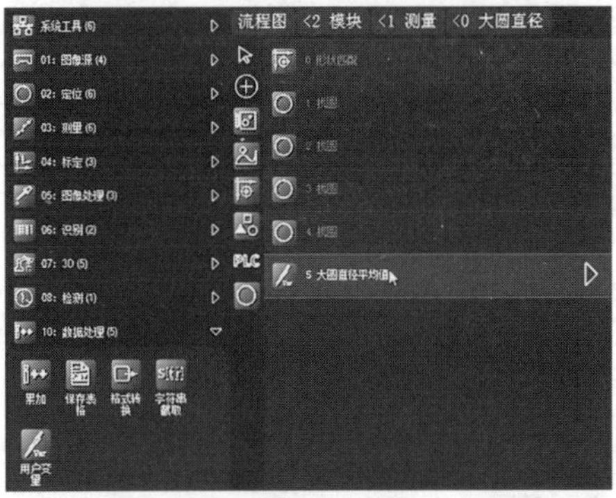
3	双击【用户变量】工具，选择参数 - 输出参数 -Double- 添加。	
4	点击参数 - 输出参数 - 长浮点 - 计算器。	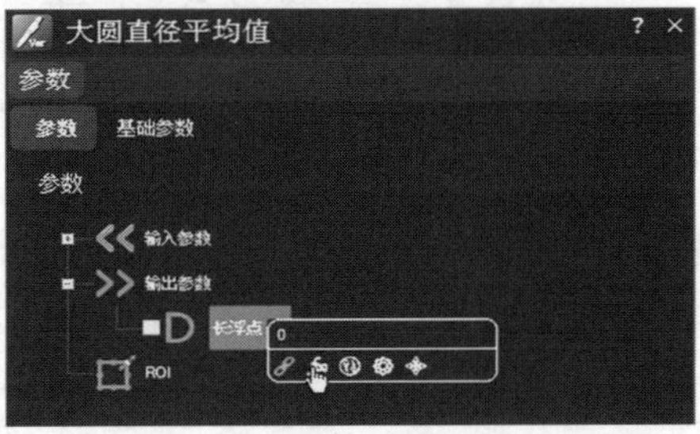

序号	操作步骤	图片说明
5	通过计算器中的＋号添加链接数据。	
6	链接圆的输出参数圆直径。	
7	依次添加需求平均值的数据。	

序号	操作步骤	图片说明
8	运用计算器的运算符号，组建运算形式。 例：将四个圆直径数值相加，然后除以四，得出四个圆直径的平均值。	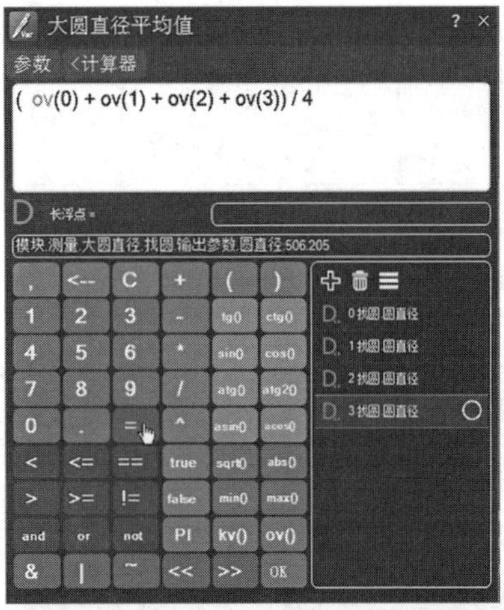
9	返回参数，查看平均值，完成求平均值操作过程。	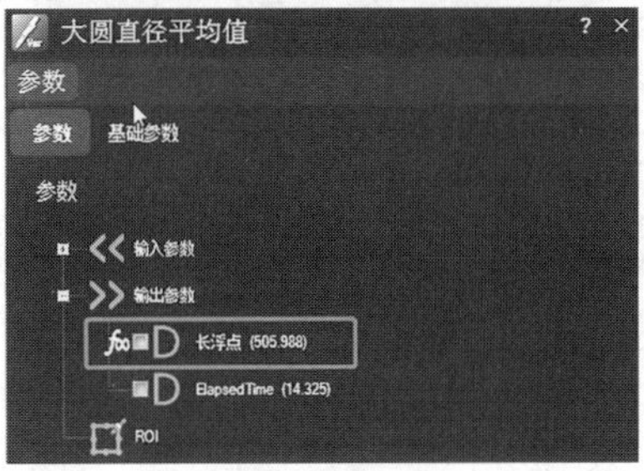

（十二）保存表格操作步骤

序号	操作步骤	图片说明
1	新建工具组，添加【保存表格】工具。	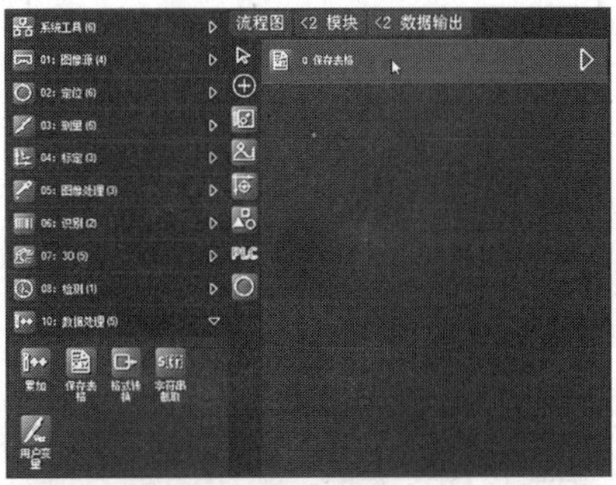
2	在基础参数中，添加表格列数，并命名表头。	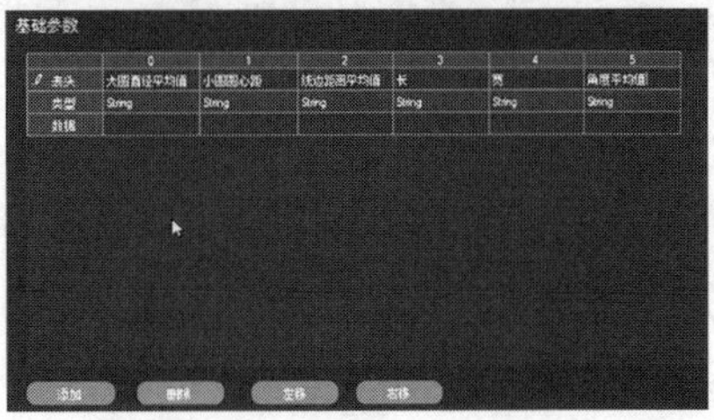

序号	操作步骤	图片说明
3	添加对应的数据类型。	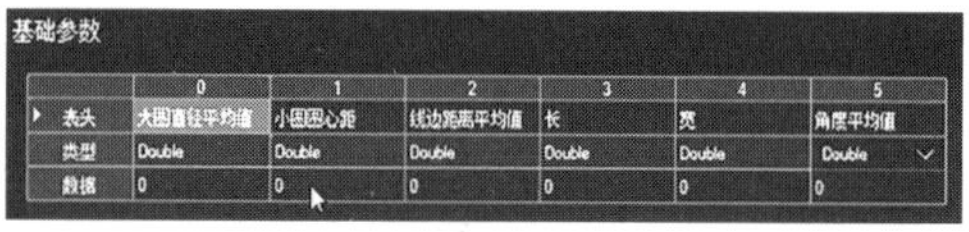
4	在表格数据一行中，引用对应的数据。	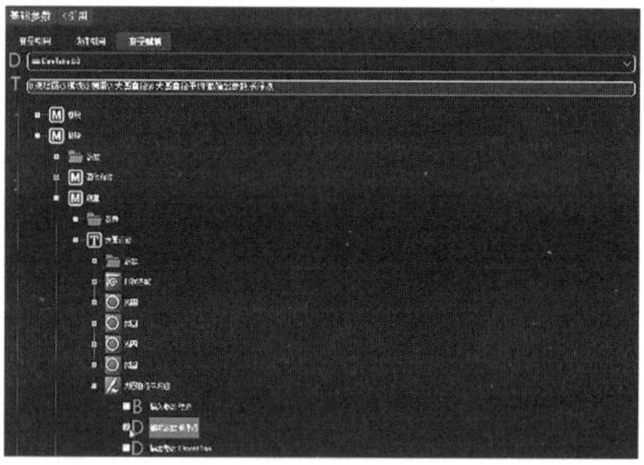
5	依次引用各组数据。	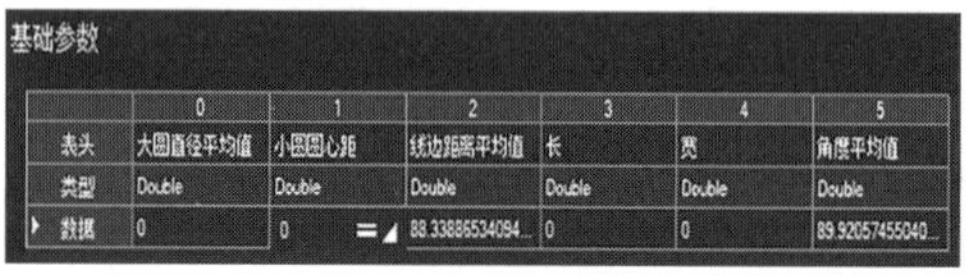
6	命名文件名，设置文件路径。	
7	运行【保存表格】工具，在设定的保存路径中查看保存的表格。	

（十三）线段卡尺操作步骤

序号	操作步骤	图片说明
1	添加相关工具，完成 XY 标定。	

序号	操作步骤	图片说明
2	添加相关工具，根据项目需求设定拍照位置以及光源、相机的参数。	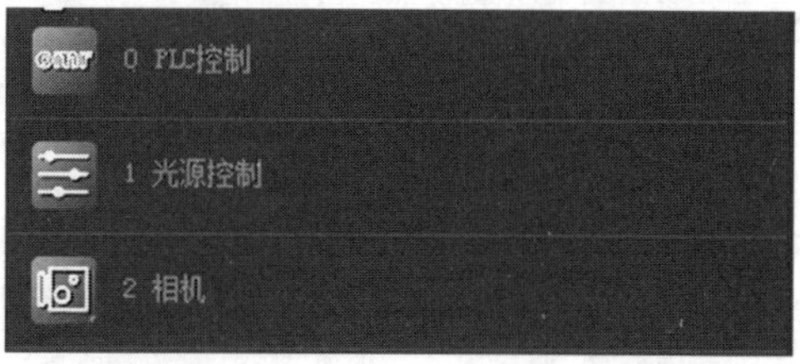
3	拍照输出图片示例。	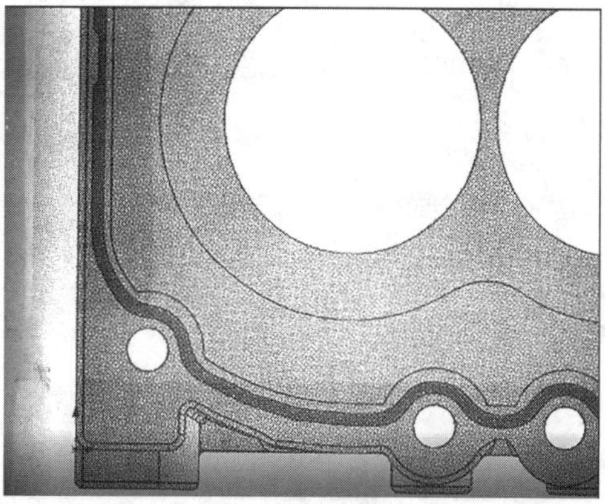
4	新建工具组，添加【形状匹配】工具，完成形状匹配操作。	
5	添加【线段卡尺】工具。	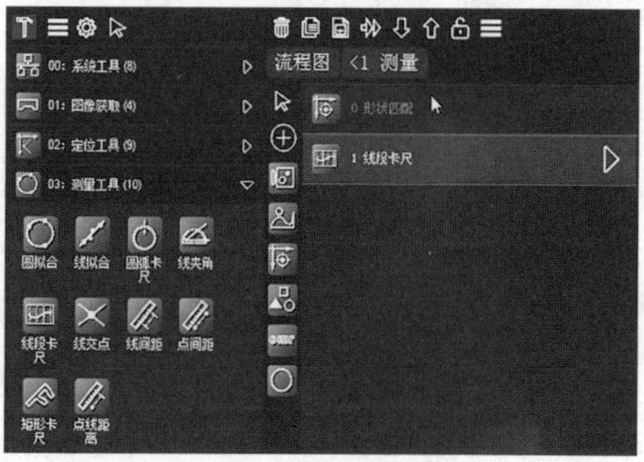

序号	操作步骤	图片说明
6	双击线段卡尺，点击注册图像。	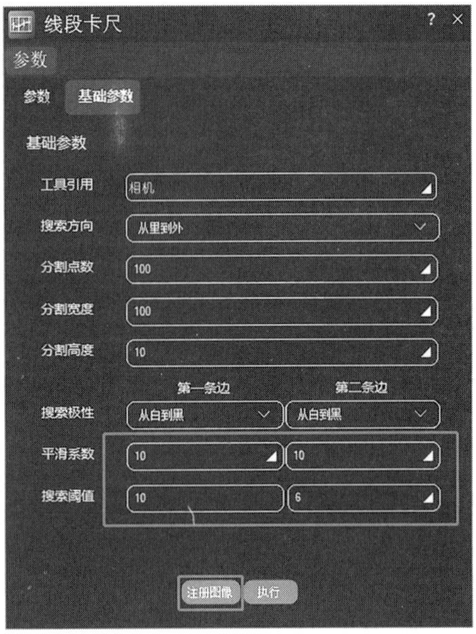
7	将胶水轨迹用黄线勾勒出来。	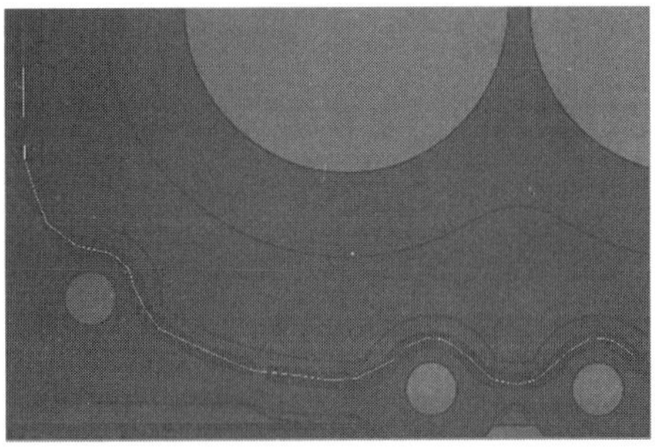
8	点击执行。	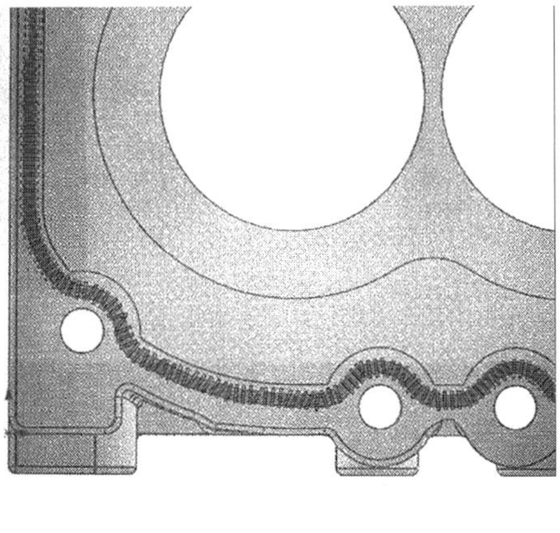

续表

序号	操作步骤	图片说明
9	双击【线段卡尺】工具，依次点击输出参数 - 平均距离 - 设置 - 区间，设置对线段卡尺工具的最小值和最大值。	
10	回到参数界面，点击执行。可看到平均值一行变为红色，说明这张图片胶水轨迹不合格。	

温馨提示：根据项目需求重复流程步骤直到所有的胶水轨迹都已被检测。

随堂笔记

技能点 3

机器视觉系统视觉定位

一、技能索引

二、操作提示

（一）颜色提取操作步骤

序号	操作步骤	图片说明
1	新建工具组，添加【颜色提取】工具。	

序号	操作步骤	图片说明
2	双击【颜色提取】进入参数设置界面，在输入参数中点击输入图像，点击链接。	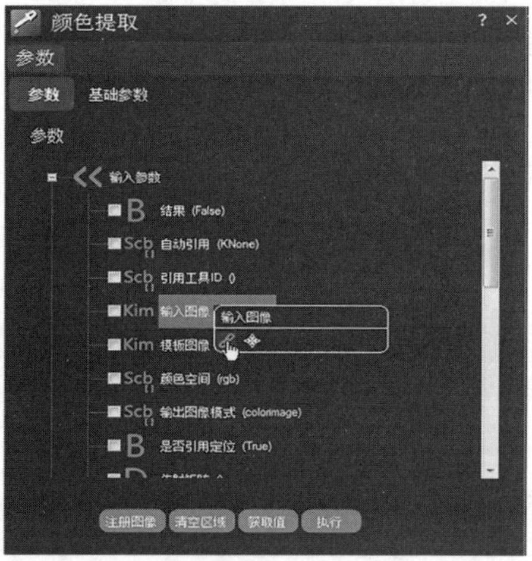
3	在拍照工具中勾选相机的输出图片。	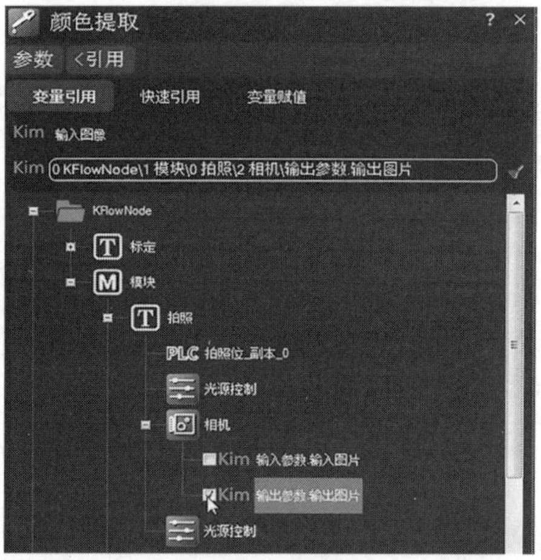
4	点击参数，回到【颜色提取】主页面，点击执行。	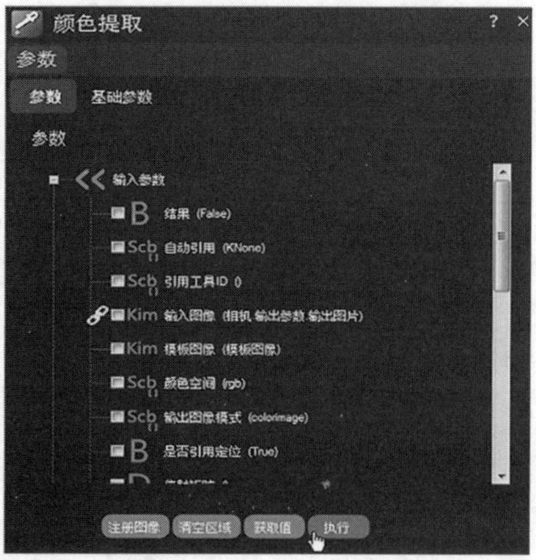

序号	操作步骤	图片说明
5	点击【颜色提取】的基础参数。	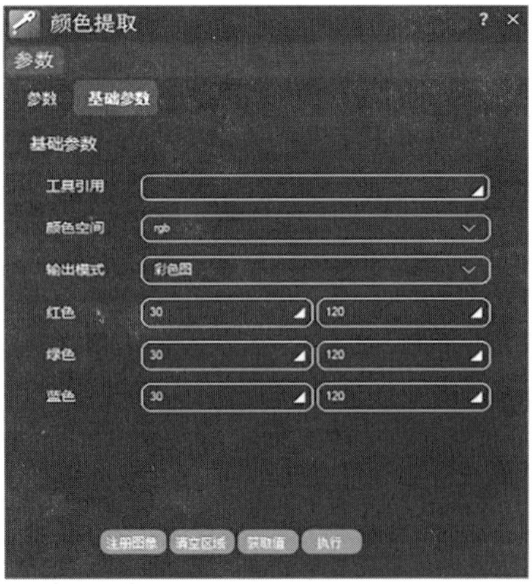
6	使用鼠标箭头在需要提取的板块中移动，在界面下方查看对应的R、G、B的数值变化范围，然后将变化范围填写到【颜色提取】的基础参数界面中的红色、绿色、蓝色栏中。	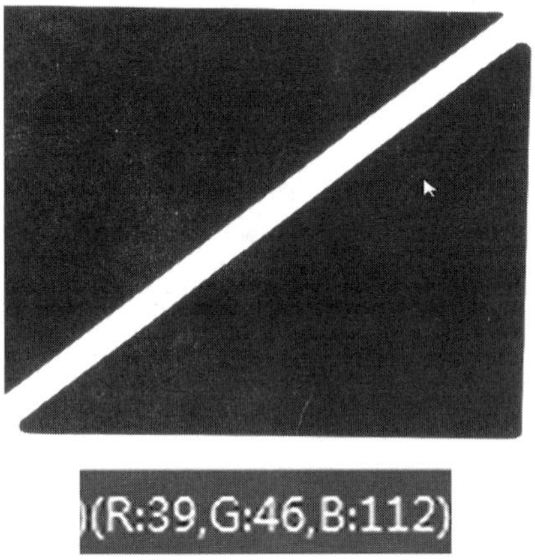 （R:39,G:46,B:112）
7	填写好红色、绿色、蓝色栏中数值范围后，点击执行，查看颜色提取结果，以界面基本只出现需要的板块颜色为基准，否则需要调整红色、绿色、蓝色栏中数值范围。	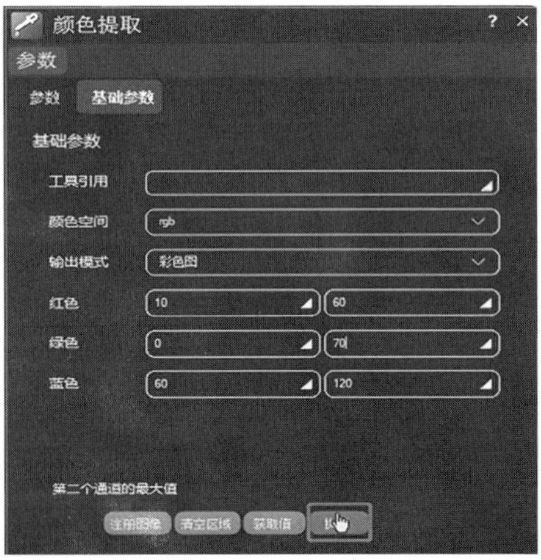

续表

序号	操作步骤	图片说明
8	根据需要检测的板块数量添加【颜色提取】、【形状匹配】工具的个数。	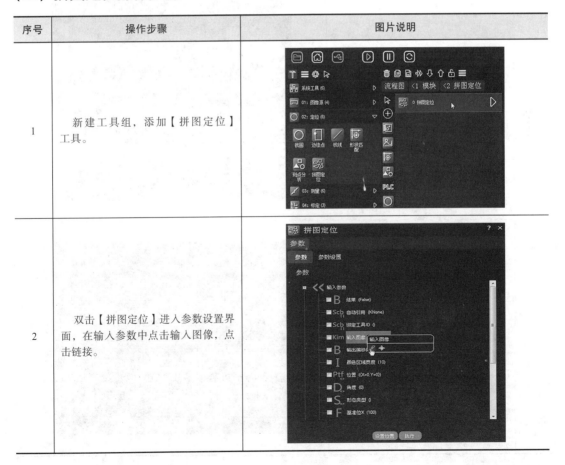

随堂笔记

（二）拼图定位操作步骤

序号	操作步骤	图片说明
1	新建工具组，添加【拼图定位】工具。	
2	双击【拼图定位】进入参数设置界面，在输入参数中点击输入图像，点击链接。	

续表

<table>
<tr><th>序号</th><th>操作步骤</th><th>图片说明</th></tr>
<tr><td>3</td><td>在拍照工具中勾选相机的输出图片。</td><td>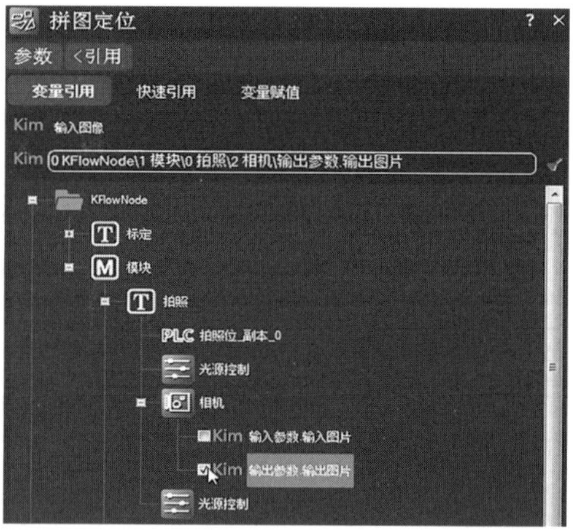
</td></tr>
<tr><td>4</td><td>点击参数，回到【拼图定位】主页面。</td><td>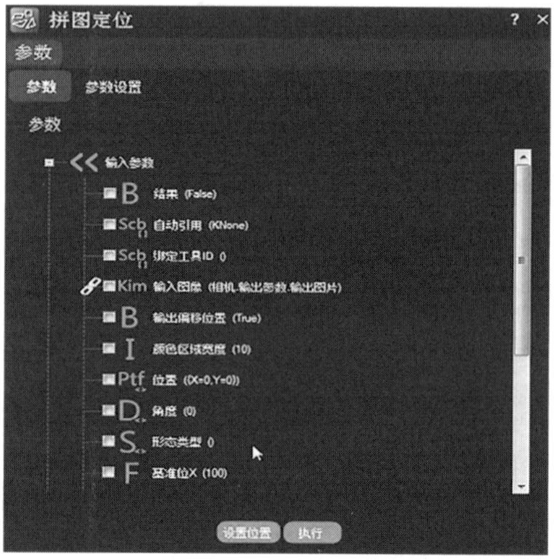
</td></tr>
<tr><td>5</td><td>在输入参数中双击位置（{X=0,Y=0}）。</td><td>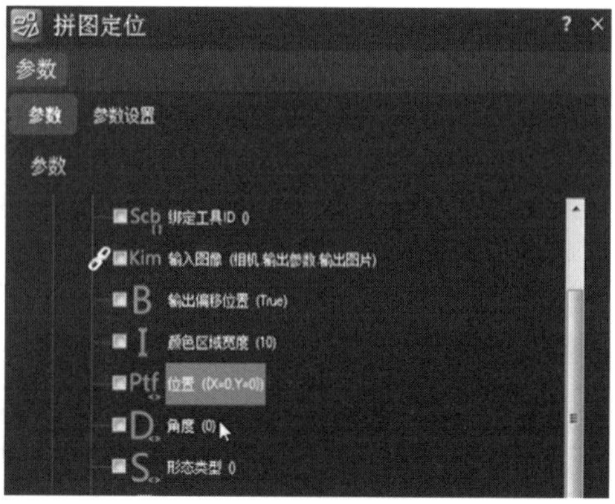
</td></tr>
</table>

序号	操作步骤	图片说明
6	点击添加，添加数据，需要拼接几块板就添加几行。点击列表，回到参数界面。	
7	在输入参数中点击位置，点击链接。	
8	点击变量赋值，选择对应位置标号。	
9	勾选对应形状匹配中输出参数检测点的 PtF0。	

序号	操作步骤	图片说明
10	点击参数界面角度，添加角度数量，然后链接到对应形状匹配中输出参数目标角度。	
11	点击参数界面形态类型，添加形态类型数量，然后链接到对应形状匹配中输入参数模板名称。	
12	将参数页面中的基准 X、基准 Y 数据改为 0，然后点击设置位置与执行。	

温馨提示：以上参数设置中，每一块板都需要按照以上操作步骤设置。

（三）搬运操作步骤

序号	操作步骤	图片说明
1	新建工具组，添加【PLC 控制】工具，命名为取位点。	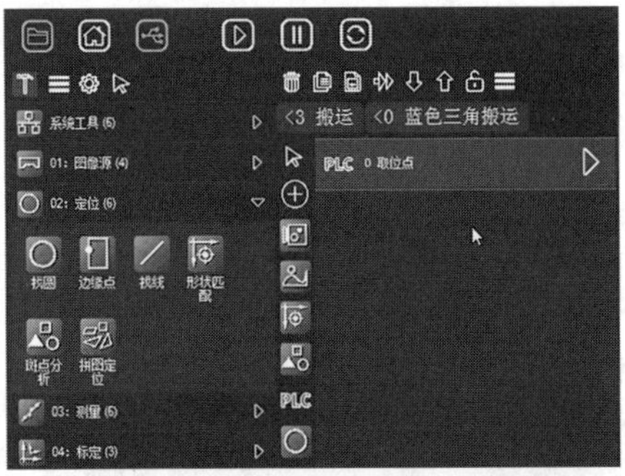
2	双击【PLC 控制】进入参数设置界面。	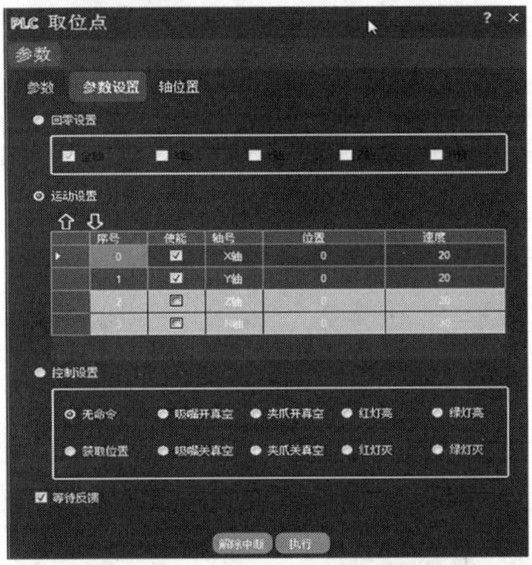
3	选择 X 轴链接。	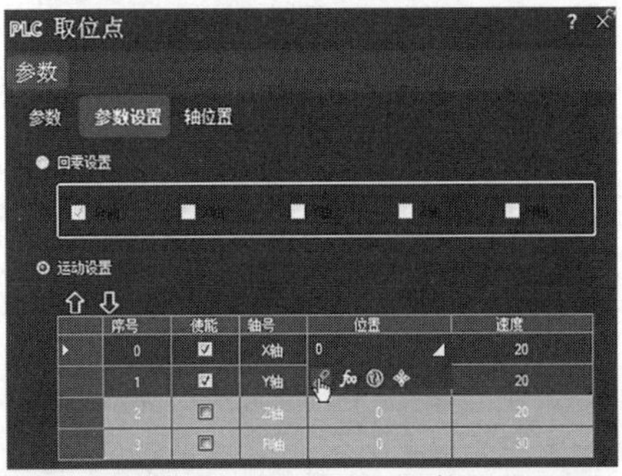
4	点击变量赋值，找到颜色提取工具中的形状匹配，勾选输出参数检测点中 Ptf0 的 X 轴。	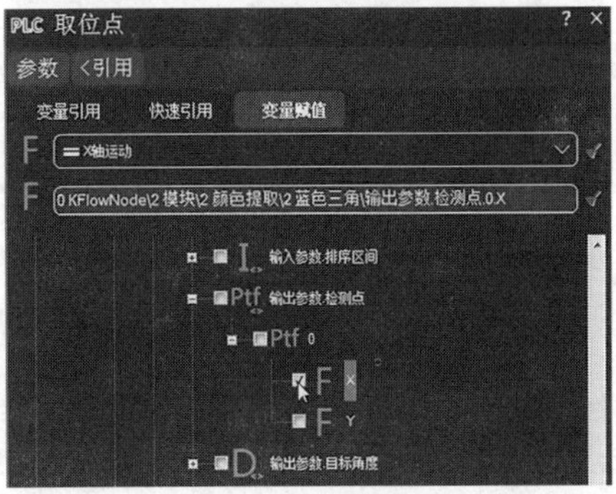

序号	操作步骤	图片说明
5	参照 X 轴链接步骤，完成 Y 轴链接，在变量赋值颜色提取工具中找到形状匹配，勾选输出参数检测点中 Ptf0 的 Y 轴。	
6	设定 Z 轴运动数值。	
7	勾选吸嘴开真空。	

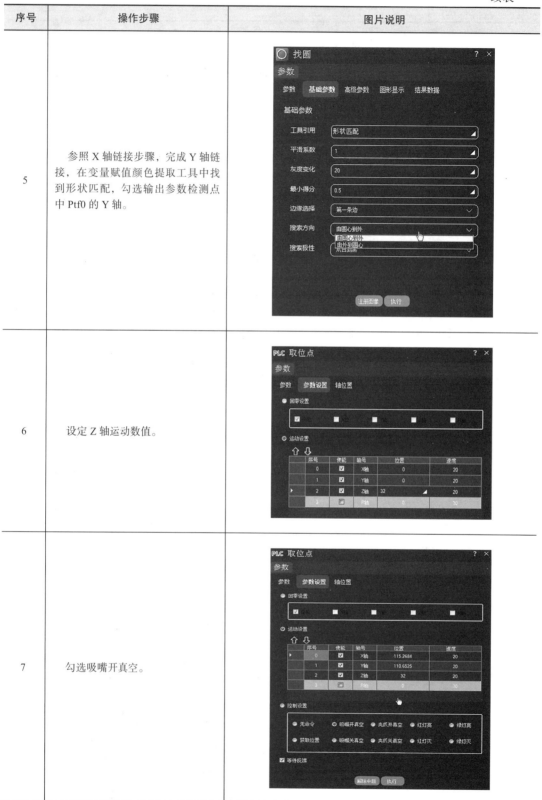

序号	操作步骤	图片说明
8	添加【PLC控制】指令，修改名称，设置Z轴上升数值。	
9	添加【PLC控制】工具，修改名称，链接X轴到变量赋值中的拼图定位的输出参数位置转换，勾选对应的X轴。	
10	同上，完成Y轴的链接。	
11	将R轴链接到变量赋值中的拼图定位的输出参数角度转换，勾选对应的角度转换。	

序号	操作步骤	图片说明
12	设置 Z 轴运动数值，勾选吸嘴关真空。	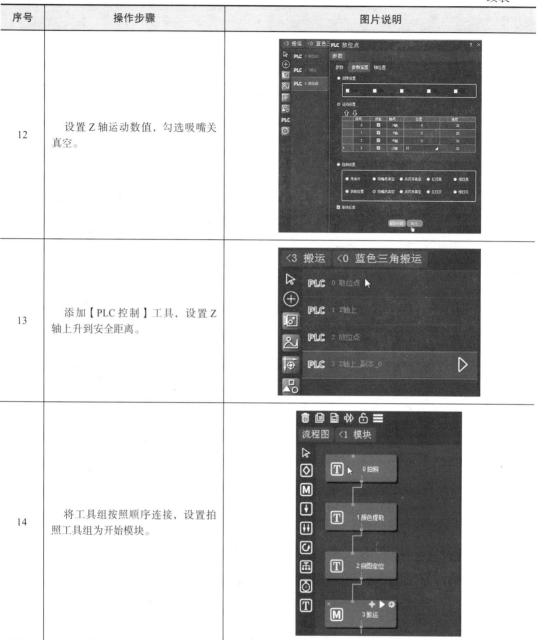
13	添加【PLC 控制】工具，设置 Z 轴上升到安全距离。	
14	将工具组按照顺序连接，设置拍照工具组为开始模块。	

温馨提示：搬运操作中，建议一块板对应一个工具组，可统归到一个模块中。

📝 随堂笔记

"天工"人形机器人
实现视觉感知行走

技能点 4

机器视觉系统模式识别

光源连接件检测

一、技能索引

序号	技能点	页码	序号	技能点	页码
1	条码检测操作步骤	165	2	条件判断操作步骤	167

二、操作提示

（一）条码检测操作步骤

序号	操作步骤	图片说明
1	添加相关工具，完成拍照。	
2	新建工具组，添加【条码检测】工具。	

序号	操作步骤	图片说明
3	双击【条码检测】工具，搜索模式选择全局搜索，自动模式。	
4	点击执行，如条形码检测不全，则需进行图像处理。	
5	添加【图像处理】工具，处理图片。	
6	条形码检测齐全为合格，点击执行。	

续表

序号	操作步骤	图片说明
7	查看条码检测结果。	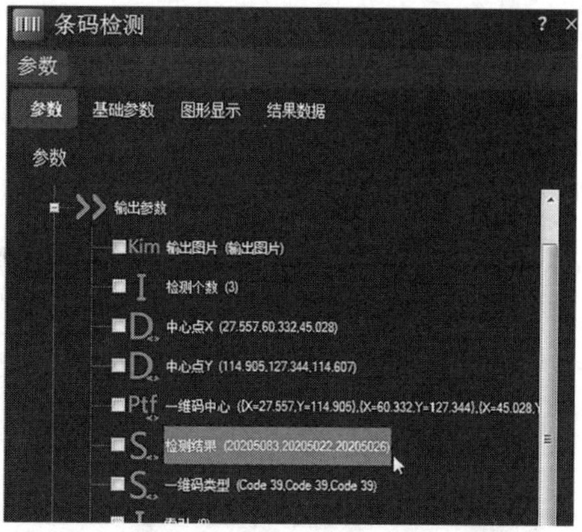

温馨提示：可添加多个图像处理指令来处理图像，直到图像中二维码全部检测到位。

（二）条件判断操作步骤

序号	操作步骤	图片说明
1	添加工具，完成判断前的前置操作。	
2	例如：设置形状匹配目标个数区间，以此作为判断条件。	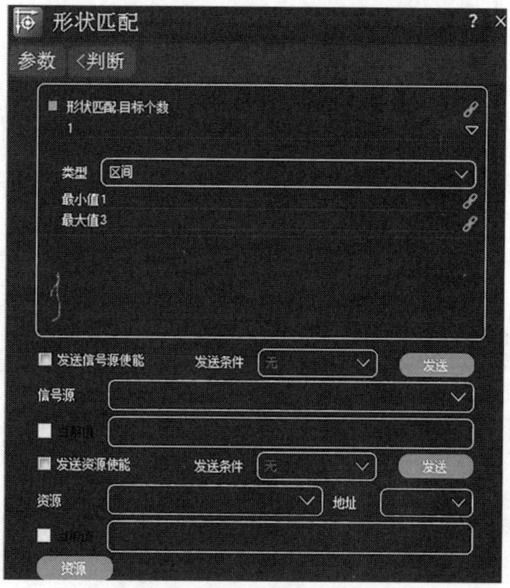

序号	操作步骤	图片说明
3	添加【判断】工具。	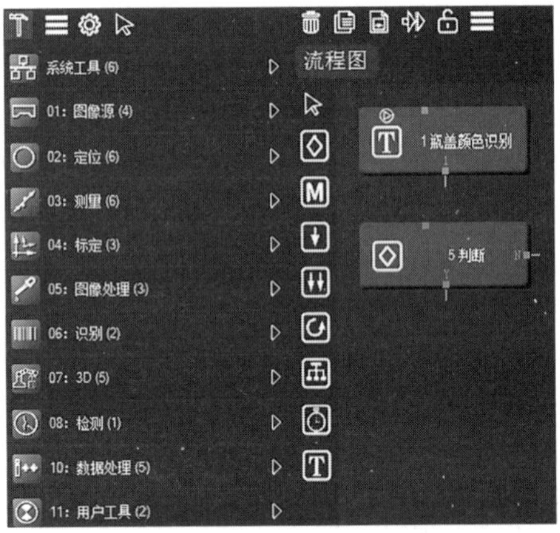
4	判断结果，选择 True 或 False。	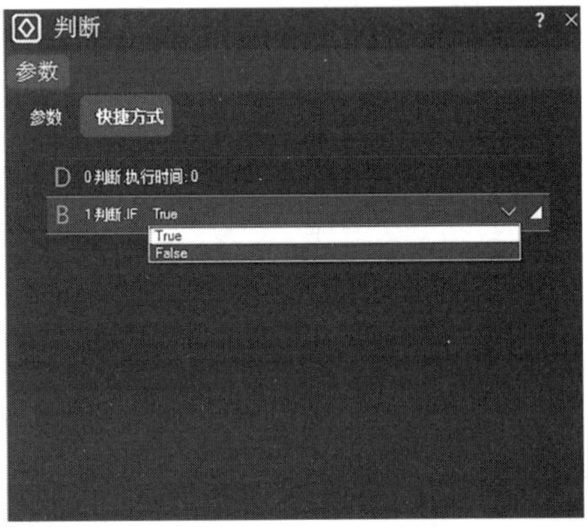
5	添加引用判断的条件。	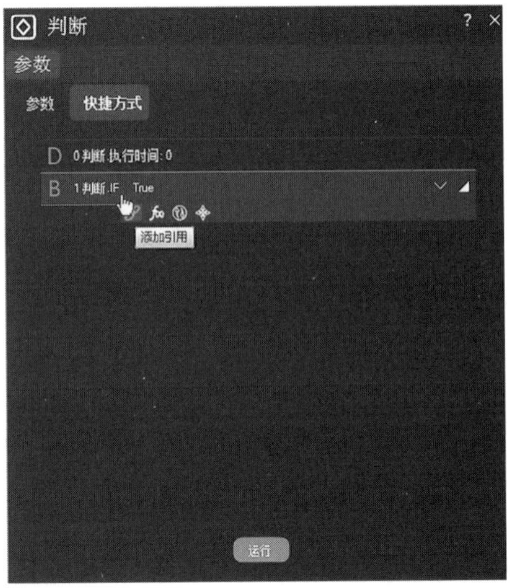

序号	操作步骤	图片说明
6	例如：引用形状匹配目标个数结果。	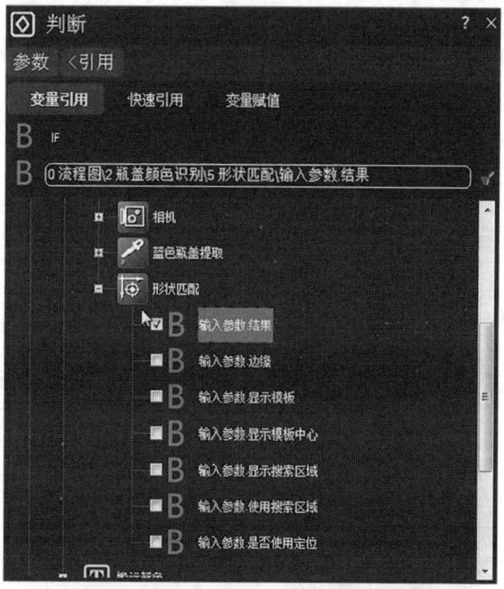
7	添加判断结果走向的工具组。例如：判断结果正确执行"搬运蓝色"工具组，判断结果错误执行"红色瓶盖"工具组。	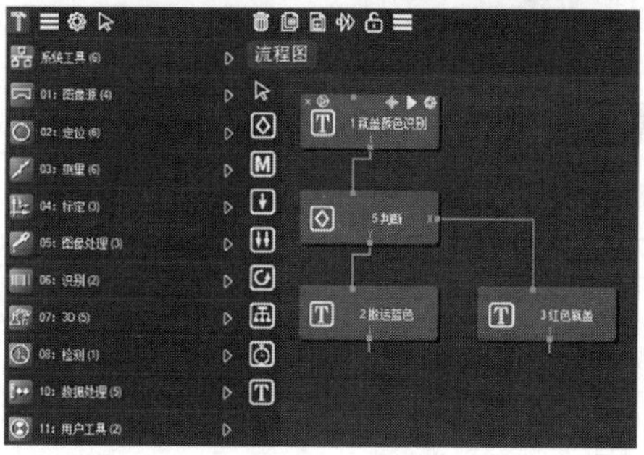

随堂笔记

技能点 5

机器视觉系统外观检测

钥匙划痕检测

一、技能索引

二、操作提示

（一）缺陷检测操作步骤

序号	操作步骤	图片说明
1	添加相关工具，完成拍照与形状匹配。	
2	添加【缺陷检测】工具。	

序号	操作步骤	图片说明
3	双击【缺陷检测】工具，进入基础参数配置界面。	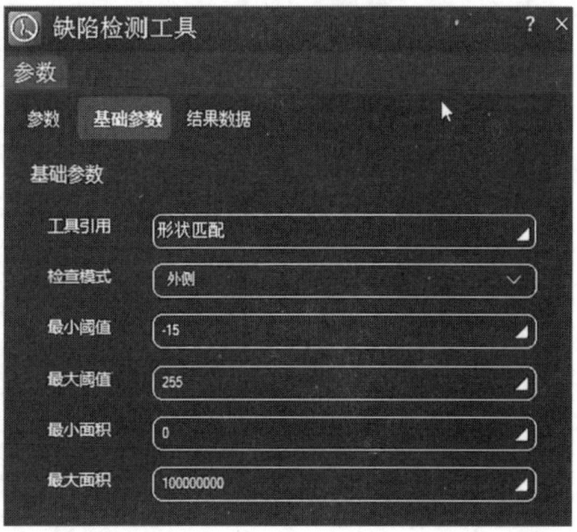
4	以合格模板为示例，点击注册图像，框选需要缺陷检测的区域。	
5	修改【缺陷检测】工具基础参数界面的相关参数，来调节缺陷检测结果。	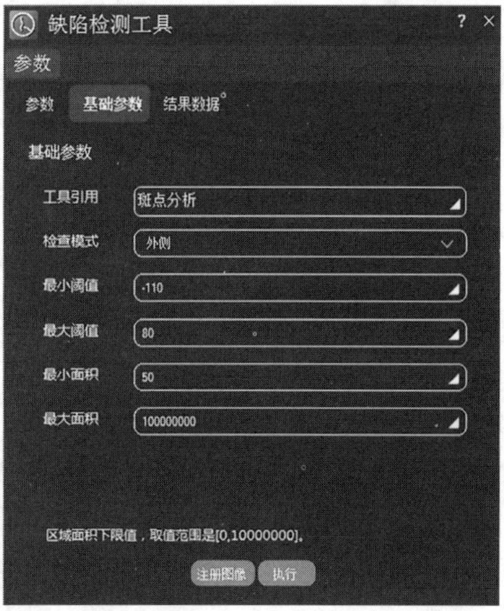
6	点击执行后，合格模板无缺陷点，不合格模板准确标出不合格部位。	

序号	操作步骤	图片说明
7	查看【缺陷检测】指令输出参数中缺陷检测个数。示例中找到缺陷个数（0.30），说明合格模板无缺陷，不合格模板有 30 个缺陷点。	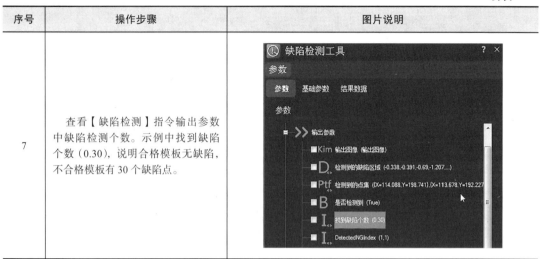

温馨提示：参数修改可以先点执行，根据执行后的结果进行调节。

（二）斑点分析操作步骤

序号	操作步骤	图片说明
1	添加相关指令，完成拍照与形状匹配。	
2	添加【斑点分析】工具。	

序号	操作步骤	图片说明
3	双击【斑点分析】工具，进入基础参数配置界面。	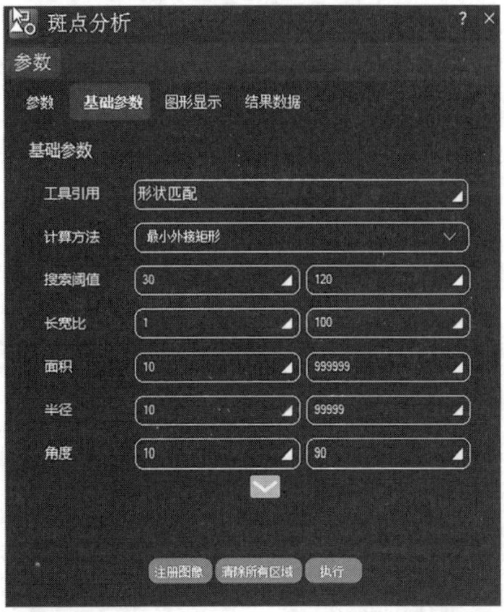
4	点击注册图像，框选需要斑点检测的区域。	 
5	点击执行。 示例：合格模板呈现斑点，调节基础参数。	 
6	示例：斑点分析基础参数。	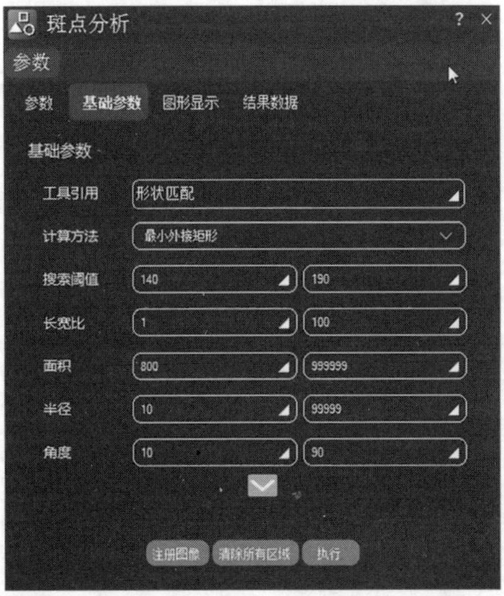

续表

序号	操作步骤	图片说明
7	示例：基础参数调节执行后的画面。以合格模板无斑点，不合格模板圈出全部斑点为目标。	
8	查看斑点分析指令的输出参数中 BlobNG 索引，可将 BlobNG 索引数据设置数据 0 或 1 来作为判断条件。 备注： 0：无斑点。 1：有斑点。	

📄 随堂笔记

技能点 6

机器视觉系统 3D 检测

用户工具的使用

一、技能索引

二、操作提示

（一）3D 物流包裹点云处理操作步骤

序号	操作步骤	图片说明
1	添加工具完成 3D 相机拍照，添加【点云处理】工具。	

序号	操作步骤	图片说明
2	双击【点云处理】工具，进入基础参数设置界面。	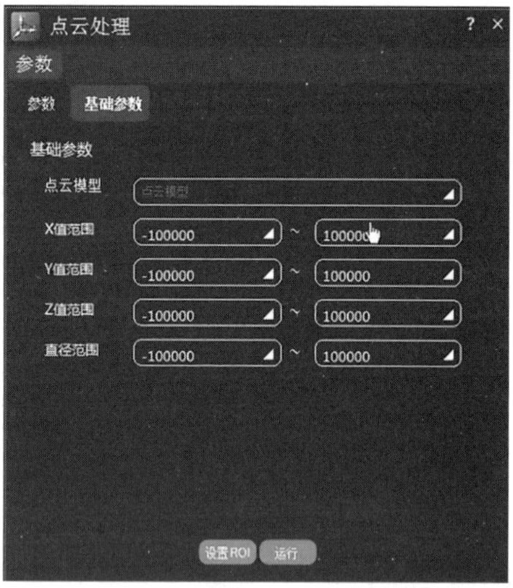
3	在【点云处理】参数中，依次点击参数 _ 输入参数 _ 点云模型，点击引用。	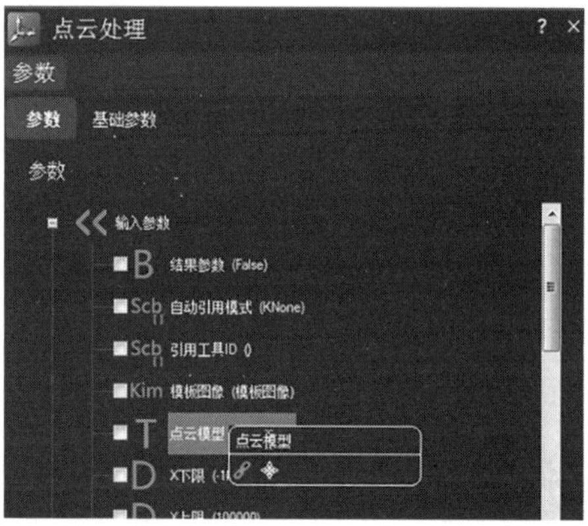
4	在变量引用中，依次点击流程图 _ 工具组 _3D 相机，选择引用 3D 相机的输出参数.点云模型。	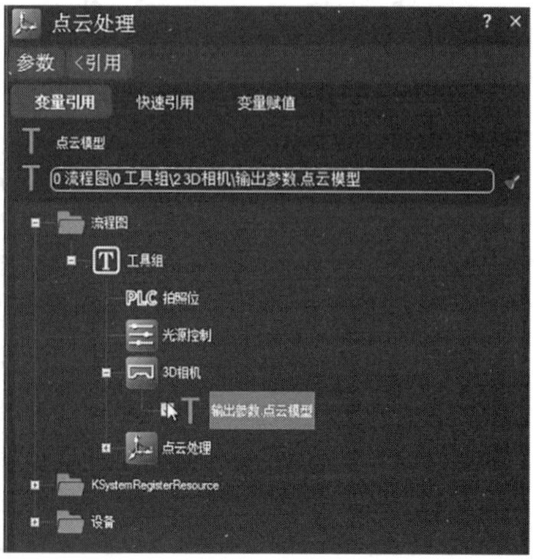

序号	操作步骤	图片说明
5	返回【点云处理】参数界面，点击设置 ROI。	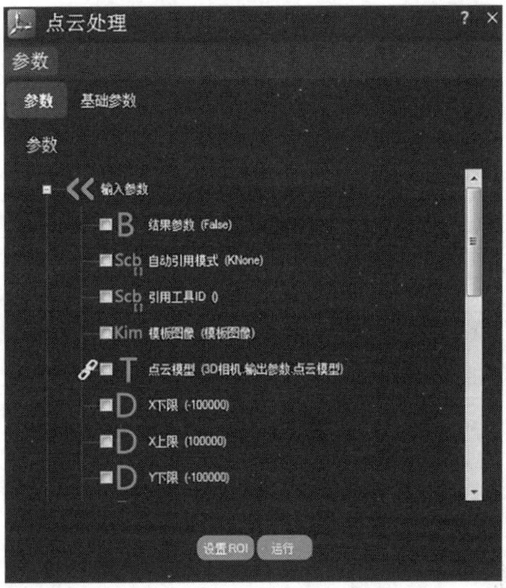
6	在右侧界面拖动 ROI 选择框，框选模板区域。之后点击参数界面的运行选项。	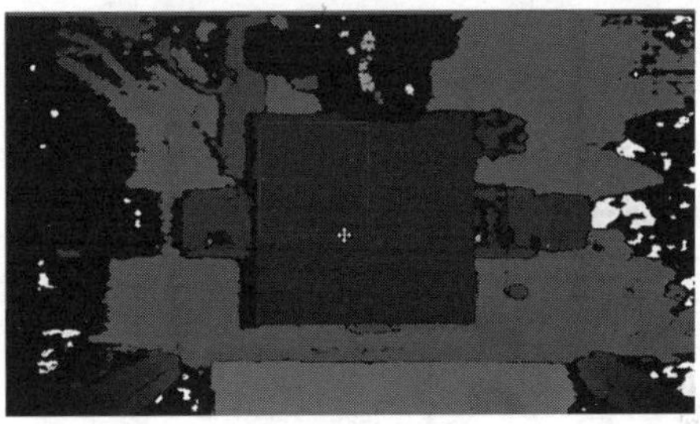

（二）3D 物流包裹坐标获取操作步骤

序号	操作步骤	图片说明
1	添加【查找特征点】工具。	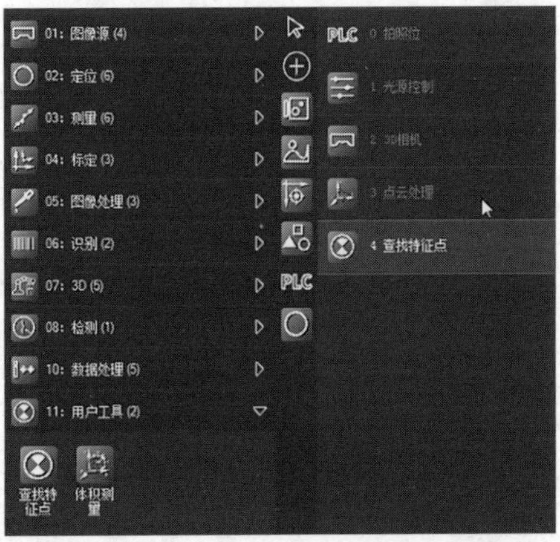

序号	操作步骤	图片说明
2	双击【查找特征点】工具，进入基础参数设置界面。依次点击参数_输入参数_输入图像。点击清除功能将输入图形清除。	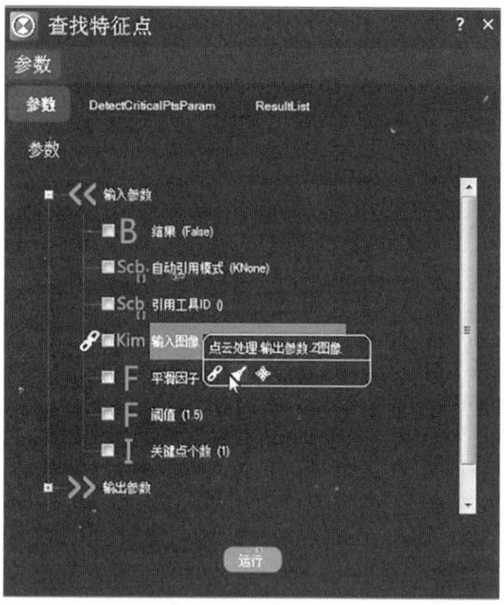
3	再次点击输入图像，选择引用功能。在变量引用中依次选择流程图_工具组_3D相机_输出参数.灰度图像。	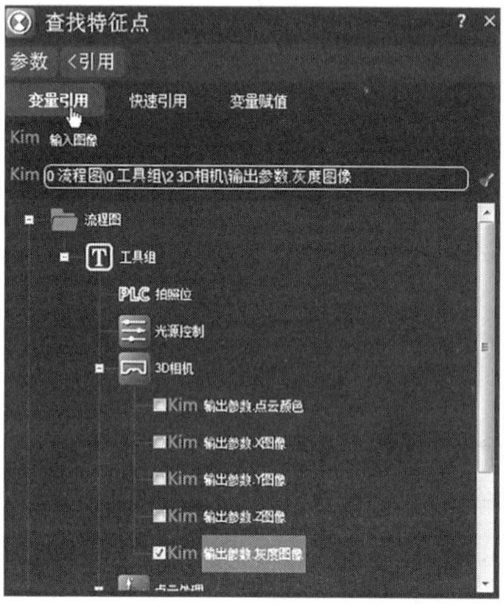
4	点击参数，返回【查找特征点】的参数界面，点击运行选项。	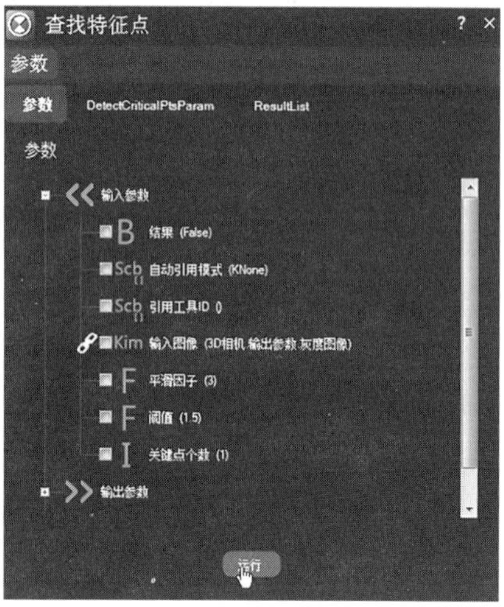

序号	操作步骤	图片说明
5	在流程图中选中【查找特征点】。调整 ROI 位置及大小,框选标定的特整点 _9 个。	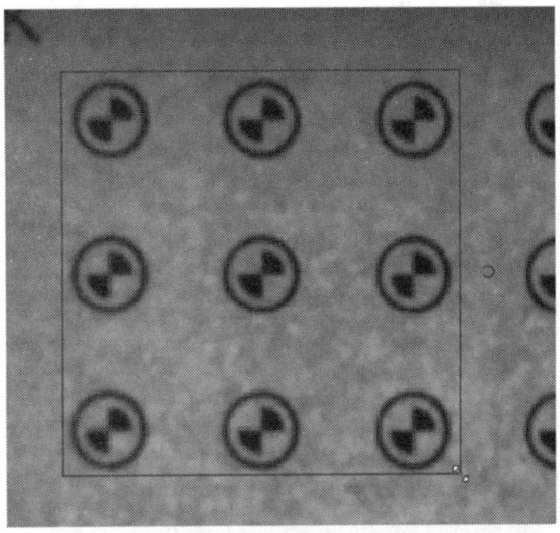
6	在流程图界面,点击运行【查找特征点】。如果识别的特征点有误,需要调整【查找特征点】基础参数 _ 平滑影子的参数。	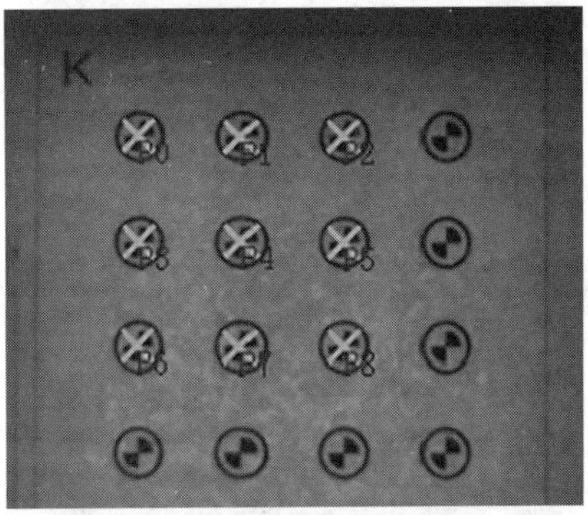
7	添加【3D 点坐标获取】工具。	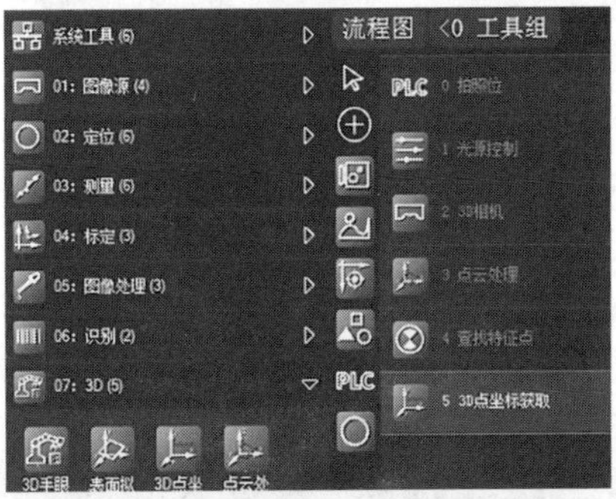
8	双击【3D 点坐标获取】工具,打开基础参数界面。依次点击基础参数 _ 引用工具,选择引用。	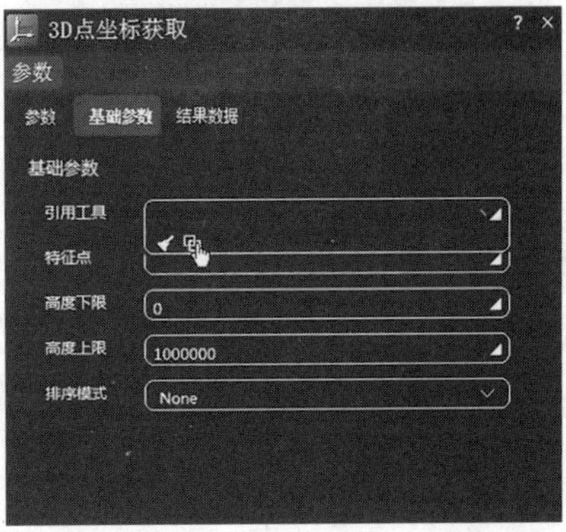

序号	操作步骤	图片说明
9	在引用工具界面，依次点击流程图＿工具组＿点云处理，之后点击确定。	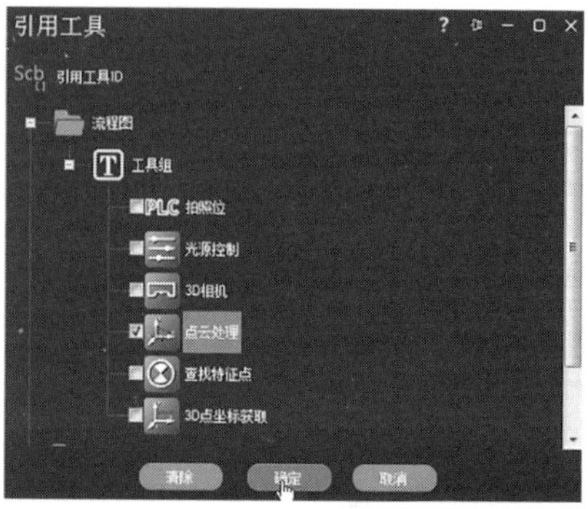
10	在【3D点坐标获取】指令基础参数界面，依次点击基础参数＿特征点，选择引用。	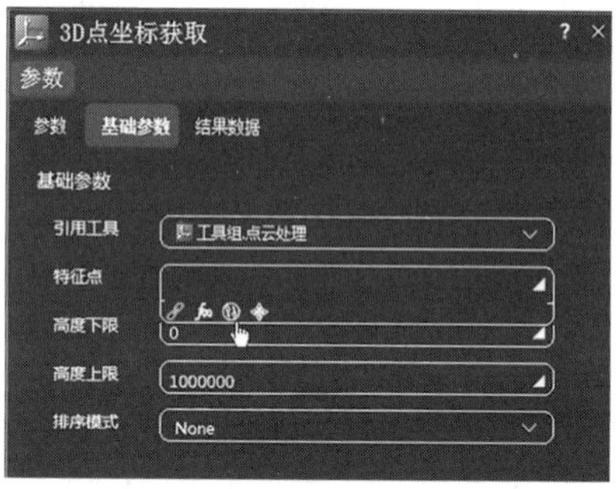
11	在变量引用界面，依次点击并选中流程图＿工具组＿查找特征点＿输出参数.关键点。	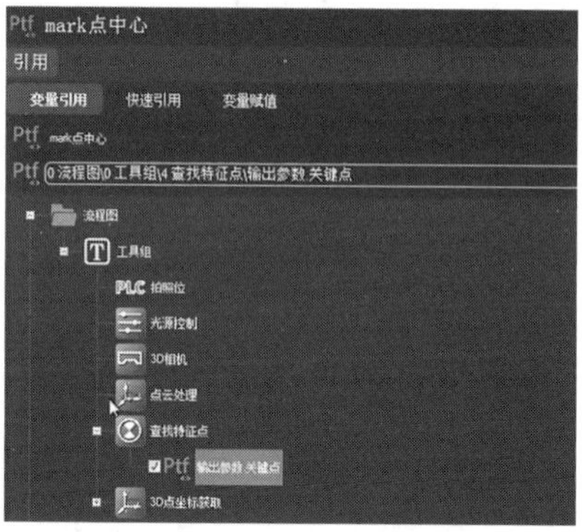
12	返回参数界面，点击执行选项。	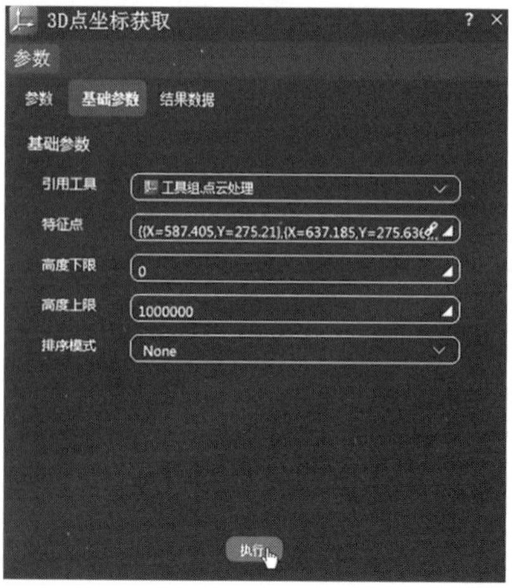

序号	操作步骤	图片说明
13	选择参数选项，依次点击并选择输出参数 _X 坐标，选择计算器功能。	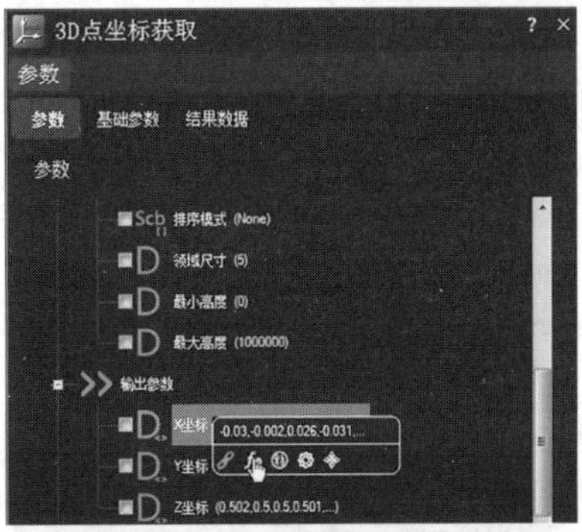
14	在计算器功能中，输入 kv()*1000，对坐标进行单位换算。	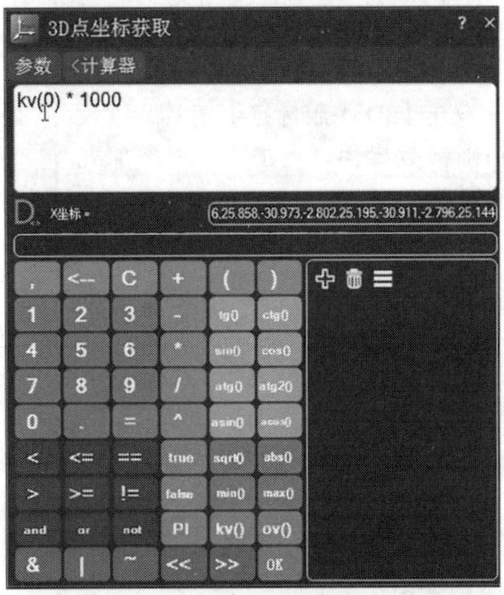
15	点击参数返回参数选项，依次使用计算器功能换算 Y、Z 坐标。	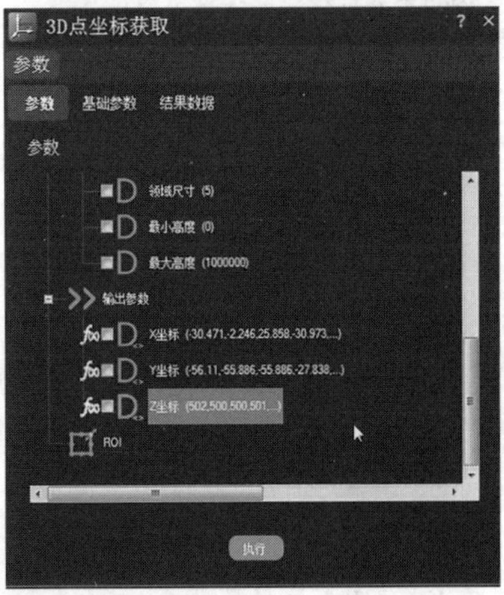

📝随堂笔记

（三）3D 物流包裹手眼标定操作步骤

序号	操作步骤	图片说明
1	添加【3D 手眼标定】工具。	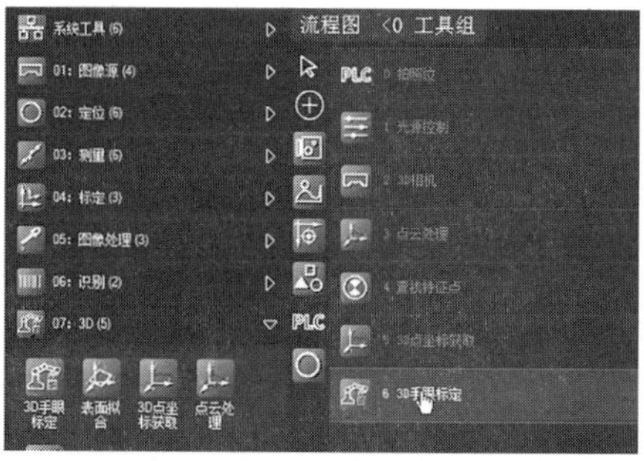
2	双击【3D 手眼标定】工具，进入基础参数界面。点击"+"，添加九行列表。	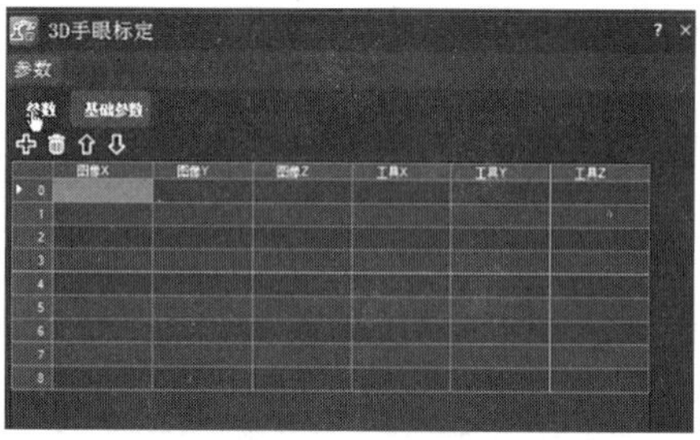
3	选择参数选项，依次点击输出参数 _X 图像坐标。	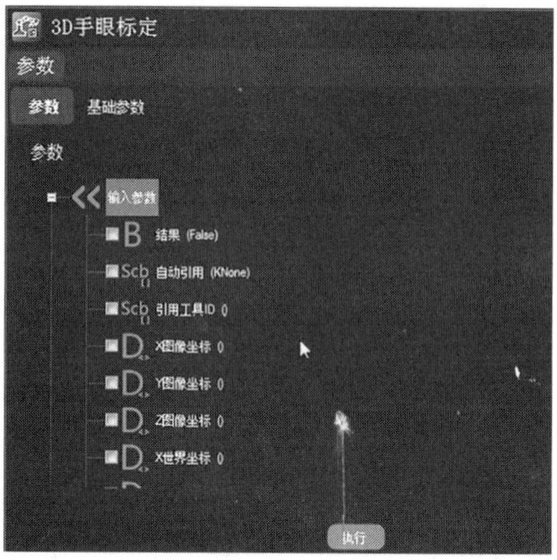
4	在 X 图像坐标变量属性中点击添加，添加九行列表。	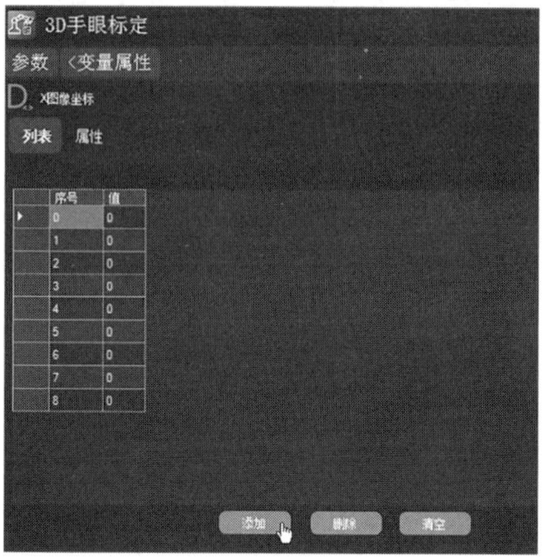

序号	操作步骤	图片说明
5	点击返回参数选项界面，依次更改 Y 图像坐标、Z 图像坐标、X 世界坐标、Y 世界坐标、Z 世界坐标的属性变量，更改为九行列表。	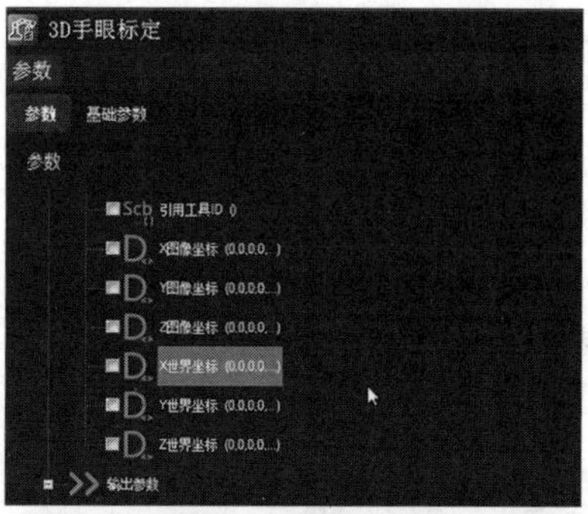
6	点击返回参数选项界面，点击打开 X 图像坐标的变量引用功能。	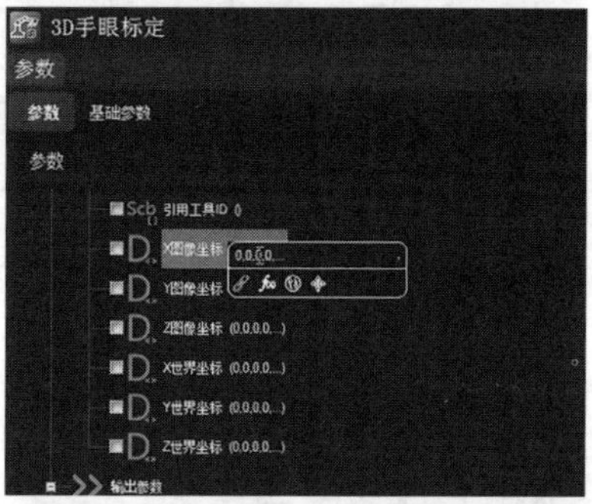
7	在变量引用界面，依次点击选择流程图 _ 工具组 _3D 坐标获取 _ 输出参数 .X 坐标。	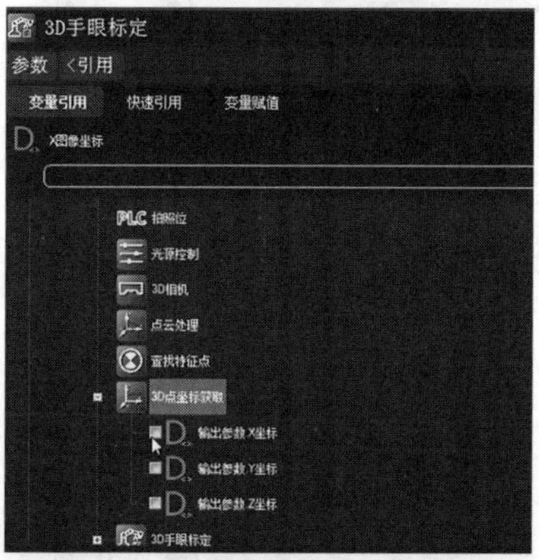
8	点击返回参数选项界面，依次进行 Y 图像坐标、Z 图像坐标的变量引用，对应引用 3D 坐标获取 _ 输出参数 .Y 坐标 /Z 坐标。	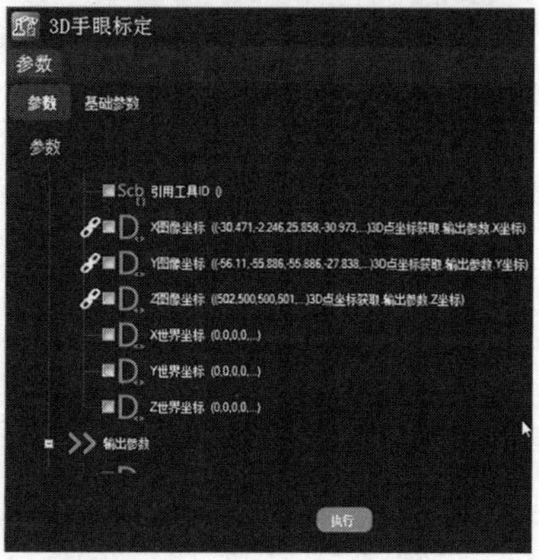

序号	操作步骤	图片说明
9	点击返回基础参数选项界面，依次输出 P0-P8 的工具 X/Y/Z 实际坐标至列表中。输入完成后点击执行，手眼标定完成。	

（四）3D 物流包裹表面拟合操作步骤

序号	操作步骤	图片说明
1	新建基准面工具组。在基准面工具组中，添加【3D 相机】工具并点击运行。	
2	添加【点云处理】工具。	
3	双击【点云处理】工具，选择参数选项，依次点击参数_输入参数_点云模型，选择引用功能。	

序号	操作步骤	图片说明
4	在变量引用功能界面，依次点击选择流程图 _ 基准面 _3D 相机 _ 输出参数 . 点云模型。	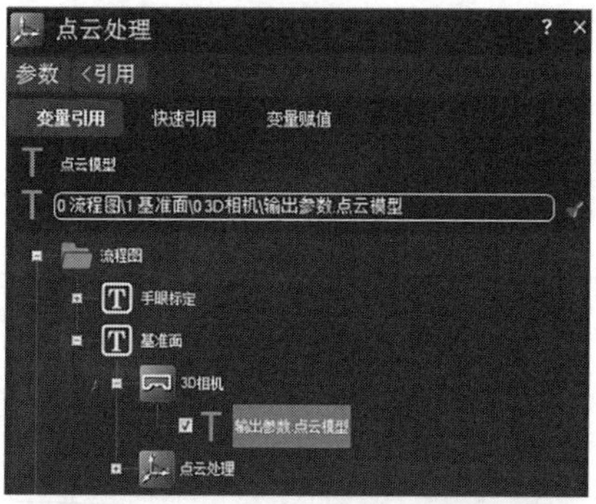
5	点击参数返回参数界面，点击设置 ROI 选项。	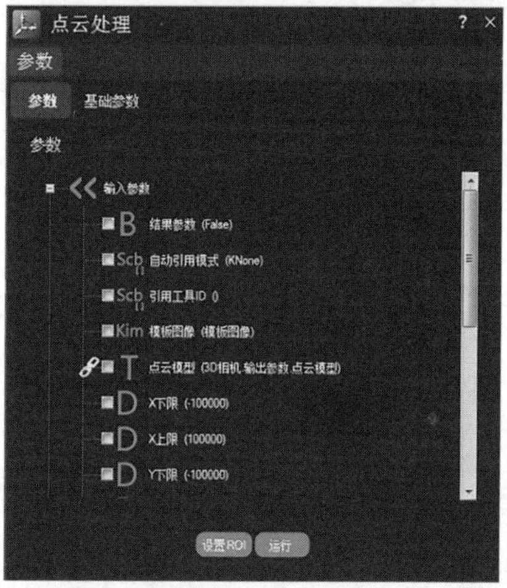
6	调整 ROI 大小。	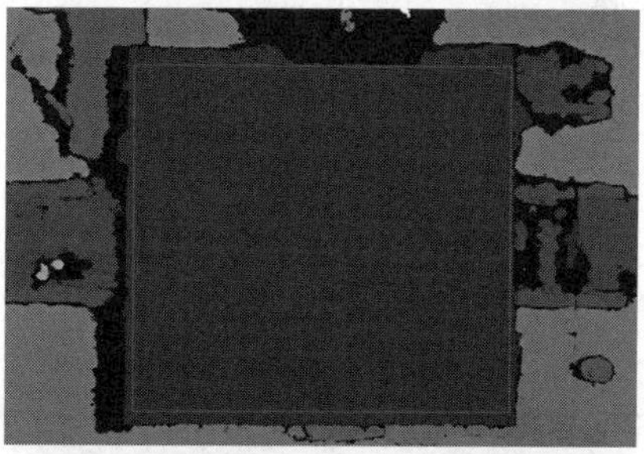
7	点击运行【点云处理】工具，获取点云处理图像。	

序号	操作步骤	图片说明
8	添加【表面拟合】工具。	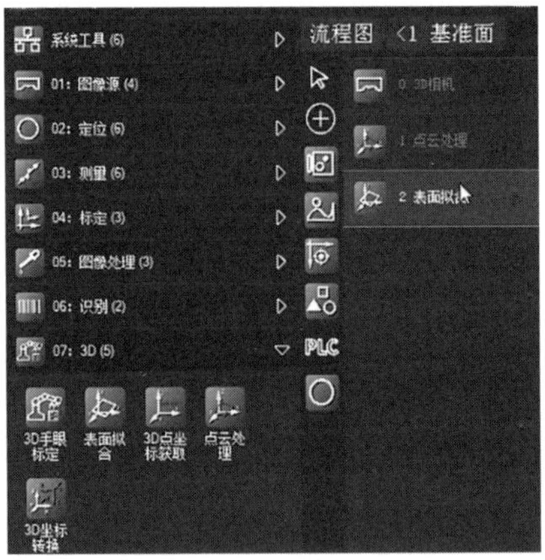
9	在右侧视图中，添加多个 ROI 调整至适当位置及大小，进行标定基准面。	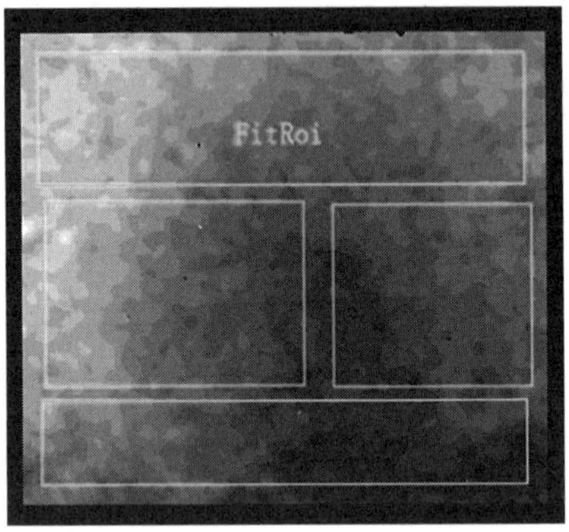
10	点击运行【表面拟合】工具。此时，3D 标定基准面便完成了。	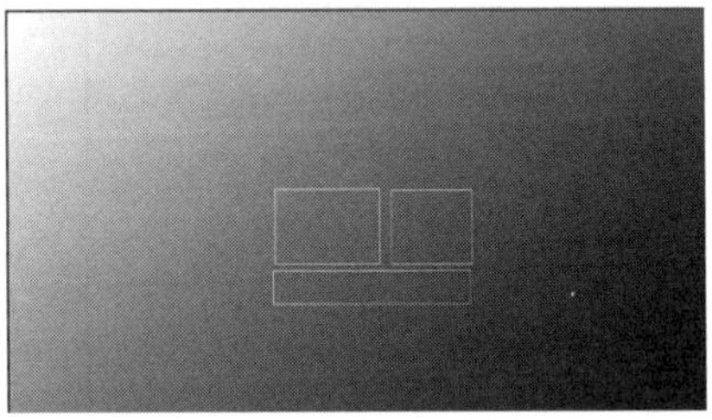

（五）3D 物流包裹体积测量操作步骤

序号	操作步骤	图片说明
1	新建体积测量工具组，添加并运行【3D 相机】工具。	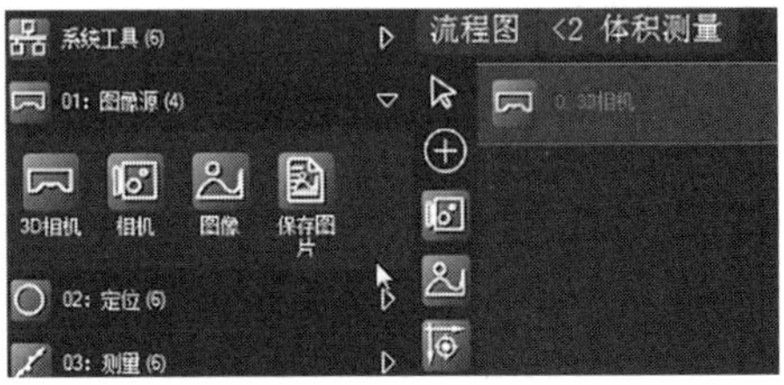

序号	操作步骤	图片说明
2	添加【点云处理】工具。	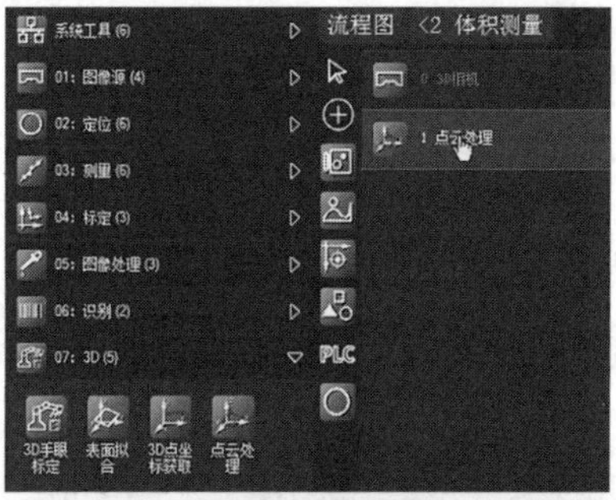
3	双击【点云处理】工具，选择参数选项。依次点击参数 _ 输入参数 _ 点云模型 _ 引用工具，点击引用。	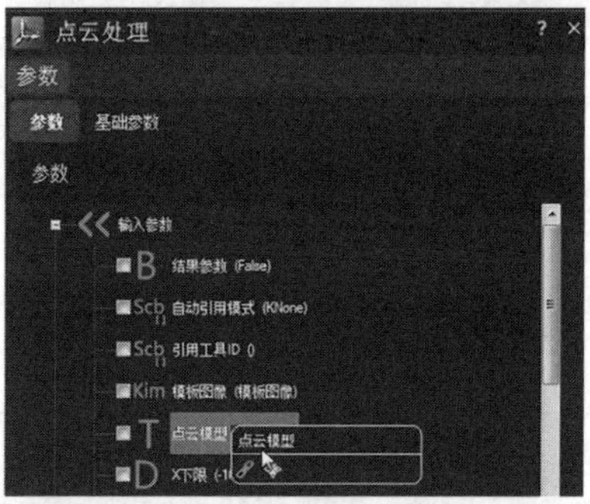
4	在变量引用工具中，依次点击选择流程图 _ 体积测量 _3D 相机 _ 输出参数 . 点云模型。	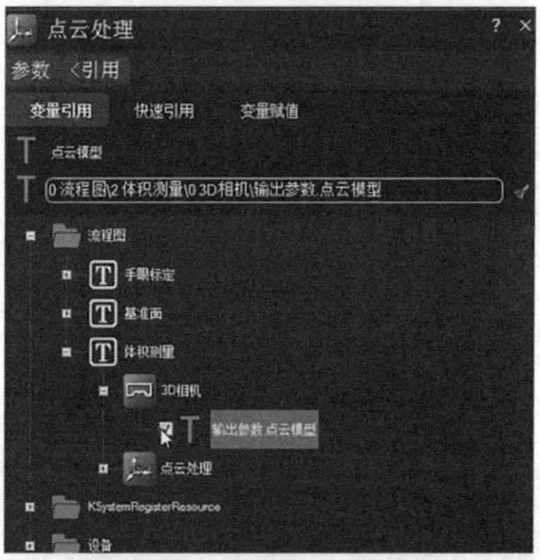
5	点击参数返回参数选项，依次点击设置 ROI、执行功能。	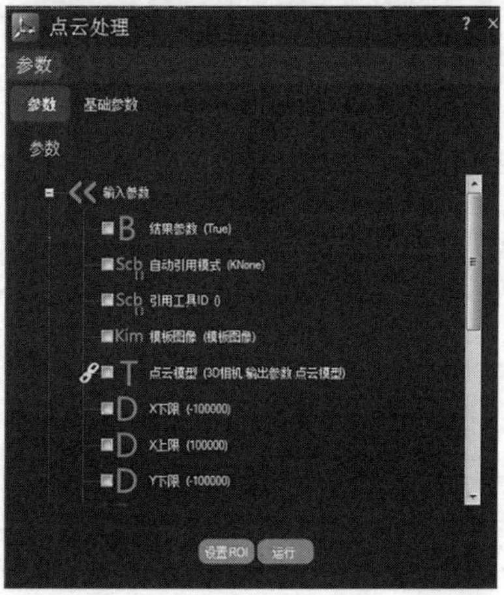

序号	操作步骤	图片说明
6	在右侧调整 ROI 选择框的大小及位置。	
7	点击执行【点云处理】工具,即可获得点云处理后的图像。	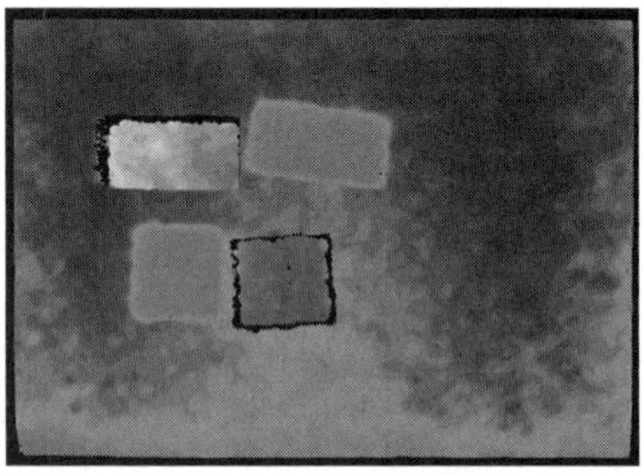
8	添加【体积测量】工具。	
9	双击【体积测量】工具,选择参数选项。依次点击参数_输入参数_基准平面,点击清除引用。	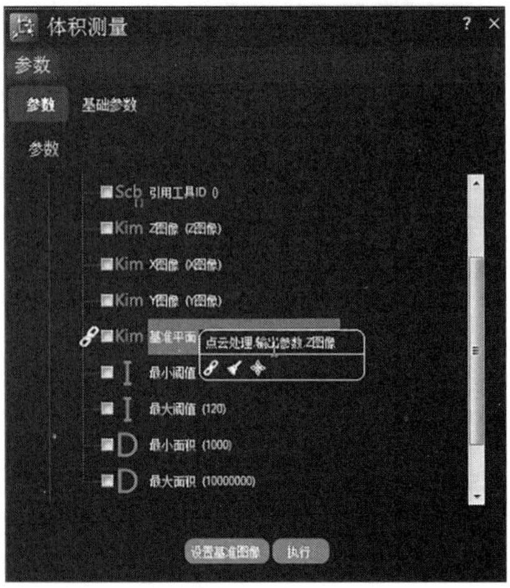

序号	操作步骤	图片说明
10	点击基础参数选项，选择基准平面 _ 引用，点击引用。	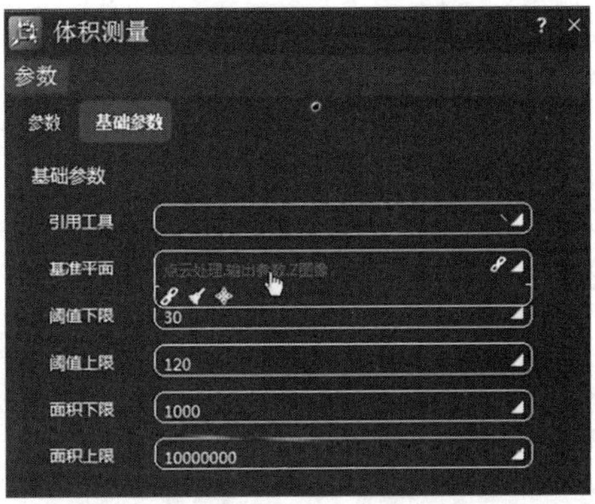
11	在变量引用工具中，依次点击选择流程图 _ 基准面 _ 表面拟合 _ 输出参数 . 基准平面。	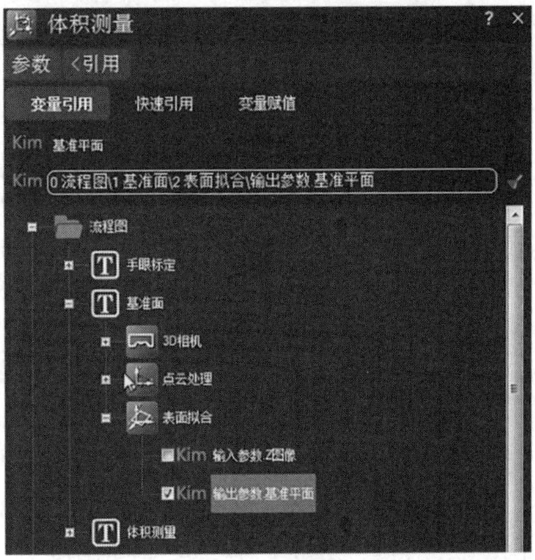
12	选择参数 _ 基础参数选项，点击引用工具 _ 引用。	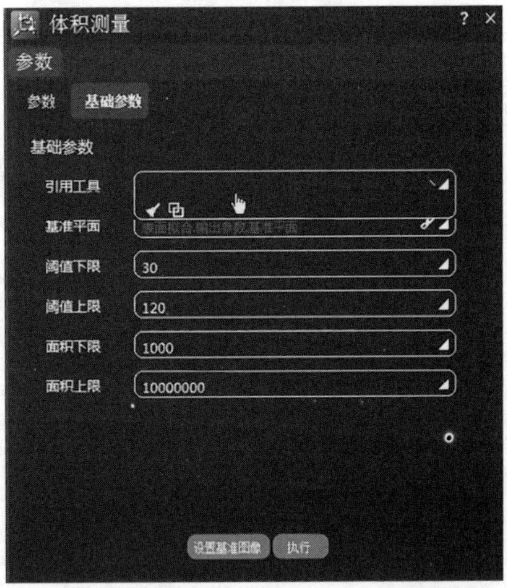

续表

序号	操作步骤	图片说明
13	在引用工具选项中，依次点击选择流程图 _ 体积测量 _ 点云处理，随后点击确定返回基础参数界面。	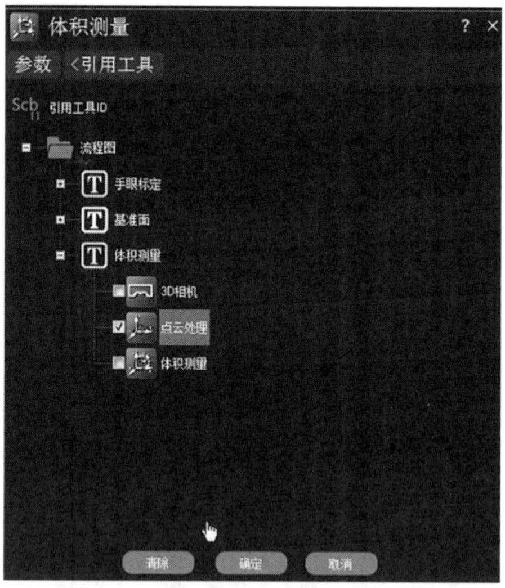
14	点击基础参数 _ 执行，将会根据阈值范围自动识别 ROI。	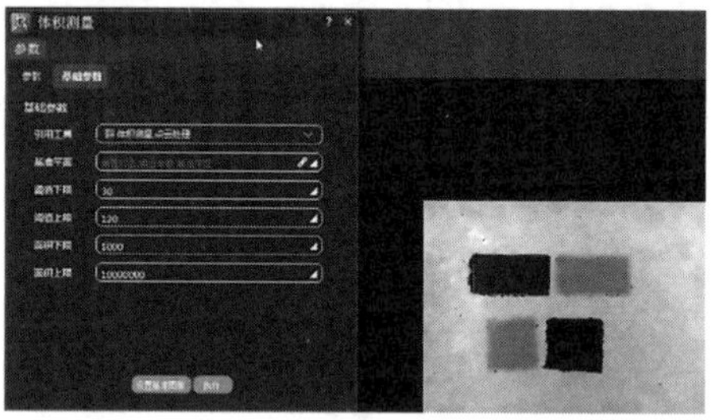
15	点击运行【体积测量】工具，测量完成。	

随堂笔记

（六）3D 物流包裹坐标转换操作步骤

序号	操作步骤	图片说明
1	添加【用户变量】工具。	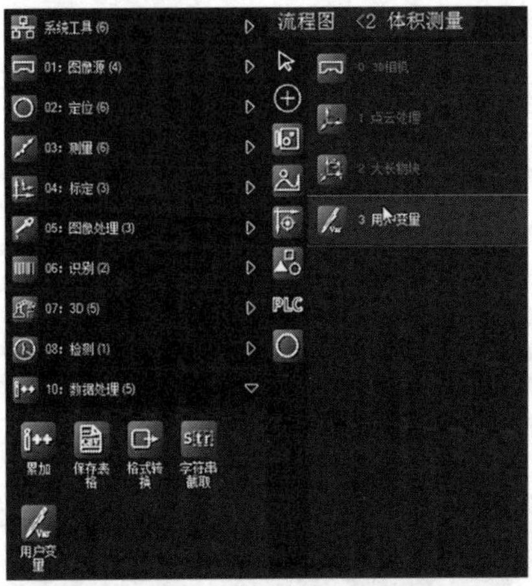
2	双击【用户变量】工具，进入参数界面。点击输出参数。	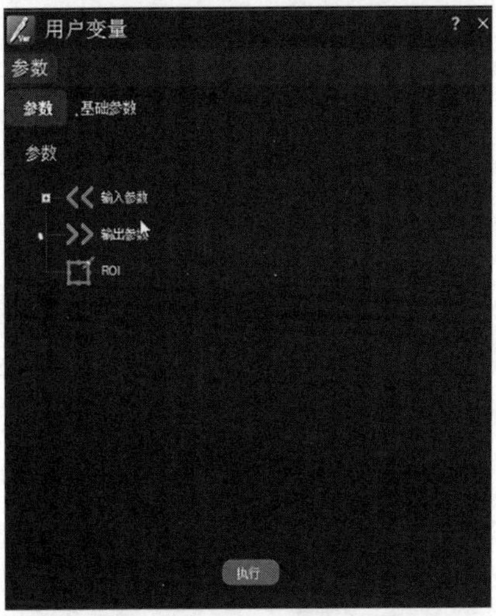
3	在输出参数界面添加一个长浮点列表。	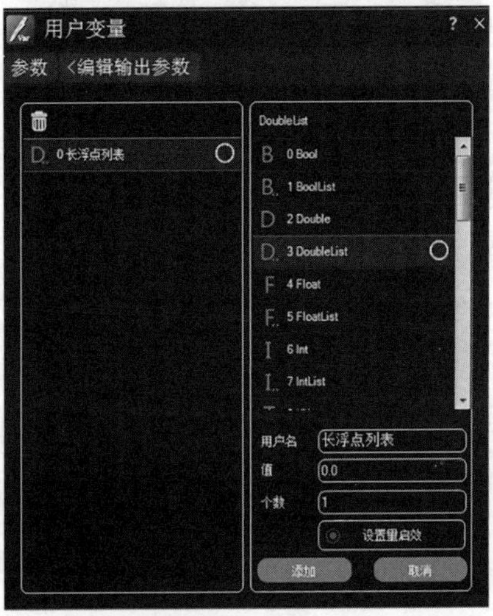

序号	操作步骤	图片说明
4	点击参数返回参数选项，依次点击进入输出参数 _ 长浮点列表。	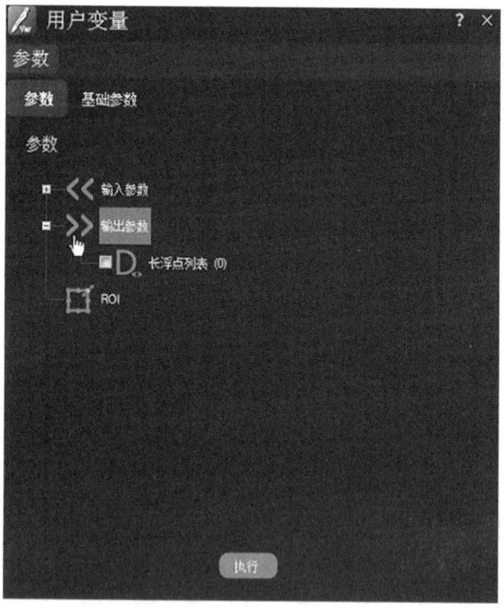
5	点击添加将长浮点列表设置为 7 行列表。	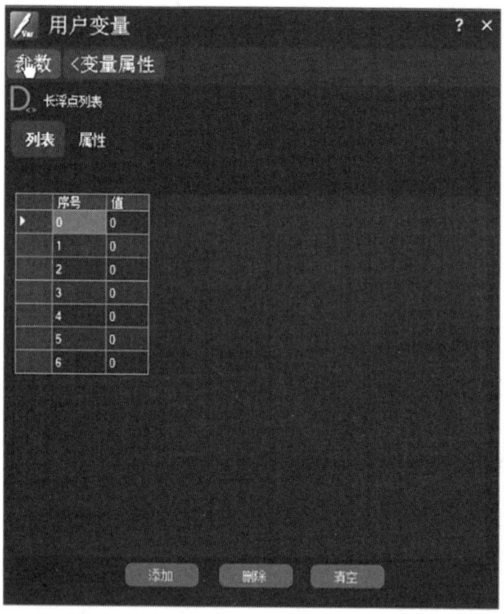
6	点击参数返回参数选项，依次点击进入输出参数 _ 长浮点列表 _ 引用。	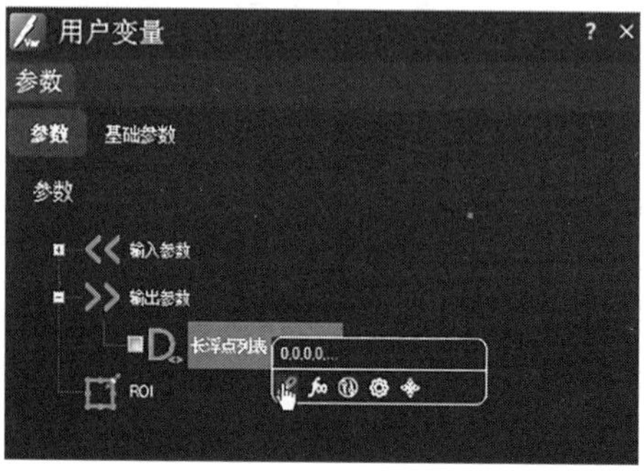

序号	操作步骤	图片说明
7	在引用工具中，点击变量赋值，将长浮点列表设置为长浮点列表.0，之后依次点击选择流程图 _ 体积测量 _ 大长物块 _ 输出参数.中心 X 坐标。	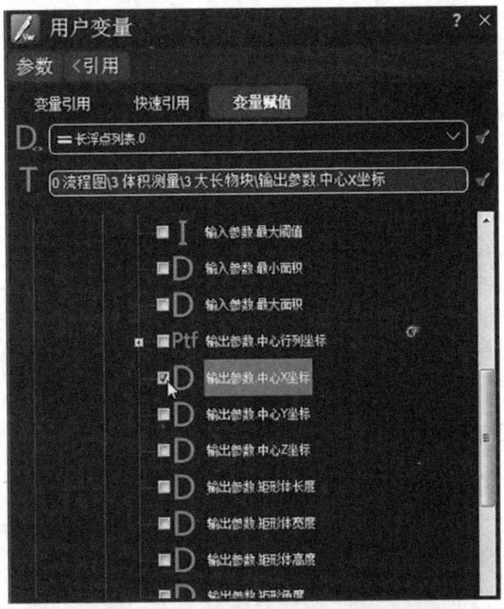
8	之后依次将长浮点列表.1 和长浮点列表.2，选择设置为输出参数.中心 Y 坐标和输出参数.中心 Z 坐标。	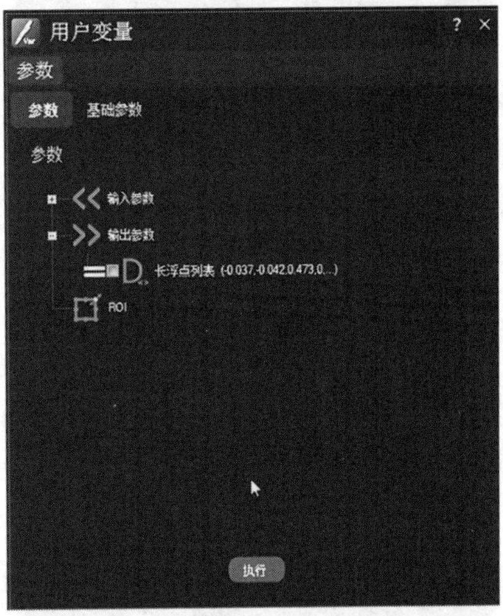
9	点击返回参数选项，依次点击进入输出参数 _ 长浮点列表 _ 计算器。在计算器中输入 kv(0)*1000，用于坐标转换单位。	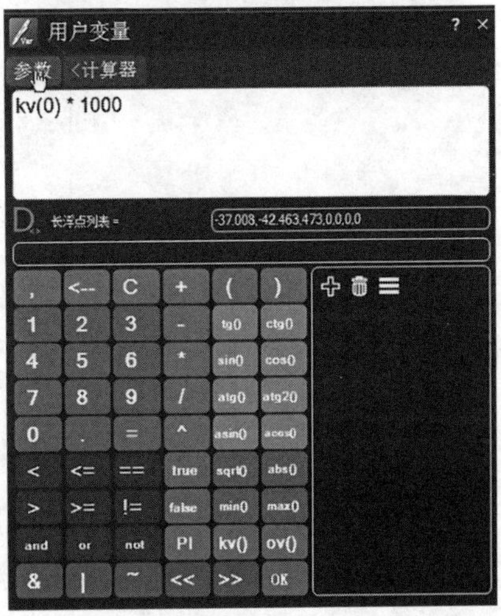

序号	操作步骤	图片说明
10	添加【3D坐标转换】工具。	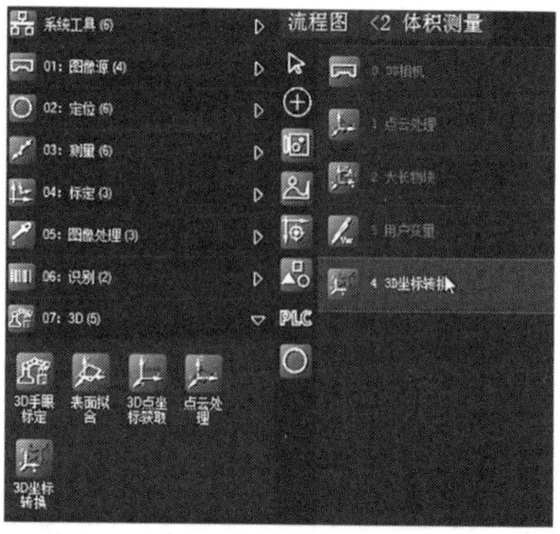
11	双击【3D坐标转换】工具，进入基础参数界面，依次点击选择输入位姿_引用工具。	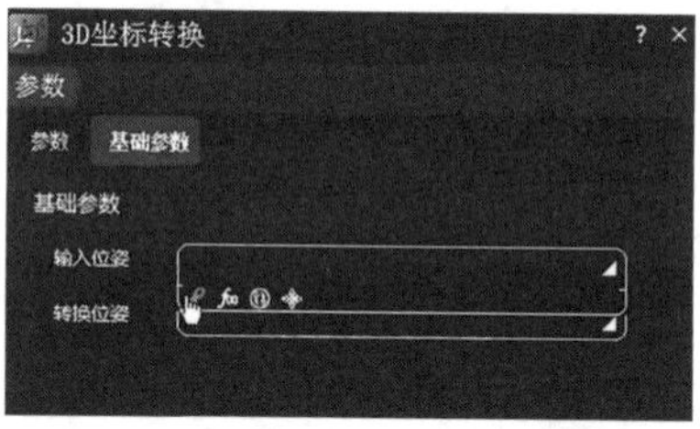
12	在变量引用工具中，依次点击选择流程图_体积测量_用户变量_输出参数.长浮点列表。	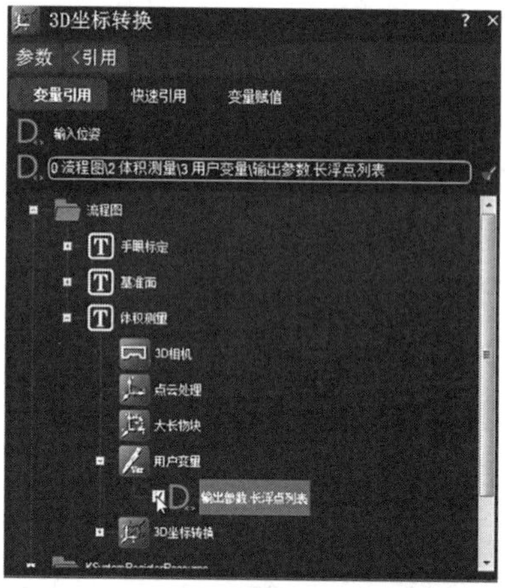
13	点击参数返回参数界面。点击选择转换位姿_引用工具。	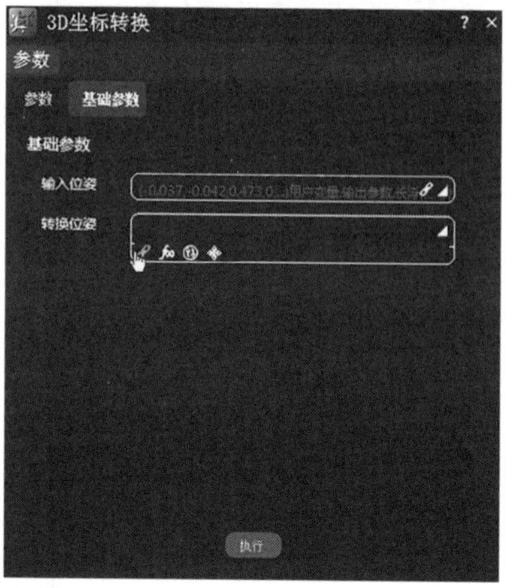

序号	操作步骤	图片说明
14	在变量引用工具中，依次点击选择流程图 _ 手眼标定 _3D 手眼标定 _ 输出参数 . 标定位姿。之后点击返回参数界面，点击执行，即可完成 3D 坐标转换。	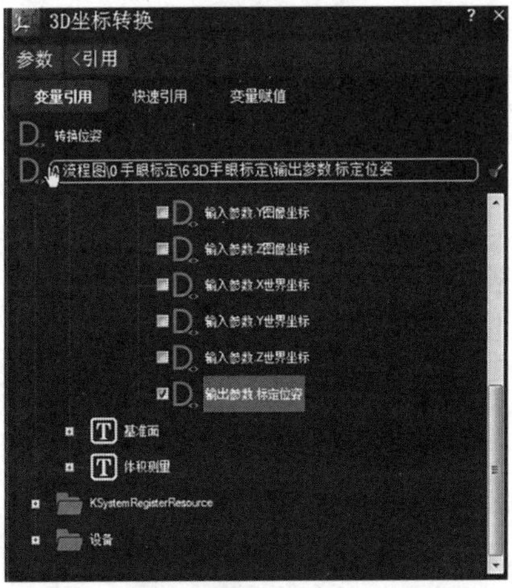

📝 **随堂笔记**

（七）3D 物流包裹 PLC 定位操作步骤

序号	操作步骤	图片说明
1	添加【PLC 控制】工具。	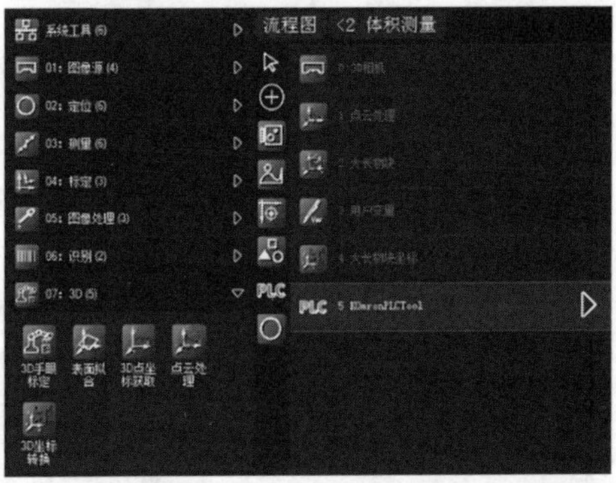

序号	操作步骤	图片说明
2	双击进入【PLC 控制】工具，在运动设置 X 轴位置中选择引用功能。在引用功能中依次点击变量赋值 _ 流程图 _ 体积测量 _ 坐标转换 _ 输出参数 . 输出位姿 _ 输出位姿 .0。	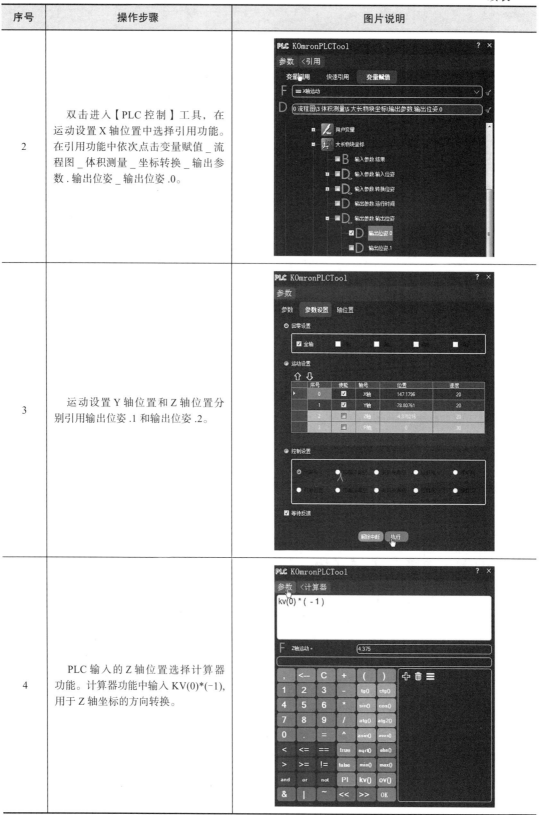
3	运动设置 Y 轴位置和 Z 轴位置分别引用输出位姿 .1 和输出位姿 .2。	
4	PLC 输入的 Z 轴位置选择计算器功能。计算器功能中输入 KV(0)*(-1)，用于 Z 轴坐标的方向转换。	

续表

序号	操作步骤	图片说明
5	点击执行，完成 3D 物流包裹 PLC 定位。	

📑 随堂笔记

机器视觉系统应用

工作页

刘江彩　　陈　冬　主编
靳慧龙　　主审

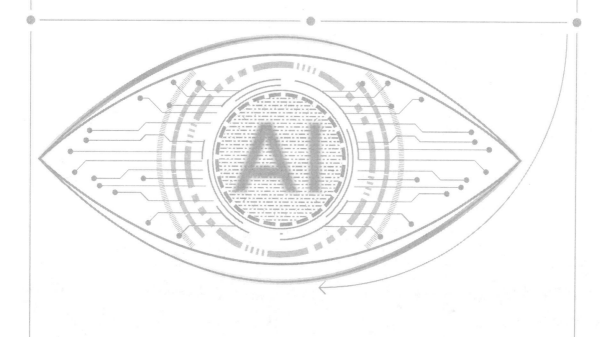

MACHINE
VISION

化学工业出版社
· 北京 ·

目录
CONTENTS

二维码资源目录

使用指南

本书编写以"机器视觉系统应用"国赛设备（LX-VS-2021-AI01）为载体，充分考虑视觉岗位能力要求和"工业视觉系统运维员"职业技能等级证书标准（四级、三级）。本书基于工作过程为导向，按照一体化新形态教材形式开发，同时开发了与之配套的"知识库、技能库"及丰富的教学资源（微课、教案、课件等）。

本书可作为"机器视觉系统应用"国赛培训用书，可作为"工业视觉系统运维员"职业技能等级证书标准（四级、三级）培训用书，也可作为职业院校机电类专业视觉课程的教材，以及作为从事工业视觉应用工作人员的参考书，使用时建议结合配套的"知识库、技能库"使用。

作为职业院校机电类专业视觉课程的教材使用时，建议采用分组教学的方式，以 5～6 个学生一组，使用 6 步法开展任务执行过程。鉴于本书配套资源较多，编者在此将本书的建议使用流程汇报如下：

序号	工作页环节	教师活动	学生活动
1	资讯	布置阅读任务描述的任务。	仔细阅读任务描述，明确任务要求。
2		布置学生独立完成"资讯"部分问答题的任务。	按照任务中"工作提示"，查阅"知识库、技能库"或网络，独立完成"资讯"部分的引导问题
3		通过提问或查阅的方式，了解学生对知识点、技能点的掌握情况。	回答老师的提问或接受老师的查阅。
4		针对学生易错、疑惑的知识点与技能点展开详细讲解。	认真听老师的讲解，做好记录。
5	计划	布置学生独立填写工作计划的任务。	按照任务要求，独立思考并完成"计划"部分表格内容填写。
6		随机从各组中抽查一人工作计划的填写结果，并评分，被抽查人本环节的得分记为小组得分。	接受老师的检查
7	决策	布置小组讨论决策最优工作计划的任务，并要求完成"决策"部分表格的填写。	小组讨论，决策出最优的工作计划，并完成"决策"部分表格内容填写。
		组织各小组代表上台汇报决策结果。	选出小组代表，上台汇报小组任务实施计划的决策结果。
		对小组决策结果进行评分，选出最优的决策，并对实施过程注意事项加以说明。	认真听老师的讲解，做好记录。
8	实施	播放与任务实施对应的微课视频。	认真观看微课视频。
9		安排学生上机实施任务	以小组为单位，按照最优决策结果实施任务，在实施过程中如遇到难点，可以向同学或老师请教。
10		收集同学们在实施过程中问题点，并在学生实施完成，召集学生，讲解实施过程中出现的问题。	认真听老师的讲解，做好记录。

续表

序号	工作页环节	教师活动	学生活动
11	实施	教师从班级中挑选出熟练掌握任务实施的同学作为观察员，每小组配备一位，要求观察员严格按照"实施"环节表格中的内容对实施员进行打分。	每组选出代表作为任务实施员，按照任务要求，从头到尾完整实施一遍。
12	检查	教师对小组的实施结果进行检查打分。	接受教师的检查。
13	评价	安排各小组进行任务实施分数统计。	按照"评价"部分表格进行任务实施分数汇总，并向老师汇报小组得分。
14		公布小组得分排名，夸赞第一名小组，鼓励最后一名的小组。	认真听讲。

项目一

初识机器视觉系统

任务1　认识机器视觉系统

 任务描述

　　机器视觉系统（图 1-1）是智能制造的重要组成部分，它为机器设备配上"眼睛"，从而实现更高程度的智能化生产，提高生产效率和产品品质。那么，你知道机器视觉系统的组成与工作原理？

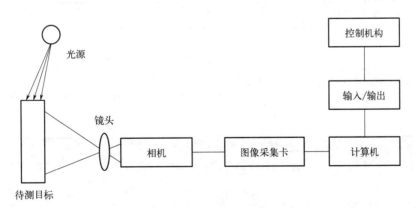

图 1-1　机器视觉系统

任务要求：

请同学们查阅知识库，按照以下任务要求完成任务。

① 能够充分理解机器视觉系统的概念；

② 能够熟练地说出机器视觉系统的组成；

③ 能够描述机器视觉的发展与常见应用；

④ 能够说出国内外知名机器视觉公司。

 **工作目标**

知识目标:

① 理解机器视觉的概念与工作原理;
② 熟悉机器视觉系统的组成;
③ 了解机器视觉的发展;
④ 熟悉机器视觉系统的常见应用;
⑤ 了解机器视觉国内外公司。

素质目标:

① 养成主动学习思考问题的习惯;
② 养成团队协作及有效沟通的精神。

 工作提示

知识准备:

① 机器视觉的概念;
② 机器视觉系统的组成;
③ 机器视觉的发展;

④ 机器视觉应用情景;
⑤ 机器视觉公司;
⑥ 典型行业应用案例。

 工作过程

姓名:　　　　　　　　姓名:

日期:　　　　　　　　日期:

一、资讯　　　　　　　　　　　　　　　　　　　A1 得分:

请同学们查阅知识库或网络,独立完成下列问题的解答。(每题 20 分,共 100 分)。

1	简述机器视觉系统的定义与工作原理。

2	在机器视觉系统中光源的作用是什么?有哪些分类?

3	在机器视觉系统中相机的作用是什么?有哪些分类?

4	在机器视觉系统中镜头的作用是什么?有哪些分类?

5	机器视觉应用领域有几类?分别是什么?

二、计划

请同学们各自根据任务要求，独立思考，并制定"认识机器视觉系统"的工作计划，完成下表 1-1 的填写。（每行 20 分，共计 80 分）

表 1-1 "认识机器视觉系统"工作计划

小组名称				
填表人员				
序号	工作流程	工作内容	信息获取方式	工作时间
1	机器视觉系统的概念	1. 机器视觉的定义； 2. 机器视觉的工作原理； 3. 机器视觉系统的定义； 4. 机器视觉系统的优势。	知识库	15min
2	机器视觉系统的组成			
3	机器视觉的发展			
4	机器视觉的应用			
5	机器视觉公司			
得分				

三、决策

请同学们开展小组讨论，决策出"认识机器视觉系统"任务实施的最佳工作计划，并完成表 1-2 填写。（每行 20 分，共计 80 分）。

表 1-2 "认识机器视觉系统"决策

小组名称					
小组成员					
序号	工作流程	工作内容	信息获取方式	负责人	工作时间
1	机器视觉系统的概念	1. 机器视觉的定义； 2. 机器视觉的工作原理； 3. 机器视觉系统的定义； 4. 机器视觉系统的优势。	知识库	张三	15min
2	机器视觉系统的组成				
3					
4					
5					
得分					

四、实施 A4 得分：

各小组按照决策结果完成"认识机器视觉系统"任务实施后，教师为每一个小组配备一名观察员，观察员需从其他小组抽调。观察员按表 1-3 内容依次对小组进行提问，小组成员均可举手回答，但仅限一次回答机会。小组回答正确，观察员在"执行情况"列中"是"后面打勾，回答错误，在"否"后面打勾，并对实施的最终结果进行总分。（每行 10 分，共计 170 分）

表 1-3 "认识机器视觉系统"实施记录表

实施小组		观察员		
序号	实施内容	执行情况		得分
1	机器视觉的定义是什么？	是□	否□	
2	机器视觉的工作原理是什么？	是□	否□	
3	机器视觉系统有哪些优势？	是□	否□	
4	典型机器视觉系统由哪几个部分组成？	是□	否□	
6	光源的作用是什么？	是□	否□	
7	光源的分类有哪些？	是□	否□	
8	相机的作用是什么？	是□	否□	
9	相机的分类有哪些？	是□	否□	
10	工业镜头的作用是什么？	是□	否□	
11	工业镜头的分类有哪些？	是□	否□	
12	图像采集卡的作用是什么？	是□	否□	
13	机器视觉软件的作用是什么？	是□	否□	
14	机器视觉的发展过程是什么？	是□	否□	
15	机器视觉的应用领域有哪些？	是□	否□	
16	机器视觉国内公司有哪些？	是□	否□	
17	机器视觉国外公司有哪些？	是□	否□	
得分				

五、检查 A5 得分：

教师从每个小组点一名同学，按表 1-4 内容随机抽取 5 个问题，对小组被点名的同学进行提问，如同学回答正确，教师在"执行情况"列中"是"后面打勾，回答错误，在"否"后面打勾，并对实施最终结果进行总分。（每行 10 分，共计 50 分）

表 1-4 "认识机器视觉系统"检查记录表

序号	检查内容	执行情况		得分
1	机器视觉的定义是什么？	是□	否□	
2	机器视觉的工作原理是什么？	是□	否□	
3	机器视觉系统的有哪些优势？	是□	否□	

续表

序号	检查内容	执行情况		得分
4	典型机器视觉系统有哪几个部分组成？	是□	否□	
6	光源的作用是什么？	是□	否□	
7	光源的分类有哪些？	是□	否□	
8	相机的作用是什么？	是□	否□	
9	相机的分类有哪些？	是□	否□	
10	工业镜头的作用是什么？	是□	否□	
11	工业镜头的分类有哪些？	是□	否□	
12	图像采集卡的作用是什么？	是□	否□	
13	机器视觉软件的作用是什么？	是□	否□	
14	机器视觉的发展过程是什么？	是□	否□	
15	机器视觉的应用领域有哪些？	是□	否□	
16	机器视觉国内公司有哪些？	是□	否□	
17	机器视觉国外公司有哪些？	是□	否□	
得分				

六、评价

　　请各小组按照表 1-5 "认识机器视觉系统"综合评价表进行任务实施分数汇总，并向老师汇报小组得分。

表 1-5　"认识机器视觉系统"综合评价表

序号	评价项目	结果	因子（除）	得分（中间值）	权重系数（乘）	总分
1	信息阶段（A1）		1		0.1	
2	计划阶段（A2）		0.8		0.1	
3	决策阶段（A3）		0.8		0.2	
4	实施阶段（A4）		1.7		0.3	
5	检查阶段（A5）		0.5		0.3	
总得分（0～100 分）						

 总结与提高

一、总结

　　请同学们独立思考总结自己在本次任务实施过程中存在的问题或成功部分，分析原因并提出改进措施，完成表 1-6 "自我总结"部分的填写。

　　请同学们开展小组讨论，总结小组在本次任务实施过程中存在的问题或成功部分，分析原因并提出改进措施，完表 1-6 "小组总结"部分的填写。

表 1-6 "认识机器视觉系统"总结

总结对象	存在问题或成功部分	原因分析	改进措施
自我总结			
小组总结			

二、思考与练习题

1. 填空题

（1）机器视觉是由相机将被检测目标转换成_____，然后传送给_____系统，之后对这些信号进行各种运算来抽取目标的_____，如面积、数量、位置、长度，再根据预设的_____和其他条件输出结果，实现自动识别功能。

（2）机器视觉系统的特点是提高生产的_____和_____程度。

（3）机器视觉系统一般由_____、_____、_____、_____、_____和工控机组成，其中，_____是将光信号转变为电信号的部件，_____是负责光束调制，并完成光信号传递的部件。

（4）工业相机按照芯片结构可以分为_____和 CMOS 相机；按照传感器结构可以分为_____和线阵相机；按照输出模式分类可以分为_____和数字相机；按照输出图片类型可以分为_____和黑白相机。

（5）相机镜头的接口形式共分为 F 型、C 型、CS 型三种，_____型接口一般适用于焦距大于 25mm 的镜头，不同接口之间可以使用_____进行转换。

（6）工业视觉常见的光源有_____等。

2. 简答题

（1）根据自己的理解，简要回答在怎样的工作环境下会使用机器视觉来替代人工视觉。

_____

_____

_____

_____

（2）根据机器视觉的应用，想一想机器视觉主要应用于哪几大领域，并举例说明。

_____

_____

_____

_____

_____

任务 2　认识机器视觉工作台结构组成

任务描述

本书后续工作任务皆是以机器视觉工作台（图 1-2）为载体进行操作学习，所以认识机器视觉工作台的结构组成十分重要。

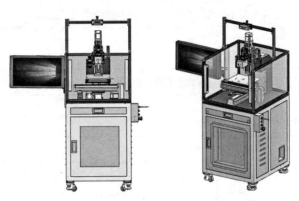

图 1-2　机器视觉工作台示意图

任务要求：

请同学们查阅知识库，按照以下任务要求完成任务。

① 能够对照机器视觉工作台说出操作台的结构组成；

② 能够对照机器视觉工作台说出接口面板的结构组成；

③ 能够对照机器视觉工作台说出电控柜的结构组成；

④ 能够对照机器视觉工作台说出配件箱中视觉器件与工具的名称。

工作目标

知识目标：

① 熟悉视觉工作台中操作台的结构组成；

② 熟悉视觉工作台中接口面板的结构组成；

③ 熟悉视觉工作台中电控柜的结构组成；

④ 熟悉视觉工作台中配件箱中视觉器件与工具的名称。

素质目标：

① 养成主动学习思考问题的习惯；

② 养成团队协作及有效沟通的精神；

工作提示

知识准备：

① 机器视觉工作台结构组成；

② 机器视觉器件箱。

 **工作过程**

姓名：　　　　　　　姓名：

日期：　　　　　　　日期：

一、资讯

A1 得分：

请同学们查阅知识库或网络，独立完成下列问题的解答。（每题 20 分，共 100 分）。

1	机器视觉工作台由哪几部分组成？分别是什么？

2	机器视觉工作台上可安装相机的位置有几处？分别是哪里？

3	机器视觉工作台上可安装光源的位置有几处？分别是哪里？

4	机器视觉配件箱中相机有几种？分别是什么？

5	机器视觉配件箱中光源有几种？分别是什么？

二、计划

A2 得分：

请同学们各自根据任务要求，独立思考，并制定"认识机器视觉工作台结构组成"的工作计划，完成表 1-7 的填写。（每行 20 分，共计 80 分）

表 1-7　"认识机器视觉工作台结构组成"工作计划

小组名称				
填表人员				
序号	认识视觉工作台流程	结构组成	信息获取方式	工作时间
1	操作台		知识库	
2				
3				
4				
得分				

三、决策

请同学们开展小组讨论，决策出"认识机器视觉工作台结构组成"任务实施的最佳工作计划，并完成表 1-8 的填写。（每行 20 分，共计 80 分）

表 1-8　"认识机器视觉工作台结构组成"决策

小组名称					
小组成员					
序号	认识视觉工作台流程	结构组成	信息获取方式	负责人	工作时间
1					
2					
3					
4					
得分					

四、实施

各小组按照决策结果完成"认知机器视觉工作台结构组成"任务实施后，教师为每一个小组配备一名观察员，观察员需从其他小组抽调。观察员按表 1-9 内容依次指出机器视觉工作台上的元件，对小组进行零部件名称的提问，小组成员均可举手回答，但仅限一次回答机会。小组回答正确，观察员在"执行情况"列中"是"后面打勾，回答错误，在"否"后面打勾，并对最终实施结果进行总分。（每行 10 分，共计 230 分）

表 1-9　"认识机器视觉工作台结构组成"实施记录表

实施员		观察员		
序号	实施内容	执行情况		得分
1	光幕传感器	是□	否□	
2	XY 运动模组	是□	否□	
3	Z 轴运动模组	是□	否□	
4	R 轴	是□	否□	
6	产品托盘	是□	否□	
7	按钮盒	是□	否□	
8	光源亮度手动调节按钮	是□	否□	
9	光源连接端口	是□	否□	
10	光源亮度手动调节按钮	是□	否□	
11	R 轴连接端口	是□	否□	
12	电源外接端口	是□	否□	

续表

序号	实施内容	执行情况		得分
13	光源	是□	否□	
14	2D 相机	是□	否□	
15	3D 相机	是□	否□	
16	标定板	是□	否□	
17	工业镜头	是□	否□	
18	远心镜头	是□	否□	
19	相机高度升降件	是□	否□	
20	光源固定器	是□	否□	
21	直流电源	是□	否□	
22	电机驱动器	是□	否□	
23	交流接触器	是□	否□	
得分				

五、检查

A5 得分：

教师从每个小组点一名同学，按表 1-10 内容随机抽取 10 处检查内容，教师说出机器视觉工作台元件的名称，被点名同学在机器视觉工作台上指出对应元件，如同学指出元件正确，教师在"执行情况"列中"是"后面打勾，指出元件错误，在"否"后面打勾，并对最终实施结果进行总分。（每行 10 分，共计 100 分）

表 1-10 "认识机器视觉工作台结构组成"检查记录表

实施员		观察员		
序号	检查内容	执行情况		得分
1	光幕传感器	是□	否□	
2	XY 运动模组	是□	否□	
3	Z 轴运动模组	是□	否□	
4	R 轴	是□	否□	
6	产品托盘	是□	否□	
7	按钮盒	是□	否□	
8	光源亮度手动调节按钮	是□	否□	
9	光源连接端口	是□	否□	
10	光源亮度手动调节按钮	是□	否□	
11	R 轴连接端口	是□	否□	
12	电源外接端口	是□	否□	
13	光源	是□	否□	

续表

序号	检查内容	执行情况		得分
14	2D 相机	是□	否□	
15	3D 相机	是□	否□	
16	标定板	是□	否□	
17	工业镜头	是□	否□	
18	远心镜头	是□	否□	
19	相机高度升降件	是□	否□	
20	光源固定器	是□	否□	
21	直流电源	是□	否□	
22	电机驱动器	是□	否□	
23	交流接触器	是□	否□	
得分				

六、评价

请各小组按照表 1-11 "认识机器视觉工作台结构组成"综合评价表进行任务实施分数汇总，并向老师汇报小组得分。

表 1-11　"认识机器视觉工作台结构组成"综合评价表

序号	评价项目	结果	因子（除）	得分（中间值）	权重系数（乘）	总分
1	信息阶段（A1）		1		0.1	
2	计划阶段（A2）		0.8		0.1	
3	决策阶段（A3）		0.8		0.2	
4	实施阶段（A4）		2.3		0.3	
5	检查阶段（A5）		1		0.3	
总得分（0 ~ 100 分）						

 总结与提高

一、总结

请同学们独立思考总结自己在本次任务实施过程中存在的问题或成功部分，分析原因并提出改进措施，完成表 1-12 "自我总结"部分的填写。

请同学们开展小组讨论，总结小组在本次任务实施过程中存在的问题或成功部分，分析原因并提出改进措施，完成表 1-12 "小组总结"部分的填写。

表 1-12 "认识机器视觉工作台结构组成"总结

总结对象	存在问题或成功部分	原因分析	改进措施
自我总结			
小组总结			

任务 3　机器视觉系统硬件选型

 任务描述

已知机械零件平面尺寸综合测量任务中（图1-3），机械零件 4 个，料盘数量 1 套，机械零件规格：70mm×50mm；平台料盘总尺寸长：200mm，宽：120mm，视野要求 80mm×60mm（视野范围允许一定正向偏差，最大不得超过 10mm），工作距离＞200mm，但不得超过 250mm，使用黑白相机并要求单个像素精度＜0.05mm/pix。

图 1-3　机械零件平面尺寸综合测量

任务要求：

请同学们查阅知识库，按照以下任务要求完成任务。

① 根据上述测量任务条件，在机器视觉工作台中选出合适的工业相机；

② 根据上述测量任务条件，在机器视觉工作台中选出合适的工业镜头；

③ 根据上述测量任务条件，在机器视觉工作台中选出合适的光源。

 工作目标

知识目标：

① 了解工业相机主要参数与特点；

② 了解 CCD 与 COMS 的区别；

③ 掌握工业相机的选型；

④ 了解工业镜头的参数与分类；

⑤ 掌握工业镜头的计算方法与选型；

⑥ 了解视觉光源的作用与分类；

⑦ 掌握视觉光源的选型。

能力目标：

① 能够根据任务要求正确选择工业相机；

② 能够根据任务要求正确选择工业镜头；

③ 能够根据任务要求正确选择视觉光源。

素质目标：

① 养成主动学习思考问题的习惯；

② 养成团队协作及有效沟通的精神。

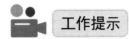

工作提示

知识准备：

① 工业相机；

② CCD 与 COMS 的区别；

③ CCD 相机的主要参数；

④ 工业相机的接口；

⑤ 工业相机的特点及选型；

⑥ 工业镜头的参数；

⑦ 工业镜头的分类；

⑧ 工业镜头参数的计算方法；

⑨ 工业镜头的选择；

⑩ 视觉光源的作用；

⑪ 视觉光源分类；

⑫ 视觉光源的选型。

工作过程

姓名：　　　　　　　姓名：

日期：　　　　　　　日期：

一、资讯　　　　　　　　　　　　　　　　　　　　　　A1 得分：

请同学们查阅知识库或网络，独立完成下列问题的解答。（每题 20 分，共 100 分）。

1	简述工业相机的选型方法。
2	简述工业镜头的计算与选型方法。
3	简述视觉光源的选型方法。
4	用表格形式列出机器视觉工作台中 2D 相机 MV-U1280M、MV-G2448M、MV-G2592C 的分辨率、帧率、曝光模式、颜色、芯片尺寸、接口信息。
5	用表格形式列出机器视觉工作台中工业镜头 HN-P-1228-6M-C2/3、HN-P-2528-6M-C2/3、HN-P-3528-6M-C2/3 的分辨率、焦距、最大光圈、工作距离、靶面尺寸、像元尺寸、视场角、接口、聚焦范围的信息。

二、计划　　　　　　　　　　　　　　　　　　　　　　A2 得分：

请同学们各自根据任务要求，独立思考，并制定"机器视觉系统硬件选型"的工作计划，完成表 1-13 的填写。（每行 20 分，共计 80 分）

表 1-13 "机器视觉系统硬件选型"工作计划

小组名称				
填表人员				
序号	硬件选型流程	工作内容	信息获取方式	工作时间
1	认识工业相机	1. 工业相机的功能； 2. 工业相机的分类； 3. 工业相机与普通相机的区别； 4. 工业相机的保养； 5.CCD 与 COMS 的区别； 6.CCD 相机的主要参数； 7. 工业相机的接口； 8. 工业相机的特点； 9. 工业相机的选型。	知识库	25min
2	工业相机选型			
3	认识工业镜头			
4	工业镜头选型			
5	认识视觉光源			
6	视觉光源选型			
得分				

三、决策   A3 得分：

请同学们开展小组讨论，决策出"机器视觉系统硬件选型"任务实施的最佳工作计划，并完成表 1-14 的填写。（每行 20 分，共计 80 分）

表 1-14 "机器视觉系统硬件选型"决策

小组名称					
填表人员					
序号	硬件选型流程	工作内容	信息获取方式	负责人	工作时间
1	认识工业相机	1. 工业相机的功能； 2. 工业相机的分类； 3. 工业相机与普通相机的区别； 4. 工业相机的保养； 5. CCD 与 COMS 的区别； 6. CCD 相机的主要参数； 7. 工业相机的接口； 8. 工业相机的特点； 9. 工业相机的选型。	知识库		25min
2	工业相机选型				

续表

序号	硬件选型流程	工作内容	信息获取方式	负责人	工作时间
3	认识工业镜头				
4	工业镜头选型				
5	认识视觉光源				
6	视觉光源选型				
得分					

四、实施

A4 得分：

各小组按照决策结果完成"机器视觉系统硬件选型"任务实施后，教师为每一个小组配备一名观察员，观察员需从其他小组抽调。观察员按表 1-15 内容依次对小组进行提问，小组成员均可举手回答，但仅限一次回答机会。小组回答正确，观察员在"执行情况"列中"是"后面打勾，回答错误，在"否"后面打勾，并对最终实施结果进行总分。（每行 10 分，共计 170 分）

表 1-15　"机器视觉系统硬件选型"实施记录表

实施员		观察员		
序号	实施内容	执行情况		得分
1	工业相机的功能是什么？	是□	否□	
2	工业相机有哪些分类？	是□	否□	
3	工业相机与普通数码相机有何区别？	是□	否□	
4	工业相机如何保养？	是□	否□	
5	CCD 与 COMS 有什么区别？	是□	否□	
6	CCD 相机的主要参数有哪些？	是□	否□	
7	工业相机接口类型有哪些？	是□	否□	
8	工业相机的特点是什么？	是□	否□	
9	工业相机的选型与注意事项是什么？	是□	否□	
10	工业镜头的参数有哪些？	是□	否□	
11	工业镜头的焦距计算方法是什么？	是□	否□	
12	工业镜头的视场角计算方法是什么？	是□	否□	
13	工业镜头有哪些分类？	是□	否□	
14	工业镜头的选择依据是什么？	是□	否□	
15	视觉光源的作用是什么？	是□	否□	
16	视觉光源分类有哪些？	是□	否□	
17	视觉光源的选型依据是什么？	是□	否□	
得分				

五、检查

A5 得分:

请同学们以小组为单位合作完成表 1-16 内容的填写。等待各小组完成表格填写后,对各组填写结果进行检查,如填写结果正确,教师在"执行情况"列中"是"后面打勾,填写结果错误,在"否"后面打勾,并对最终各组实施结果进行总分。(每行 10 分,共计 90 分)

表 1-16 "机器视觉系统硬件选型"检查记录表

小组名称					
小组成员					
序号	名称	结果	参考结果	执行情况	得分
1	相机型号			是□ 否□	
2	像长			是□ 否□	
3	焦距			是□ 否□	
4	工作距离			是□ 否□	
5	工业镜头型号			是□ 否□	
6	光源型号			是□ 否□	
7	像长计算过程			是□ 否□	
8	焦距计算过程			是□ 否□	
9	工作距离 计算过程			是□ 否□	
结果					

六、评价

请各小组按照表 1-17"机器视觉系统硬件选型"综合评价表进行任务实施分数汇总,并向老师汇报小组得分。

表 1-17 "机器视觉系统硬件选型"综合评价表

序号	评价项目	结果	因子(除)	得分(中间值)	权重系数(乘)	总分
1	信息阶段(A1)		1		0.1	
2	计划阶段(A2)		0.6		0.1	
3	决策阶段(A3)		0.6		0.2	
4	实施阶段(A4)		1.5		0.3	
5	检查阶段(A5)		0.6		0.3	
总得分(0 ~ 100 分)						

 总结与提高

一、总结

请同学们独立思考总结自己在本次任务实施过程中存在的问题或成功部分,分析原因并

提出改进措施，完成表1-18"自我总结"部分的填写。

请同学们开展小组讨论，总结小组在本次任务实施过程中存在的问题或成功部分，分析原因并提出改进措施，完成表1-18"小组总结"部分的填写。

表1-18　"机器视觉系统硬件选型"总结

总结对象	存在问题或成功部分	原因分析	改进措施
自我总结			
小组总结			

二、思考与练习题

1. 填空题

（1）工业镜头的光圈用_____字母表示，其数值越小，光圈越_____，进光量越_____，画面越_____，焦平面越_____，主体背景越虚化。

（2）焦距的大小决定着视场角的大小，焦距数值越小，视场角_____，所观察的范围_____，但距离远的物体分辨不很清楚。

（3）工业镜头焦距计算中，需要考虑_____、_____、_____和像高 L 参数，计算公式为 $L/H=$_____。

2. 简答题

（1）根据所学的知识，简要阐述工业相机和普通的数码相机有什么样的区别。

_____

_____

_____

（2）已知相机为 MER-2000-5GM，像素为 5496*3672，像元尺寸为 2.4μm，现在需要拍摄视野为 50mm*50mm 的物品，工作距离在 100mm 左右，请根据要求，计算出需要使用的镜头焦距并写出计算步骤（不考虑镜头最低工作距离）。

任务 4　机器视觉系统环境搭建

任务描述

机器视觉系统硬件选型工作完成后，将进入视觉系统环境搭建环节，需要将相机、镜头、光源等硬件按照实际的要求完成安装，同时设置好软件层面的参数，做好标定工作，完成机器视觉系统环境搭建。图 1-4 为机器视觉系统部分环境搭建。

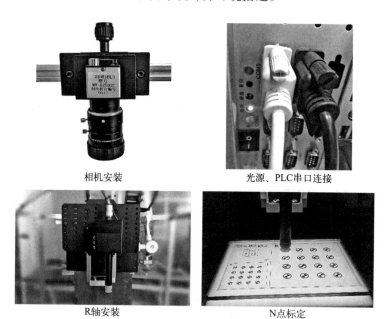

相机安装　　　　　　　光源、PLC串口连接

R轴安装　　　　　　　N点标定

图 1-4　机器视觉系统环境部分搭建

任务要求：

请同学们查阅知识库与技能库，按照以下任务要求完成任务。
① 将任务 3 中选择的工业相机，正确安装在机器视觉工作台上；
② 将任务 3 中选择的工业镜头，正确安装在机器视觉工作台上；
③ 将任务 3 中选择的视觉光源，正确安装在机器视觉工作台上；
④ 将机器视觉工作台接通电源并开机，完成软件参数设置；
⑤ 在视觉工作台上完成 XY 标定工作。

 **工作目标**

知识目标：
① 理解相机工具及其参数的含义；
② 理解 PLC 控制工具及其参数的含义；
③ 理解定时器工具及其参数的含义；
④ 理解光源控制工具及其参数的含义；
⑤ 理解查找特征点工具及其参数的含义；
⑥ 理解 XY 标定工具及其参数的含义；

素质目标：
① 养成规范的操作习惯；
② 养成绿色安全生产意识；
③ 养成主动学习思考问题的习惯；

⑦ 熟悉机器视觉实训规范；
⑧ 熟悉 7S 管理。

能力目标：
① 能够按照规范操作完成机器视觉系统硬件的安装；
② 能够完成机器视觉系统软件设置；
③ 能够熟练地完成 XY 标定。

④ 养成团队协作及有效沟通的精神；
⑤ 养成吃苦耐劳的职业精神。

工作提示

知识准备：

① 相机工具及其参数；
② 定时器工具及其参数；
③ PLC 控制工具及其参数；
④ 查找特征点工具及其参数；
⑤ 光源控制工具及其参数；
⑥ XY 标定工具及其参数；
⑦ 实训规范；
⑧ 7S 管理。

技能准备：

① 硬件安装操作步骤；
② 软件设置操作步骤；
③ 新建文件操作步骤；
④ XY 标定操作步骤；

工作过程

姓名：　　　　　　　姓名：

日期：　　　　　　　日期：

一、资讯

A1 得分：

请同学们查阅知识库、技能库或网络，独立完成下列问题的解答。（每题 20 分，共 100 分）。

1	简述机器视觉环境硬件安装的操作步骤。

2	简述机器视觉系统软件设置操作步骤。

3	简述 XY 标定的操作步骤。

4	视觉软件中"相机"工具有哪些参数？各参数分别是何含义？

5	在视觉实训操作过程中需要注意哪些事项？如何进行 7S 管理？

二、计划

A2 得分：

请同学们各自根据任务要求，独立思考，并制定"机器视觉系统环境搭建"的工作计划，完成表 1-19 的填写。（每行 20 分，共计 100 分）

表 1-19 "机器视觉系统环境搭建"工作计划

小组名称				设备台号		
填表人员						
序号	工作流程	工作内容		注意事项		工作时间
1	硬件准备					
2	工业相机安装	1. 用六角扳手分开快接板; 2. 用六角扳手连接快接板大板与相机; 3. 连接快接板小板与大板; 4. 将连接好的相机部件安装到平台支撑横梁上; 5. 连接相机电缆线。		1. 工业相机安装全程勿摘除相机防护罩; 2. 注意相机电源线接线端口, 切勿误接; 3. 工业相机安装应在视觉工作台断电状态下进行。		10min
3	工业镜头安装					
4	视觉光源安装					
5	参数设置					
6	XY 标定					
得分						

三、决策
A3 得分:

请同学们开展小组讨论, 决策出"机器视觉系统环境搭建"任务实施的最佳工作计划, 并完成表 1-20 的填写。(共 120 分)

表 1-20 "机器视觉系统环境搭建"决策

小组名称			设备台号		
小组成员					
序号	工作流程	工作内容	注意事项	负责人	用时 /min
得分					

四、实施
A4 得分:

各小组按照决策结果完成"机器视觉系统环境搭"任务实施后, 教师为每一个小组配备一名观察员, 观察员需从其他小组抽调。各组推荐一位同学作为实施员, 实施员需要将本次任务完整地实施一遍, 观察员按表 1-21 内容依次对实施员操作过程进行检查。实施员实施内容正确, 观察员在"执行情况"列中"是"后面打勾, 操作错误, 在"否"后打勾, 并对最终实施结果进行总分。(每行 10 分, 共计 160 分)

备注：机器视觉系统相机、镜头、光源安装完成后，通电之前必须邀请老师过来审查，审查后才可给设备通电，否则本此任务实施环节按 0 分处理。

表 1-21 "机器视觉系统环境搭建"实施记录表

实施员		观察员		
序号	实施内容	执行情况		得分
1	设备是否处于断电状态	是□	否□	
2	硬件准备是否齐全	是□	否□	
3	工业相机安装过程是否正确	是□	否□	
4	工业相机线缆连接过程是否正确	是□	否□	
5	工业镜头安装过程是否正确	是□	否□	
6	R 轴安装过程是否正确	是□	否□	
7	R 轴线缆连接过程是否正确	是□	否□	
8	R 轴气管连接过程是否正确	是□	否□	
9	视觉光源安装过程是否正确	是□	否□	
10	视觉光源缆连接过程是否正确	是□	否□	
11	视觉光源电脑主机 COM 端口连接是否正确	是□	否□	
12	PLC 电脑主机 COM 端口连接是否正确	是□	否□	
13	软件参数设置过程是否正确	是□	否□	
14	镜头参数调节过程是否正确	是□	否□	
15	XY 标定过程是否正确	是□	否□	
16	是否遵守实训规范以及 7S 管理	是□	否□	
得分				

五、检查

A5 得分：

在观察员检查完各组实施员的任务操作过程后，教师按照表 1-22 中的检查内容对每组实施结果进行评分，评分结果作为小组本环节最终得分。（每行 10 分，共计 160 分）

表 1-22 "机器视觉系统环境搭建"检查记录表

序号	检查项目	执行情况		得分
1	工业相机安装结果是否正确	是□	否□	
2	工业相机线缆连接结果是否正确	是□	否□	
3	工业镜头安装结果是否正确	是□	否□	
4	工业镜头参数调节结果是否正确	是□	否□	
5	R 轴安装结果是否正确	是□	否□	
6	R 轴线缆连接结果是否正确	是□	否□	
7	R 轴气管连接结果是否正确	是□	否□	
8	视觉光源安装结果是否正确	是□	否□	
9	视觉光源缆连接结果是否正确	是□	否□	

续表

序号	检查项目	执行情况		得分
10	线缆的走线是否规范	是□	否□	
11	视觉光源电脑主机 COM 端口连接是否正确	是□	否□	
12	PLC 电脑主机 COM 端口连接是否正确	是□	否□	
13	软件参数设置结果是否正确	是□	否□	
14	XY 标定流程图是否正确	是□	否□	
15	XY 标定的结果是否正确	是□	否□	
16	是否执行 7S 管理	是□	否□	
得分				

六、评价

请各小组按照表 1-23 "机器视觉系统环境搭建"综合评价表进行任务实施分数汇总，并向老师汇报小组得分。

表 1-23 "机器视觉系统环境搭建"综合评价表

序号	评价项目	结果	因子（除）	得分（中间值）	权重系数（乘）	总分
1	信息阶段（A1）		1		0.1	
2	计划阶段（A2）		0.8		0.1	
3	决策阶段（A3）		0.8		0.2	
4	实施阶段（A4）		1.7		0.3	
5	检查阶段（A5）		0.5		0.3	
总得分（0 ～ 100 分）						

 总结与提高

一、总结

请同学们独立思考总结自己在本次任务实施过程中存在的问题或成功部分，分析原因并提出改进措施，完成表 1-24 "自我总结"部分的填写。

请同学们开展小组讨论，总结小组在本次任务实施过程中存在的问题或成功部分，分析原因并提出改进措施，完成表 1-24 "小组总结"部分的填写。

表 1-24 "机器视觉系统环境搭建"总结

总结对象	存在问题或成功部分	原因分析	改进措施
自我总结			
小组总结			

二、思考与练习题

1. 填空题

（1）实训室所用机器视觉实训台 X、Y 轴的有效行程为_____mm，Z 轴有效行程为_____mm，最大线速度为_____mm/s。

（2）三个环形光源合成 AOI 光源需要将直射的环形光源的颜色模式设置为_____。

2. 简答题

（1）根据所学知识，写出设备各结构组成的名称。

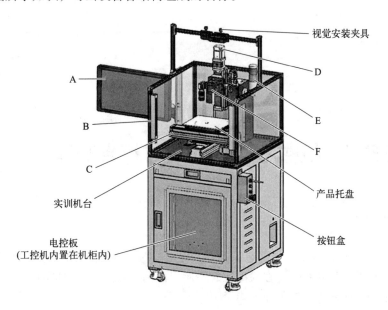

序号	名称	序号	名称
A		B	
C		D	
E		F	

（2）想一想，使用相机镜头的接圈有哪些优缺点？

_____

_____

_____

（3）视觉工作台工作之前，需要进行标定。想一想，为什么需要标定？

_____

_____

_____

_____

利用机器视觉系统进行尺寸测量

机械零件平面
尺寸综合测量1

任务1 机械零件平面尺寸综合测量

机械零件平面
尺寸综合测量2

任务描述

在项目一中任务3和任务4实施基础上,完成机械零件(图2-1)平面尺寸综合测量。机械零件随意放置在检测区,不超出检测区域范围。测量的项目包括边线距离和点线距离、夹角和平均齿距等。

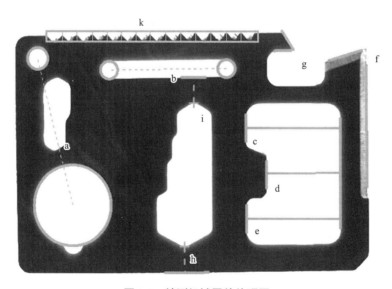

图2-1　被测机械零件外观图

任务要求:

请同学们查阅知识库与技能库,按照以下任务要求完成任务。

① 测量图 2-1 中标注的圆心距离 a 和 b 的尺寸；
② 测量图 2-1 中标注的点线距离 i 和 h 的尺寸；
③ 测量图 2-1 中标注的线边距离 c、d 和 e 的尺寸；
④ 测量图 2-1 中标注的角度 g 和 f 的度数。

 工作目标

知识目标：

① 掌握形状匹配工具及其参数的含义；
② 掌握找圆工具及其参数的含义；
③ 掌握找线工具及其参数的含义；
④ 掌握边缘点工具及其参数的含义；
⑤ 掌握点间距工具及其参数的含义；
⑥ 掌握线间距工具及其参数的含义；
⑦ 掌握点线距离工具及其参数的含义；
⑧ 掌握线夹角工具及其参数的含义；

能力目标：

① 能够使用工具进行形状匹配；
② 能够使用工具测量圆直径；
③ 能够使用工具测量点间距；
④ 能够使用工具测量线间距；
⑤ 能够使用工具测量点线距离；
⑥ 能够使用工具测量线夹角；

素质目标：

① 养成规范的操作习惯；
② 养成绿色安全生产意识；
③ 养成主动学习思考问题的习惯；

④ 养成团队协作及有效沟通的精神；
⑤ 养成吃苦耐劳的职业精神。

 工作提示

知识准备：

① 形状匹配；
② 找圆；
③ 找线；
④ 边缘点；
⑤ 点间距；
⑥ 线间距；
⑦ 点线距离；
⑧ 线夹角。

技能准备：

① 形状匹配操作步骤；
② 测量圆直径操作步骤；
③ 测量点间距操作步骤；
④ 测量线间距操作步骤；
⑤ 测量点线距离操作步骤；
⑥ 测量线夹角操作步骤。

工作过程

姓名：　　　　　　　　姓名：

日期：　　　　　　　　日期：

一、资讯　　　　　　　　　　　　　　　**A1 得分：**

请同学们查阅知识库或网络，独立完成下列问题的解答。（每题 20 分，共 100 分）

1	要完成本任务中的"角度"测量任务，需要用到 KImage 软件中的哪个工具？

2	要完成本任务中的"长度"测量任务，需要用到 KImage 软件中的哪个工具？

3	KImage 软件中的"找圆"工具可以输出哪些信息？

4	KImage 软件中的"找线"工具可以输出哪些信息？

5	KImage 软件中的"找圆"工具中"灰度变化"参数的值设定范围是多少？该参数对什么有影响？

二、计划   A2 得分：

请同学们各自根据任务要求，独立思考，并制定"机械零件平面尺寸综合测量"的工作计划，完成表 2-1 的填写。（100 分）

表 2-1 "机械零件平面尺寸综合测量"工作计划

小组名称				
填表人员				
序号	工作流程	工作内容	信息获取方式	工作时间
1	新建初始化模块	1. 添加"PLC 控制"工具，设置三轴回零； 2. 添加"光源控制"工具，设置通道数据； 3. 添加"定时器"工具，设置延时； 4. 添加"光源控制"工具，关闭光源； 5. 将初始化模块设置为初始化。	技能库	15min
2	确定拍照位置			
得分				

三、决策   A3 得分：

请同学们开展小组讨论，决策出"机械零件平面尺寸综合测量"任务实施的最佳工作计划，并完成表 2-2 的填写。（100 分）

表2-2　"机械零件平面尺寸综合测量"决策

小组名称				设备台号		
小组成员						
序号	工作流程	工作内容		注意事项	负责人	工作时间
1	新建初始化模块	1. 添加"PLC控制"工具，设置三轴回零； 2. 添加"光源控制"工具，设置通道数据； 3. 添加"定时器"工具，设置延时； 4. 添加"光源控制"工具，关闭光源； 5. 将初始化模块设置为初始化执行。		1. "PLC控制"中需要勾选回零设置； 2. "定时器"单位为毫秒，数值不宜过大。	张三	15min
得分						

四、实施　　　　　　　　　　　　　　　　　　　　A4 得分：

各小组按照决策结果完成"机械零件平面尺寸的综合测量"任务实施后，教师为每一个小组配备一名观察员，观察员需从其他小组抽调。各组推荐一位同学作为实施员，实施员需要将本次任务的全过程实施一遍，观察员按表2-3内容依次对实施员操作过程进行检查。实施员实施内容正确，观察员在"执行情况"列中"是"后面打勾，操作错误，在"否"后打勾，并对最终实施结果进行总分。（每行10分，共计140分）

表2-3　"机械零件平面尺寸的综合测量"实施记录表

实施员		观察员		
序号	实施内容	执行情况		得分
1	初始化模块设置是否正确	是□	否□	
2	拍照位置模块设置是否正确	是□	否□	
3	模板定位设置是否正确	是□	否□	
4	圆心距离a测量操作是否正确	是□	否□	
5	圆心距离b测量操作是否正确	是□	否□	
6	点线距离i测量操作是否正确	是□	否□	
7	点线距离h测量操作是否正确	是□	否□	
8	线边距离c测量操作是否正确	是□	否□	
9	线边距离d测量操作是否正确	是□	否□	
10	线边距离e测量操作是否正确	是□	否□	
11	角度g测量操作是否正确	是□	否□	
12	角度f测量操作是否正确	是□	否□	
13	工具组连接是否正确	是□	否□	
14	整个过程是否遵循实训规范和7S要求	是□	否□	
结果				

五、检查

A5 得分:

请各组同学将本组实施员在"机械零件平面尺寸综合测量"任务实施中测量的尺寸数据结果,填写在表 2-4 中"测量结果"栏中。教师公布机械零件平面尺寸各项的参考值范围,并请同学们填写在表"参考值范围"栏中,教师对各组测量结果进行评分,测量结果在参考值范围之内的每行得 10 分,否则得 0 分。(满分 90 分)

表 2-4 "机械零件平面尺寸综合测量"检查记录表

序号	测量项目	测量结果	参考值范围	得分
1	圆心距离 a			
2	圆心距离 b			
3	点线距离 h			
4	点线距离 i			
5	线边距离 c			
6	线边距离 d			
7	线边距离 e			
8	角度 g			
9	角度 f			
结果				

六、评价

请各小组按照表 2-5 "机械零件平面尺寸综合测量"综合评价表进行任务实施分数汇总,并向老师汇报小组得分。

表 2-5 "机械零件平面尺寸综合测量"综合评价表

序号	评价项目	结果	因子(除)	得分(中间值)	权重系数(乘)	总分
1	信息阶段(A1)		1		0.1	
2	计划阶段(A2)		1		0.1	
3	决策阶段(A3)		1		0.2	
4	实施阶段(A4)		1.4		0.3	
5	检查阶段(A5)		0.9		0.3	
总得分(0~100 分)						

 总结与提高

一、总结

请同学们独立思考总结自己在本次任务实施过程中存在的问题或成功部分,分析原因并提出改进措施,完成表 2-6 "自我总结"部分的填写。

请同学们开展小组讨论，总结小组在本次任务实施过程中存在的问题或成功部分，分析原因并提出改进措施，完成表 2-6"小组总结"部分的填写。

表 2-6　"机械零件平面尺寸综合测"总结

总结对象	存在问题或成功部分	原因分析	改进措施
自我总结			
小组总结			

二、思考与练习题

1. 填空题

（1）在平面尺寸测量中，一般用于产品定位的工具是 _____，其主要功能是创建模板，此工具在注册图像时可以调整 _____ 的大小框选定位模板的位置。

（2）找线工具一般用于 _____，找线工具可以输出直线的 _____ 坐标、_____ 坐标等信息，在参数中可以通过调整 _____ 判断搜索时选择返回的边缘点。

（3）_____ 工具，一般用于计算两条直线之间的间距，计算方式分为 _____ 和点斜式两种，点斜式需要输入一条直线上的 _____ 个点和另外一条直线的 _____ 及直线上的另一个点。

（4）在平面尺寸测量中，可以使用 _____ 工具用来导出测量数据及测量结果，数据储存格式为 _____ 文件。

2. 简答题

（1）在平面尺寸测量任务中，往往需要对一些参数进行计算平均值，需要添加双精度浮点型 Double 用户变量。想一想，为什么是添加 Double 数据类型，而不是使用 Int、String 等数据类型。

_____

_____

_____

_____

_____

（2）平面尺寸测量任务所用的相机靶面大小、像元尺寸分辨率的参数分别是多少？它们之间的关系是？

_____

_____

_____

_____

任务 2　IC 连接器与引脚测量

IC 引脚测量

 任务描述

本任务要求完成 IC 芯片（图 2-2）引脚的测量，已知：IC 芯片规格：大小 18mm×10mm，数量 6 个；料盘总尺寸长：202mm，宽：121mm，要求使用远心镜头，遵循测量精度最高原则进行硬件选型。

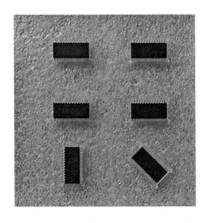

图 2-2　IC 芯片

任务要求：

请同学们查阅知识库与技能库，按照以下任务要求完成任务。

① 根据任务描述，结合机器视觉工作台，选择合适的视觉硬件，并完成视觉环境搭建。

② 计算每个 IC 芯片引脚个数 a、所有引脚针间距 d 和各引脚的垂直度 P（图 2-3）。

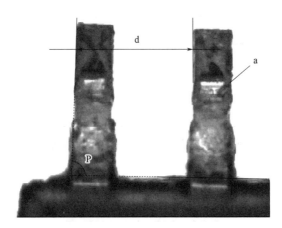

图 2-3　IC 芯片测量位置展示

③ 判断 IC 芯片是否为不良品，并记录每个 IC 的引脚间距平均值和角度平均值。

工作目标

知识目标：

① 掌握形状匹配工具的使用及其参数的含义；

② 掌握 XY 标定工具使用方法及其参数的含义；

③ 掌握找线工具矩阵找线的使用方法；

④ 掌握找点工具阵列找点的使用方法。

素质目标：

① 养成规范的操作习惯；

② 养成绿色安全生产意识；

③ 养成主动学习思考问题的习惯；

能力目标：

① 能够正确安装远心镜头；

② 能够完成 XY 标定；

③ 能够使用找点工具完成阵列找点；

④ 能够使用找线工具完成矩阵找线。

④ 养成团队协作及有效沟通的精神；

⑤ 养成吃苦耐劳的职业精神。

工作提示

知识准备：

① PLC 控制；

② 相机；

③ XY 标定；

④ 形状匹配；

⑤ 找圆；

⑥ 找线；

⑦ 边缘点；

⑧ 点间距；

⑨ 线间距；

⑩ 线夹角。

技能准备：

① 形状匹配操作步骤；

② 测量点间距操作步骤；

③ 测量线间距操作步骤；

④ 测量线夹角操作步骤；

⑤ XY 标定操作步骤；

⑥ 找点阵列操作步骤；

⑦ 找线矩阵操作步骤。

工作过程

姓名：　　　　　　　　姓名：

日期：　　　　　　　　日期：

一、资讯

A1 得分：

请同学们查阅知识库或网络，独立完成下列问题的解答。（每题 20 分，共 80 分）

1	本任务中要求计算每个 IC 芯片引脚个数，是否需要一个一个的寻找，为什么？
2	本任务中要求计算各引脚针间距，是否需要每个引脚找线，然后求线间距，为什么？

续表

3	本任务中要求计算各引脚的垂直度，是否需要每个引脚找线，然后求线夹角，为什么？
4	如何计算每个 IC 的引脚间距平均值和角度平均值？

二、计划　　　　　　　　　　　　　　　　　　　　A2 得分：

1. 请同学们各自根据任务要求，独立思考，完成本次任务视觉系统相机、光源选型，列出选型依据（含计算过程），并完成表 2-7 的填写。（每题 20 分，共 40 分）

表 2-7　"IC 连接器与引脚测量"相机、光源选型

（1）相机选型

（2）光源选型

2. 请同学们各自根据任务要求，独立思考，并制定"IC 连接器与引脚测量"的工作计划，完成表 2-8 的填写。（100 分）。

表 2-8　"IC 连接器与引脚测量"工作计划

小组名称				
填表人员				
序号	工作流程	工作内容	信息获取方式	工作时间
得分				

三、决策　　　　　　　　　　　　　　　　　　　　A3 得分：

1. 请同学们开展小组讨论，决策出"IC 连接器与引脚测量"任务实施所需的相机、镜头与光源，并将决策结果填写在表 2-9 "所选规格型号"栏中。

各小组完成相机、镜头与光源的规格型号选型后，教师提供本次任务实施相机、镜头与光源的最佳规格型号，请同学们将教师提供的规格型号填写在表 2-9 "最佳规格型号"栏中。（每行 10 分，共计 30 分）

表 2-9　相机、镜头及光源选型一览表

小组名称				设备台号		
小组成员						
序号	名称	所选规格型号	最佳规格型号	选型是否正确		得分
1	相机			是□	否□	
2	镜头			是□	否□	
3	光源			是□	否□	
结果						

2. 请同学们开展小组讨论，决策出"IC 连接器与引脚测量"任务实施的最佳工作计划，并完成表 2-10 的填写。（100 分）

表 2-10　"IC 连接器与引脚测量"决策

小组名称			设备台号		
小组成员					
序号	工作步骤	工作内容	注意事项	负责人	用时 /min
得分					

四、实施　　　　　　　　　　　　　　　　　　　　　　A4 得分：

各小组按照决策结果完成"IC 连接器与引脚测量"任务实施后，教师为每一个小组配备一名观察员，观察员需从其他小组抽调。各组推荐一位同学作为实施员，实施员需要将本次任务的全过程实施一遍，观察员按表 2-11 内容依次对实施员操作过程进行检查。实施员实施内容正确，观察员在"执行情况"列中"是"后面打勾，操作错误，在"否"后打勾，并对最终实施结果进行总分。（每行 10 分，共计 160 分）

备注： 机器视觉系统硬件安装完成后，设备通电之前必须邀请教师过来审查，审查合格后才可给设备上电，私自上电者本环节 0 分。

表 2-11　"IC 连接器与引脚测量"实施记录表

实施员		观察员		
序号	实施内容	执行情况		得分
1	相机安装是否正确	是□	否□	
2	镜头安装是否正确	是□	否□	
3	光源安装是否正确	是□	否□	
4	线缆走线是否规范	是□	否□	
5	视觉系统参数设置是否正确	是□	否□	
6	XY 标定操作是否正确	是□	否□	
7	初始化模块设置是否正确	是□	否□	

序号	实施内容	执行情况		得分
8	拍照位置模块设置是否正确	是□	否□	
9	模板定位设置是否正确	是□	否□	
10	IC芯片引脚个数检测是否正确	是□	否□	
11	IC芯片引脚针间距检测是否正确	是□	否□	
12	IC芯片引脚针间距平均值计算是否正确	是□	否□	
13	IC芯片引脚垂直度检测是否正确	是□	否□	
14	IC芯片引脚垂直度平均值计算是否正确	是□	否□	
15	IC芯片合格与不合格品判断设置是否正确	是□	否□	
16	整个过程是否遵循实训规范和7S要求	是□	否□	
结果				

五、检查 A5得分：

请各组同学将本组实施员在"IC连接器与引脚测量"任务实施中测量的数据结果，填写在表2-12中"测量结果"栏中。教师公布IC连接器与引脚各项数据的参考结果，并请同学们填写在表"参考结果"栏中，教师对各组测量结果进行评分，测量结果符合参考结果的每行得10分，否则得0分。（满分180分）

表2-12 "IC连接器与引脚测量"检查记录表

序号	测量项目	测量结果	参考结果	得分
1	1号IC连接器引脚个数			
2	2号IC连接器引脚个数			
3	3号IC连接器引脚个数			
4	4号IC连接器引脚个数			
5	5号IC连接器引脚个数			
6	6号IC连接器引脚个数			
7	1号IC连接器引脚间距平均值			
8	2号IC连接器引脚间距平均值			
9	3号IC连接器引脚间距平均值			
10	4号IC连接器引脚间距平均值			
11	5号IC连接器引脚间距平均值			
12	6号IC连接器引脚间距平均值			
13	1号IC连接器引脚垂直度平均值			
14	2号IC连接器引脚垂直度平均值			
15	3号IC连接器引脚垂直度平均值			
16	4号IC连接器引脚垂直度平均值			
17	5号IC连接器引脚垂直度平均值			
18	6号IC连接器引脚垂直度平均值			
结果				

六、评价

请各小组按照表 2-13 "IC 连接器与引脚测量"综合评价表进行任务实施分数汇总，并向老师汇报小组得分。

表 2-13　"IC 连接器与引脚测量"综合评价表

序号	评价项目	结果	因子（除）	得分（中间值）	权重系数（乘）	总分
1	信息阶段（A1）		0.8		0.1	
2	计划阶段（A2）		1.4		0.1	
3	决策阶段（A3）		1.3		0.2	
4	实施阶段（A4）		1.6		0.3	
5	检查阶段（A5）		1.8		0.3	
总得分（0 ～ 100 分）						

总结与提高

一、总结

请同学们独立思考总结自己在本次任务实施过程中存在的问题或成功部分，分析原因并提出改进措施，完成表 2-14 "自我总结"部分的填写。

请同学们开展小组讨论，总结小组在本次任务实施过程中存在的问题或成功部分，分析原因并提出改进措施，完成表 2-14 "小组总结"部分的填写。

表 2-14　"IC 连接器与引脚测量"总结

总结对象	存在问题或成功部分	原因分析	改进措施
自我总结			
小组总结			

二、思考与练习题

1. 填空题

（1）为了正常地使用 GigE 相机，通常使用 _____ 类以上的网线。

（2）机器视觉系统在测量平均值时所用的工具为 _____ 。

（3）使用找线工具引用仿射矩阵时，模板索引的值设置为 _____ ，会根据输入的仿射矩阵将所有的直线都找出，否则仅提出对应引用的 _____ 进行查找直线。

2. 选择题

（1）通过 IC 连接器与引脚测量实训任务的实施，可以发现机器视觉系统的优点有（　　）（多选）。

A. 非接触式测量，不会对人和物品造成损伤；

B. 光谱响应范围从红外到紫外，可以识别非可见光波范围；

C. 可长时间、稳定地工作；

D. 成本相对人工更加便宜。

3. 简答题

（1）讨论一下，找线工具中矩阵找线与普通找线的工作原理有怎样的异同点。

_____

_____

_____

_____

_____

（2）想一想，在使用仿射矩阵找线及找点时有哪些注意事项。

_____

_____

_____

_____

任务 3 PCB 图像拼接及尺寸测量

 任务描述

本任务要求完成 PCB 电路板的拼接与测量（图 2-4），已知：PCB 尺寸规格：116mm× 44mm；分三次拍照拼接，相邻拍照 PCB 的重叠区＞2mm，单个视野要求：65mm×50mm，工作距离：200mm+10mm，光源距离产品表面安装不得超过 80mm，同时遵循畸变最小、测量精度最高、PCB 特征对比度最高的原则进行硬件选型。

任务要求：

请同学们查阅知识库与技能库，按照以下任务要求完成任务。

① 测量 PCB 电路板内部 4 个大圆直径，并求大圆直径平均值；

② 测量 PCB 电路板外围 4 个小圆直径，并求小圆直径平均值；

③ 测量 PCB 电路板内部 2 个小圆的圆心距离；

④ 测量 PCB 电路板外围四个小圆的圆心到 PCB 电路板长边的距离，并求平均值；

⑤ 测量 PCB 电路板的长与宽的尺寸；

⑥ 测量 PCB 电路板的四个角的夹角，并求四个角的夹角的平均值。

PCB 图像拼接

PCB 图像尺寸测量

PCB 板检测数据处理

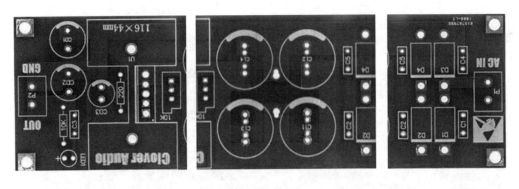

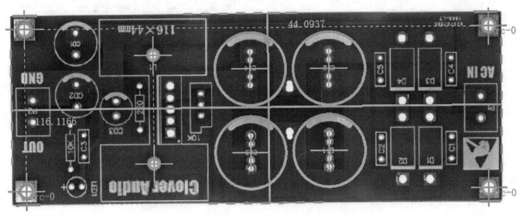

图 2-4　PCB 电路板的拼接与测量的效果图

 工作目标

知识目标：

① 掌握形状匹配工具及其参数的含义；

② 掌握 XY 标定工具使用方法；

③ 掌握找圆工具使用方法；

④ 掌握找线工具使用方法；

⑤ 掌握边缘点工具使用方法；

⑥ 掌握点间距工具使用方法；

⑦ 掌握线间距工具使用方法；

⑧ 掌握点线距离工具使用方法；

⑨ 掌握用户变量工具的使用方法；

⑩ 掌握图像拼接工具的使用方法及参数含义；

⑪ 掌握保存表格工具的使用方法与参数含义。

能力目标：

① 能够正确完成机器视觉系统硬件的安装；

② 能够完成 XY 标定；

③ 能够正确完成图像的拼接；

④ 能够完成 4 个大圆平均直径计算；

⑤ 能够完成圆心距离的测量；

⑥ 能够完成 PCB 电路板长、宽的测量；

⑦ 能够完成小圆圆心与 PCB 边缘的平均距离计算；

⑧ 能够完成 PCB 电路板测量数据表格的输出。

素质目标：

① 养成规范的操作习惯；

② 养成绿色安全生产意识；

③ 养成主动学习思考问题的习惯；

④ 养成团队协作及有效沟通的精神；

⑤ 养成吃苦耐劳的职业精神。

工作提示

知识准备：

① PLC 控制；
② 相机；
③ XY 标定；
④ 形状匹配；
⑤ 图像拼接；
⑥ 找圆；
⑦ 找线；
⑧ 点间距；
⑨ 线间距；
⑩ 点线间距；
⑪ 保存表格。

技能准备：

① XY 标定操作步骤；
② 形状匹配操作步骤；
③ 图像拼接操作步骤
④ 测量圆直径操作步骤
⑤ 测量点间距操作步骤；
⑥ 测量线间距操作步骤；
⑦ 测量点线间距操作步骤；
⑧ 求平均值操作步骤；
⑨ 保存表格操作步骤。

姓名：	姓名：
日期：	日期：

一、资讯 A1 得分：

请同学们查阅知识库或网络，独立完成下列问题的解答。（每题 20 分，共 80 分）

1	要将多段图像拼接合成一张图像，需要用到 KImage 软件中的哪个工具？如何使用？
2	分别测量出四个大圆的直径后，需要用到 KImage 软件中的哪个工具来计算圆直径平均值？如何使用？
3	要将测量最终结果以表格形式输出到电脑桌面，需要用到 KImage 软件中的哪个工具来计算圆直径平均值？如何使用？
4	要测量圆直径、圆心距离、PCB 长与宽距离、圆心与 PCB 边缘距离，分别需要用到 KImage 软件中的哪些工具？

二、计划 A2 得分：

1. 请同学们各自根据任务要求，独立思考，完成本次任务视觉系统相机、镜头、光源的

选型，列出选型依据（含计算过程），并完成表 2-15 的填写。（每题 20 分，共 60 分）

表 2-15 "PCB 图像拼接及尺寸测量"相机、镜头、光源选型

（1）相机选型

（2）镜头选型

（3）光源选型

2. 请同学们各自根据任务要求，独立思考，并制定"PCB 图像拼接及尺寸测量"的工作计划，完成表 2-16 的填写。（100 分）。

表 2-16 "PCB 图像拼接及尺寸测量"工作计划

小组名称				
填表人员				
序号	工作流程	工作内容	信息获取方式	工作时间
得分				

三、决策　　　　　　　　　　　　　　　　　　　　　A3 得分：

1. 请同学们开展小组讨论，决策出"PCB 图像拼接及尺寸测量"任务实施所需的相机、镜头与光源，并将决策结果填写在表 2-17 "所选规格型号"栏中。

各小组完成相机、镜头与光源的规格型号选型后，教师提供本次任务实施相机、镜头与光源的最佳规格型号，请同学们将教师提供的规格型号填写在表 2-17 "最佳规格型号"栏中。（每行 10 分，共计 30 分）

表 2-17 相机、镜头及光源选型一览表

小组名称				设备台号		
小组成员						
序号	名称	所选规格型号	最佳规格型号	选型是否正确		得分
1	相机			是□	否□	
2	镜头			是□	否□	
3	光源			是□	否□	
结果						

2. 请同学们开展小组讨论，决策出"PCB 图像拼接及尺寸测量"任务实施的最佳工作计划，并完成表 2-18 的填写。（100 分）

表 2-18 "PCB 图像拼接及尺寸测量"决策

小组名称				设备台号		
小组成员						
序号	工作步骤	工作内容		注意事项	负责人	用时 /min
得分						

四、实施

A4 得分：

各小组按照决策结果完成"PCB 图像拼接及尺寸测量"任务实施后，教师为每一个小组配备一名观察员，观察员需从其他小组抽调。各组推荐一位同学作为实施员，实施员需要将本次任务的全过程实施一遍，观察员按表 2-19 内容依次对实施员操作过程进行检查。实施员实施内容正确，观察员在"执行情况"列中"是"后面打勾，操作错误，在"否"后打勾，并对最终实施结果进行总分。（每行 10 分，共计 230 分）

备注：机器视觉系统硬件安装完成后，设备通电之前必须邀请教师过来审查，审查合格后才可给设备上电，私自上电者本环节 0 分。

表 2-19 "PCB 图像拼接及尺寸测量"实施记录表

实施员		观察员		
序号	实施内容	执行情况		得分
1	相机安装是否正确	是□	否□	
2	镜头安装是否正确	是□	否□	
3	光源安装是否正确	是□	否□	
4	线缆走线是否规范	是□	否□	
5	视觉系统参数设置是否正确	是□	否□	
6	XY 标定操作是否正确	是□	否□	
7	初始化模块设置是否正确	是□	否□	
8	三段拍照位置模块设置是否正确	是□	否□	
9	图像拼接是否正常正确	是□	否□	
10	模板定位设置是否正确	是□	否□	
11	PCB 电路板 4 个内部大圆直径测量是否正确	是□	否□	
12	PCB 电路板 4 个内部大圆直径平均值计算是否正确	是□	否□	
13	PCB 电路板 4 个外围小圆直径测量是否正确	是□	否□	
14	PCB 电路板 4 个外围小圆直径平均值计算是否正确	是□	否□	
15	PCB 电路板内部 2 个小圆的圆心距离测量是否正确	是□	否□	

序号	实施内容	执行情况		得分
16	PCB 电路板外围 4 个小圆的圆心到 PCB 电路板长边的距离测量是否正确	是□	否□	
17	PCB 电路板外围 4 个小圆的圆心到 PCB 电路板长边的距离平均值计算是否正确	是□	否□	
18	PCB 电路板的长度测量是否正确	是□	否□	
19	PCB 电路板的宽度测量是否正确	是□	否□	
20	PCB 电路板四个夹角度数测量是否正确	是□	否□	
21	PCB 电路板四个夹角度数平均值计算是否正确	是□	否□	
22	表格数据是否输出	是□	否□	
23	整个过程是否遵循实训规范和 7S 要求	是□	否□	
结果				

五、检查　　　　　　　　　　　　　　　　　　　　　　　　　　A5 得分:

请各组同学将本组实施员在"PCB 图像拼接及尺寸测量"任务实施中测量的数据结果,填写在表 2-20 "测量结果"栏中。教师公布 PCB 图像拼接及尺寸测量各项数据的参考结果,并请同学们填写在表"参考结果"栏中,教师对各组测量结果进行评分,测量结果符合参考结果的每行得 10 分,否则得 0 分。(满分 230 分)

表 2-20　"PCB 图像拼接及尺寸测量"检查记录表

序号	测量项目	测量结果	参考结果	得分
1	1 号大圆直径			
2	2 号大圆直径			
3	3 号大圆直径			
4	4 号大圆直径			
5	四个大圆直径平均值			
6	1 号小圆直径			
7	2 号小圆直径			
8	3 号小圆直径			
9	4 号小圆直径			
10	四个小圆直径平均值			
11	内部 2 个小圆的圆心距离			
12	1 号小圆圆心到 PCB 板的长边的距离			
13	2 号小圆圆心到 PCB 板的长边的距离			
14	3 号小圆圆心到 PCB 板的长边的距离			
15	4 号小圆圆心到 PCB 板的长边的距离			
16	四个小圆圆心到 PCB 板长边距离平均值			

续表

序号	测量项目	测量结果	参考结果	得分
17	PCB 板的长度			
18	PCB 板的宽度			
19	PCB 板左上夹角度数			
20	PCB 板左下夹角度数			
21	PCB 板右上夹角度数			
22	PCB 板右下夹角度数			
23	四个夹角度数的平均值			
结果				

六、评价

请各小组按照表 2-21 "PCB 图像拼接及尺寸测量"综合评价表进行任务实施分数汇总，并向老师汇报小组得分。

表 2-21 "PCB 图像拼接及尺寸测量"综合评价表

序号	评价项目	结果	因子（除）	得分（中间值）	权重系数（乘）	总分
1	信息阶段（A1）		1		0.1	
2	计划阶段（A2）		1.6		0.1	
3	决策阶段（A3）		1.3		0.2	
4	实施阶段（A4）		2.3		0.3	
5	检查阶段（A5）		2.3		0.3	
总得分（0 ~ 100 分）						

总结与提高

一、总结

请同学们独立思考，总结自己在本次任务实施过程中存在的问题或成功部分，分析原因并提出改进措施，完成表 2-22 "自我总结"部分的填写。

请同学们开展小组讨论，总结小组在本次任务实施过程中存在的问题或成功部分，分析原因并提出改进措施，完成表 2-22 "小组总结"部分的填写。

表 2-22 "PCB 图像拼接及尺寸测量"总结

总结对象	存在问题或成功部分	原因分析	改进措施
自我总结			
小组总结			

二、思考与练习题

1. 填空题

（1）当工业视觉平台安装有多个相机，需要将若干个图像进行拼接时可以使用 _____ 工具。拼接方式共分为两种，分别是 _____ 和 _____，其中，_____ 方式是直接将若干个图拼接在一起，另一种为根据 _____ 点将若干个图拼接在一起。

（2）找圆工具的搜索方向有 _____ 和 _____ 两种方向，搜索极性有 _____、_____ 和 _____ 三种极性，可以通过调整 _____、_____ 和 _____ 参数来调整找圆的准确性。

（3）找圆工具中，可以通过圆直径的变量参数中设置 _____ 来判断工件的圆直径是否合格，当运行找圆工具时，如合格则找圆工具显示 _____ 色，否则显示 _____ 色。

2. 简答题

（1）想一想，在图像拼接的过程中需要哪些注意事项？怎样才能将图像拼接精准？

_____

_____

_____

_____

（2）图像拼接共有两种拼接模式，想一想怎样进行选择合适的拼接模式？

_____

_____

_____

_____

_____

利用机器视觉系统进行视觉定位

七巧板创意造
型摆拼

任务 1　七巧板创意造型摆拼

 任务描述

　　本次任务要求完成七巧板的创意拼图（图 3-1），已知：七巧板及料盘数量 1 套，规格：彩色；大小：83mm×83mm；平台料盘分为两个区域分别为检测区和拼图区，料盘尺寸大小：260mm×220mm，视野大小要求：195mm×135mm（视野范围允许一定的正向偏差，最大不得超过 20mm），工作距离要求：370mm（工作距离允许一定的正向偏差，最大不得超过 25mm），检测区域必须在光源范围内。

图 3-1　七巧板的创意拼图

　　任务要求：

　　请同学们查阅知识库与技能库，按照以下任务要求完成任务。

① 根据任务描述，结合机器视觉工作台，选择合适的视觉硬件，并完成视觉环境搭建；
② 使用机器视觉系统完成图 3-1 所示的七巧板创意拼图。

 工作目标

知识目标：

① 掌握 N 点标定操作方法；
② 掌握形状匹配工具操作方法；
③ 掌握颜色提取工具使用方法及参数含义；
④ 掌握拼图定位工具使用方法；
⑤ 掌握 PLC 控制工具搬运使用过方法。

素质目标：

① 养成规范的操作习惯；
② 养成绿色安全生产意识；
③ 养成主动学习思考问题的习惯；

能力目标：

① 能够准确快速的完成 N 点标定；
② 能够完成七巧板板块的颜色提取；
③ 能够根据要求完成七巧板板块的形状匹配；
④ 能够根据任务要求完成七巧板的创意造型摆拼。

④ 养成团队协作及有效沟通的精神；
⑤ 养成吃苦耐劳的职业精神。

工作提示

知识准备：

① N 点标定；
② 颜色提取；
③ 形状匹配；
④ 拼图定位；
⑤ PLC 控制。

技能准备：

① N 点标定操作步骤；
② 颜色提取操作步骤；
③ 现状匹配操作步骤；
④ 拼图定位操作步骤；
⑤ 搬运操作步骤；

工作过程

姓名：　　　　　　姓名：

日期：　　　　　　日期：

一、资讯　　　　　　　　　　　　　　　　　　**A1 得分：**

请同学们查阅知识库或网络，独立完成下列问题的解答。（每题 20 分，共 80 分）

1	要提取七巧板中板块的颜色，需要用到 KImage 软件中的哪个工具？该工具有哪些参数？分别是何含义？
2	在颜色提取工具中红色、绿色、蓝色的取值范围如何获取？

续表

3	在使用拼图定位工具时，要添加链接哪几组数据？分别代表什么？
4	在七巧板搬运中，取料位置数据信息从哪获取？放料位置数据信息从哪获取？

二、计划　　　　　　　　　　　　　　　　　　　　A2 得分：

1. 请同学们各自根据任务要求，独立思考，完成本次任务视觉系统相机、镜头、光源的选型，列出选型依据（含计算过程），并完成表 3-1 的填写。（每题 20 分，共 60 分）

表 3-1 "七巧板创意造型摆拼"相机、镜头、光源选型

（1）相机选型
（2）镜头选型
（3）光源选型

2. 请同学们各自根据任务要求，独立思考，并制定"七巧板创意造型摆拼"的工作计划，完成表 3-2 的填写。（100 分）

表 3-2 "七巧板创意造型摆拼"工作计划

小组名称				
填表人员				
序号	工作流程	工作内容	信息获取方式	工作时间
得分				

三、决策　　　　　　　　　　　　　　　　　　　　A3 得分：

1. 请同学们开展小组讨论，决策出"七巧板创意造型摆拼"任务实施所需的相机、镜头与光源，并将决策结果填写在表 3-3 "所选规格型号"栏中。

各小组完成相机、镜头与光源的规格型号选型后，教师提供本次任务实施相机、镜头与

光源的最佳规格型号，请同学们将教师提供的规格型号填写在表3-3"最佳规格型号"栏中。（每行10分，共计30分）

表3-3 相机、镜头及光源选型一览表

小组名称				设备台号		
小组成员						
序号	名称	所选规格型号	最佳规格型号	选型是否正确		得分
1	相机			是□	否□	
2	镜头			是□	否□	
3	光源			是□	否□	
结果						

2. 请同学们开展小组讨论，决策出"七巧板创意造型摆拼"任务实施的最佳工作计划，并完成表3-4的填写。（100分）

表3-4 "七巧板创意造型摆拼"决策

小组名称			设备台号		
小组成员					
序号	工作步骤	工作内容	注意事项	负责人	用时/min
得分					

四、实施 A4 得分：

各小组按照决策结果完成"七巧板创意造型摆拼"任务实施后，教师为每一个小组配备一名观察员，观察员需从其他小组抽调。各组推荐一位同学作为实施员，实施员需要将本次任务的全过程实施一遍，观察员按表3-5内容依次对实施员操作过程进行检查。实施员实施内容正确，观察员在"执行情况"列中"是"后面打勾，操作错误，在"否"后打勾，并对最终实施结果进行总分。（每行10分，共计160分）

备注：机器视觉系统硬件安装完成后，设备通电之前必须邀请教师过来审查，审查合格后才可给设备上电，私自上电者本环节0分。

表3-5 "七巧板创意造型摆拼"实施记录表

实施员		观察员		
序号	实施内容	执行情况		得分
1	相机安装是否正确	是□	否□	
2	镜头安装是否正确	是□	否□	
3	光源安装是否正确	是□	否□	
4	线缆走线是否规范	是□	否□	

续表

序号	实施内容	执行情况		得分
5	视觉系统参数设置是否正确	是□	否□	
6	XY 标定操作是否正确	是□	否□	
7	初始化模块设置是否正确	是□	否□	
8	拍照位置模块设置是否正确	是□	否□	
9	颜色提取是否正确	是□	否□	
10	模板定位设置是否正确	是□	否□	
11	拼图定位设置是否正确	是□	否□	
12	PLC 搬运位置的数据链接是否正确	是□	否□	
13	整个过程是否遵循实训规范和 7S 要求	是□	否□	
结果				

五、检查

A5 得分：

在各组实施员完成"七巧板创意造型摆拼"任务后，教师按照表 3-6 中的"检查项目"依次对各组本次任务实施的成果进行检查。检查项目合格的，教师"执行情况"列中"是"后面打勾，不合格的，在"否"后打勾，并对实施最终结果进行总分。（每行 10 分，共计200 分）

表 3-6 "七巧板创意造型摆拼"检查记录表

序号	检查项目	执行情况		得分
1	相机安装是否正确	是□	否□	
2	镜头安装是否正确	是□	否□	
3	光源安装是否正确	是□	否□	
4	线缆走线是否规范	是□	否□	
5	蓝色七巧板颜色提取是否正确	是□	否□	
6	蓝色七巧板拾取和摆放是否正确	是□	否□	
7	绿色七巧板颜色提取是否正确	是□	否□	
8	绿色七巧板拾取和摆放是否正确	是□	否□	
9	青色七巧板颜色提取是否正确	是□	否□	
10	青色七巧板拾取和摆放是否正确	是□	否□	
11	黄色七巧板（大）颜色提取是否正确	是□	否□	
12	黄色七巧板（大）拾取和摆放是否正确	是□	否□	
13	黄色七巧板（小）颜色提取是否正确	是□	否□	
14	黄色七巧板（小）拾取和摆放是否正确	是□	否□	
15	红色七巧板（正）颜色提取是否正确	是□	否□	
16	红色七巧板（正）拾取和摆放是否正确	是□	否□	

续表

序号	检查项目	执行情况		得分
17	红色七巧板（平行四边形）颜色提取是否正确	是□	否□	
18	红色七巧板（平行四边形）拾取和摆放是否正确	是□	否□	
19	拼成图形是否符合任务要求	是□	否□	
20	7S 管理是否执行	是□	否□	
得分				

六、评价

请各小组按照表 3-7 "七巧板创意造型摆拼"综合评价表进行任务实施分数汇总，并向老师汇报小组得分。

表 3-7 "七巧板创意造型摆拼"综合评价表

序号	评价项目	结果	因子（除）	得分（中间值）	权重系数（乘）	总分
1	信息阶段（A1）		0.8		0.1	
2	计划阶段（A2）		1.6		0.1	
3	决策阶段（A3）		1.3		0.2	
4	实施阶段（A4）		1.6		0.3	
5	检查阶段（A5）		2		0.3	
总得分（0 ~ 100分）						

总结与提高

一、总结

请同学们独立思考总结自己在本次任务实施过程中存在的问题或成功部分，分析原因并提出改进措施，完成表 3-8 "自我总结"部分的填写。

请同学们开展小组讨论，总结小组在本次任务实施过程中存在的问题或成功部分，分析原因并提出改进措施，完成表 3-8 "小组总结"部分的填写。

表 3-8 "七巧板创意造型摆拼"总结

总结对象	存在问题或成功部分	原因分析	改进措施
自我总结			
小组总结			

二、思考与练习题

1. 填空题

（1）在使用形状匹配工具时，可以将模板个数设置为 _____ 或者 _____，从而搜索图片上所有的实例。当模板个数为指定个数时，可以调整 _____ 参数，以控制模板搜索的通过率。

（2）在 N 点标定工具中，相机坐标所定位的 X、Y 值对应基础参数中的 _____ 和 _____，而运动控制平台的实际坐标 X、Y 的值对应基础参数中的 _____ 和 _____。

（3）颜色提取工具可以提取的颜色空间包括 _____、_____、_____、_____、_____ 空间，可以输出三种图像分别是 _____、_____ 和 _____。

2. 简答题

（1）根据七巧板任务的实施情况，想一想，怎样去选择 N 点标定与 XY 标定？

（2）简要说明，在使用颜色提取工具时，如何提高识别的准确率。

（3）在进行拼图定位操作时往往会遇到拼图不准确等问题，说说在拼图定位时有哪些注意事项。

项目四

利用机器视觉系统进行模式识别

任务 1　体液试管识别与分拣

 任务描述

　　本任务要求完成体液试管识别与分拣（图 4-1），已知：体液试管及料盘数量 1 套，规格：大小：70mm×13mm（单根，共计 6 根）；料盘总尺寸长：200mm，宽：120mm，视野大小要求：200mm×150mm（视野范围允许一定正向偏差，最大不得超过 20mm），工作距离要求405mm（视野范围允许一定正向偏差，最大不得超过 10mm），检测区必须在光源范围内。

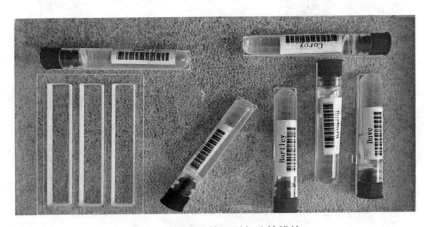

图 4-1　体液试管识别与分拣模块

任务要求：

请同学们查阅知识库与技能库，按照以下任务要求完成任务。

1. 识别要求

① 编写视觉和运动控制程序，移动运动平台到达拍照位，点亮上光源，相机拍照，熄灭

光源；

② 使用扫码工具，进行试管上的条码识别，将结果进行输出、显示。

2. 定位要求

① 点亮下光源，相机拍照，熄灭光源；

② 使用定位工具进行试管定位，输出位置为试管在结构坐标内的当前位置，输出缺陷试管的坐标点。

3. 检测要求

① 测量试管内液面高度。图 4-2 所示。

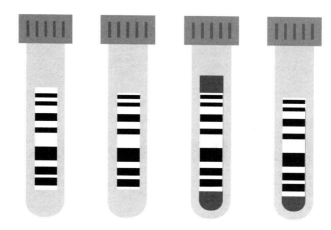

图 4-2 体液试管液位检测示意

② 检测试管盖子颜色。图 4-3 所示。

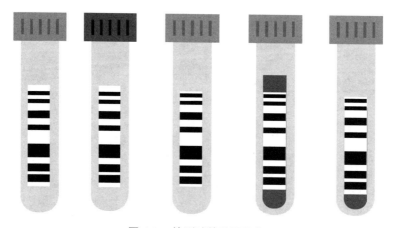

图 4-3 检测试管盖子颜色

4. 数据统计及分析要求

① 体液不满定位不良品；

② 盖子颜色不良品根据任务实际情况定，颜色数量为 1 的是不良品。

5. 分拣要求

根据检测结果，把合格品放到合格区，不合格品放到不合格区。

工作目标

知识目标：

① 掌握 N 标定操作方法；

② 掌握判断工具操作方法；

③ 掌握颜色提取工具使用方法及参数含义；

④ 掌握图像处理工具的使用方法；

⑤ 了解图像采集、预处理、增强、分割；

⑥ 了解边缘提取、图像腐蚀与膨胀、图像匹配；

⑦ 掌握 PLC 控制工具搬运使用方法。

素质目标：

① 养成规范的操作习惯；

② 养成绿色安全生产意识；

③ 养成主动学习思考问题的习惯；

能力目标：

① 能够准确快速地完成 N 点标定；

② 能够准确快速地完成体液试管瓶盖的颜色提取；

③ 能够使用图像处理工具对提取瓶盖的颜色进行合理处理；

④ 能够完成试管条码信息的识别；

⑤ 能够完成体液试管的识别与分拣。

④ 养成团队协作及有效沟通的精神；

⑤ 养成吃苦耐劳的职业精神。

工作提示

知识准备：

① 颜色提取；

② 图像处理；

③ 形状匹配；

④ 条码检测

⑤ 找点；

⑥ 点间距；

⑦ PLC 控制。

技能准备：

① N 点标定操作步骤；

② 颜色提取操作步骤；

③ 形状匹配操作步骤；

④ 条码检测操作步骤；

⑤ 条件判断操作步骤；

⑥ 搬运操作步骤。

工作过程

姓名：　　　　　　姓名：

日期：　　　　　　日期：

一、资讯

A1 得分：

请同学们查阅知识库或网络，独立完成下列问题的解答。（每题 20 分，共 80 分）。

1	要识别试管表面的条码信息，需要用到 KImage 软件中的哪个工具？该工具有哪些参数？分别是何含义？
2	拍照的图像上的条码识别不全时，需要用到 KImage 软件中的哪个工具进行处理？该工具有哪些参数？分别是何含义？

续表

3	如何使用视觉系统检测试管内液体是否饱满？
4	如何输出不合格试管的定位坐标？

二、计划

A2 得分：

1. 请同学们各自根据任务要求，独立思考，完成本次任务视觉系统相机、镜头、光源选型，列出选型依据（含计算过程），并完成表 4-1 的填写。（每题 20 分，共 60 分）

表 4-1 "体液试管识别与分拣"相机、镜头、光源选型

（1）相机选型
（2）镜头选型
（3）光源选型

2. 请同学们各自根据任务要求，独立思考，并制定"体液试管识别与分拣"的工作计划，完成表 4-2 的填写。（100 分）

表 4-2 "体液试管识别与分拣"工作计划

小组名称				
填表人员				
序号	工作流程	工作内容	信息获取方式	工作时间
得分				

三、决策

A3 得分：

1. 请同学们开展小组讨论，决策出"体液试管识别与分拣"任务实施所需的相机、镜头与光源，并将决策结果填写在表 4-3"所选规格型号"栏中。

各小组完成相机、镜头与光源的规格型号选型后，教师提供本次任务实施相机、镜头与

光源的最佳规格型号，请同学们将教师提供的规格型号填写在表 4-3 "最佳规格型号" 栏中。（每行 10 分，共计 30 分）

表 4-3　相机、镜头及光源选型一览表

小组名称					设备台号		
小组成员							
序号	名称	所选规格型号	最佳规格型号	选型是否正确		得分	
1	相机			是□	否□		
2	镜头			是□	否□		
3	光源			是□	否□		
结果							

2.请同学们开展小组讨论，决策出 "体液试管识别与分拣" 任务实施的最佳工作计划，并完成表 4-4 的填写。（100 分）

表 4-4　"体液试管识别与分拣" 决策

小组名称				设备台号		
小组成员						
序号	工作步骤	工作内容		注意事项	负责人	用时 /min
得分						

四、实施　　　　　　　　　　　　　　　　　　　　　　A4 得分：

各小组按照决策结果完成 "体液试管识别与分拣" 任务实施后，教师为每一个小组配备一名观察员，观察员需从其他小组抽调。各组推荐一位同学作为实施员，实施员需要将本次任务的全过程实施一遍，观察员按表 4-5 内容依次对实施员操作过程进行检查。实施员实施内容正确，观察员在 "执行情况" 列中 "是" 后面打勾，操作错误，在 "否" 后打勾，并对最终实施结果进行总分。（每行 10 分，共计 160 分）

备注：机器视觉系统硬件安装完成后，设备通电之前必须邀请教师过来审查，审查合格后才可给设备上电，私自上电者本环节 0 分。

表 4-5　"体液试管识别与分拣" 实施记录表

实施员		观察员		
序号	实施内容	执行情况		得分
1	相机安装是否正确	是□	否□	
2	镜头安装是否正确	是□	否□	
3	光源安装是否正确	是□	否□	
4	线缆走线是否规范	是□	否□	

续表

序号	实施内容	执行情况		得分
5	视觉系统参数设置是否正确	是□	否□	
6	XY 标定操作是否正确	是□	否□	
7	初始化模块设置是否正确	是□	否□	
8	拍照位置设置是否正确	是□	否□	
9	颜色提取是否正确	是□	否□	
10	形状匹配是否正确	是□	否□	
11	图像处理工具使用是否正确	是□	否□	
12	找点工具使用是否正确	是□	否□	
13	点间距工具使用是否正确	是□	否□	
14	条码检测工具使用是否正确	是□	否□	
15	PLC 搬运位置的数据链接是否正确	是□	否□	
16	整个过程是否遵循实训规范和 7S 要求	是□	否□	
结果				

五、检查

A5 得分：

在各组实施员完成"体液试管识别与分拣"任务后，教师按照表 4-6 中的"检查项目"依次对各组本次任务实施的成果进行检查。检查项目合格的，教师"执行情况"列中"是"后面打勾，不合格的，在"否"后打勾，并对最终实施结果进行总分。（每行 10 分，共计 90 分）

表 4-6 "体液试管识别与分拣"检查记录表

序号	检查项目	执行情况		得分
1	相机安装是否正确	是□	否□	
2	镜头安装是否正确	是□	否□	
3	光源安装是否正确	是□	否□	
4	线缆走线是否规范	是□	否□	
5	盖子颜色提取是否正确	是□	否□	
6	试管体液检测是否正确	是□	否□	
7	条码检测、输出是否正确	是□	否□	
8	不良试管的识别、搬运是否正确	是□	否□	
9	7S 管理是否执行	是□	否□	
得分				

六、评价

请各小组按照表 4-7 "体液试管识别与分拣"综合评价表进行任务实施分数汇总，并向老师汇报小组得分。

表 4-7 "体液试管识别与分拣"综合评价表

序号	评价项目	结果	因子（除）	得分（中间值）	权重系数（乘）	总分
1	信息阶段（A1）		0.8		0.1	
2	计划阶段（A2）		1.6		0.1	
3	决策阶段（A3）		1.3		0.2	
4	实施阶段（A4）		1.6		0.3	
5	检查阶段（A5）		0.9		0.3	
总得分（0 ~ 100 分）						

总结与提高

一、总结

请同学们独立思考总结自己在本次任务实施过程中存在的问题或成功部分，分析原因并提出改进措施，完成表 4-8 "自我总结"部分的填写。

请同学们开展小组讨论，总结小组在本次任务实施过程中存在的问题或成功部分，分析原因并提出改进措施，完成表 4-8 "小组总结"部分的填写。

表 4-8 "体液试管识别与分拣"总结

总结对象	存在问题或成功部分	原因分析	改进措施
自我总结			
小组总结			

二、思考与练习题

1. 填空题

（1）在图像预处理中，常见的方法有 _____ 和二值化，二值化分为 _____ 和 _____ 两种运算形式。

（2）腐蚀的作用是消除物体的 _____，使目标 _____，即消除小于结构元素的 _____ 点。

（3）膨胀的作用是将与物体接触的所有 _____ 点合并到物体中，使目标 _____，可填补目标的 _____。

（4）在使用图像处理工具时，除了可以选择图像处理的模式，还可以调整 _____ 和 _____ 参数对图像处理进行修正。

2. 简答题

（1）简要说明，在图像处理中如何做到开运算和闭运算，它们各有怎样的效果。

_____

_____

_____

（2）图像处理工具是视觉识别中常用的工具，说一说二值化处理和灰度处理的区别。

_____

_____

_____

（3）*if* 条件判断可以对工具输出的布尔量进行条件判断，请列出使用条件判断工具的操作步骤。

_____

_____

_____

任务 2　大豆计算及色选分拣

 任务描述

本任务要求完成大豆计数及色选分拣（图 4-4），已知：大豆样本数量 1 套，规格：彩色，大小：8cm×8cm；平台料盘一个，平台料盘上有三个区域，分别是样品区，大豆放置区，异物放置区。料盘总尺寸长：12cm，宽：20cm；视野大小 100mm×130mm（视野范围允许一定正向偏差，最大不得超过 10mm），工作距离要求 275mm（视野范围允许一定正向偏差，最大不得超过 20mm），检测区必须在光源范围内。

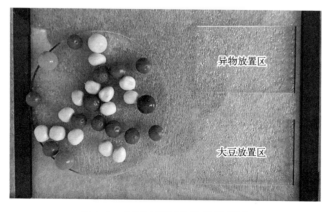

图 4-4　大豆计算及色选分拣模块

任务要求：

请同学们查阅知识库与技能库，按照以下要求完成任务。

1. 检测要求

① 识别出大豆/异物，并分别统计各自的数量；

② 计算出大豆/异物坐标。

2. 搬运要求

编写视觉和运动控制程序，控制运动吸嘴将大豆/异物从样品盒吸起，按照指定布局图放置到对应放置区；要求不得错放，不得漏放。

 工作目标

知识目标：

① 掌握 N 标定工具的使用方法；

② 掌握形状匹配工具的使用方法；

③ 掌握颜色提取工具的使用方法；

④ 掌握图像处理工具的使用方法；

⑤ 了解图像采集、预处理、增强、分割；

⑥ 了解边缘提取、图像腐蚀与膨胀、图像匹配；

素质目标：

① 养成规范的操作习惯；

② 养成绿色安全生产意识；

③ 养成主动学习思考问题的习惯；

⑦ 掌握循环工具的使用方法；

⑧ 掌握 PLC 控制工具的使用方法。

能力目标：

① 能够准确快速地完成 N 点标定；

② 能够准确快速地完成大豆颜色提取与图像处理；

③ 能够完成大豆数量的计数；

④ 能够完成大豆的色选分拣。

④ 养成团队协作及有效沟通的精神；

⑤ 养成吃苦耐劳的职业精神。

 **工作提示**

知识准备：

① N 点标定；

② 颜色提取；

③ 图像处理；

④ 形状匹配；

⑤ 循环；

⑥ PLC 控制。

技能准备：

① N 点标定操作步骤；

② 颜色提取操作步骤；

③ 现状匹配操作步骤；

④ 循环操作步骤；

⑤ 搬运操作步骤。

工作过程

姓名：　　　　　姓名：

日期：　　　　　日期：

一、资讯
　　　　　　　　　　　　　　　　　　　　　　A1 得分：

请同学们查阅知识库或网络，独立完成下列问题的解答。（每题 20 分，共 80 分）。

1	要实现大豆计算与色选分拣需要用到几组光源？分别起什么作用？

2	大豆计算与色选分拣中图像处理需要用到模式识别中什么工具？为什么？

3	如何实现大豆数量的计算？

4	大豆计算与色选分拣任务中如何设置循环条件？又如何设置循环跳出条件？

二、计划　　　　　　　　　　　　　　　　　　　　　　　　**A2 得分：**

1.请同学们各自根据任务要求，独立思考，完成本次任务视觉系统相机、镜头、光源选型，列出选型依据（含计算过程），并完成表 4-9 的填写。（每题 20 分，共 60 分）

表 4-9 "大豆计算及色选分拣"相机、镜头、光源选型

（1）相机选型
（2）镜头选型
（3）光源选型

2.请同学们各自根据任务要求，独立思考，并制定"大豆计算及色选分拣"的工作计划，完成表 4-10 的填写。（100 分）

表 4-10 "大豆计算及色选分拣"工作计划

小组名称				
填表人员				
序号	工作流程	工作内容	信息获取方式	工作时间
得分				

三、决策

A3 得分：

1.请同学们开展小组讨论，决策出"大豆计算及色选分拣"任务实施所需的相机、镜头与光源，并将决策结果填写在表 4-11"所选规格型号"栏中。

各小组完成相机、镜头与光源的规格型号选型后，教师提供本次任务实施相机、镜头与光源的最佳规格型号，请同学们将教师提供的规格型号填写在表 4-11"最佳规格型号"栏中。（每行 10 分，共计 30 分）

表 4-11 相机、镜头及光源选型一览表

小组名称				设备台号		
小组成员						
序号	名称	所选规格型号	最佳规格型号	选型是否正确		得分
1	相机			是□	否□	
2	镜头			是□	否□	
3	光源			是□	否□	
结果						

2.请同学们开展小组讨论，决策出"大豆计算及色选分拣"任务实施的最佳工作计划，并完成表 4-12 的填写。（100 分）

表 4-12 "大豆计算及色选分拣"决策

小组名称			设备台号		
小组成员					
序号	工作步骤	工作内容	注意事项	负责人	用时 /min
得分					

四、实施

A4 得分：

各小组按照决策结果完成"大豆计算及色选分拣"任务实施后，教师为每一个小组配备一名观察员，观察员需从其他小组抽调。各组推荐一位同学作为实施员，实施员需要将本次任务的全过程实施一遍，观察员按表 4-13 内容依次对实施员操作过程进行检查。实施员实施内容正确，观察员在"执行情况"列中"是"后面打勾，操作错误，在"否"后打勾，并对最终实施结果进行总分。（每行 10 分，共计 130 分）

备注：机器视觉系统硬件安装完成后，设备通电之前必须邀请教师过来审查，审查合格后才可给设备上电，私自上电者本环节 0 分。

表 4-13 "大豆计算及色选分拣"实施记录表

实施员		观察员		
序号	实施内容	执行情况		得分
1	相机安装是否正确	是□	否□	

续表

序号	实施内容	执行情况		得分
2	镜头安装是否正确	是□	否□	
3	光源安装是否正确	是□	否□	
4	线缆走线是否规范	是□	否□	
5	视觉系统参数设置是否正确	是□	否□	
6	XY 标定操作是否正确	是□	否□	
7	初始化模块设置是否正确	是□	否□	
8	循环逻辑使用是否正确	是□	否□	
9	大豆颜色提取是否正确	是□	否□	
10	模板定位是否正确	是□	否□	
11	图像处理是否正确	是□	否□	
12	PLC 搬运使用是否正确	是□	否□	
13	整个过程是否遵循实训规范和 7S 要求	是□	否□	
结果				

五、检查

A5 得分：

在各组实施员完成"大豆计算及色选分拣"任务后，教师按照表4-14中的"检查项目"依次对各组本次任务实施的成果进行检查。检查项目合格的，教师"执行情况"列中"是"后面打勾，不合格的，在"否"后打勾，并对最终实施结果进行总分。（每行10分，共计80分）

表 4-14 "大豆计算及色选分拣"检查记录表

序号	检查项目	执行情况		得分
1	相机安装是否正确	是□	否□	
2	镜头安装是否正确	是□	否□	
3	光源安装是否正确	是□	否□	
4	线缆走线是否规范	是□	否□	
5	大豆分拣是否正确	是□	否□	
6	大豆计算是否正确	是□	否□	
7	异物搬运是否正确	是□	否□	
8	7S 管理是否执行	是□	否□	
得分				

六、评价

请各小组按照表4-15"大豆计算及色选分拣"综合评价表进行任务实施分数汇总，并向老师汇报小组得分。

表 4-15 "大豆计算及色选分拣" 综合评价表

序号	评价项目	结果	因子（除）	得分（中间值）	权重系数（乘）	总分
1	信息阶段（A1）		0.8		0.1	
2	计划阶段（A2）		1.6		0.1	
3	决策阶段（A3）		1.3		0.2	
4	实施阶段（A4）		1.3		0.3	
5	检查阶段（A5）		0.8		0.3	
总得分（0 ~ 100 分）						

总结与提高

一、总结

请同学们独立思考总结自己在本次任务实施过程中存在的问题或成功部分，分析原因并提出改进措施，完成表 4-15 "自我总结" 部分的填写。

请同学们开展小组讨论，总结小组在本次任务实施过程中存在的问题或成功部分，分析原因并提出改进措施，完成表 4-16 "小组总结" 部分的填写。

表 4-16 "大豆计算及色选分拣" 总结

总结对象	存在问题或成功部分	原因分析	改进措施
自我总结			
小组总结			

二、思考与练习题

1. 填空题

（1）图像增强技术主要包括基于 _____ 的方法和基于 _____ 的方法两大类。

（2）图像分割方法主要有基于 _____ 的分割方法、基于 _____ 的分割方法、基于 _____ 的分割方法三大类。

（3）图像的边缘指其周围像素灰度有 _____ 变化或 _____ 变化的像素的集合。一般边缘主要包含三种，分别是 _____、_____、_____。

2. 简答题

（1）简要阐述，图像增强技术中空域图像增强和频域图像增强各有怎样的特点，怎样去选择。

_____

_____

_____

_____

（2）讨论一下，说说什么是图像匹配技术。

_____

_____

_____

_____

（3）在视觉任务中，往往需要重复多次步骤来完成测量计算，此时便需要使用循环工具来减少重复工作。简要阐述循环方法的使用步骤。

_____

_____

_____

_____

_____

_____

_____

项目五

利用机器视觉系统进行外观检测

任务1　胶水轨迹检测

胶水轨迹检测

 任务描述

　　本任务要求完成胶水识别与测量（图5-1），已知：胶水轨迹材料及料盘数量1套，胶水轨迹材料规格：大小：180mm×100mm，料盘规格：大小：200mm×120mm。要求分六次拍照检测，单个视野要求：70mm×60mm，工作距离：230mm+20mm，光源距离产品表面安装不得超过110mm，同时遵循畸变最小、测量精度最高、胶水轨迹对比度最高的原则进行硬件选型。

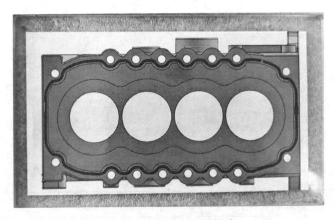

图5-1　胶水轨迹检测模块

任务要求：

请同学们查阅知识库与技能库，按照以下要求完成任务。

1.胶水轨迹检测要求

对胶水轨迹的宽度进行检测，要求单视野内胶水轨迹点集数量不少于100个，求取每个视野内胶水轨迹宽度的平均值，判断出每个视野内胶水轨迹的好坏。

2. 数据统计及分析要求

对每个视野内胶水轨迹宽度的平均值的检测数据进行分析统计生成数据报表，报表保存到桌面。

工作目标

知识目标：

① 掌握 XY 标定操作方法；

② 掌握形状匹配工具操作方法；

③ 掌握线段卡尺工具使用方法及参数含义。

能力目标：

① 能够准确快速地完成 XY 标定；

② 能够使用线段卡尺检测每个视野内胶水轨迹宽度；

③ 能够完成胶水轨迹模块的检测。

素质目标：

① 养成规范的操作习惯；

② 养成绿色安全生产意识；

③ 养成主动学习思考问题的习惯；

④ 养成团队协作及有效沟通的精神；

⑤ 养成吃苦耐劳的职业精神。

工作提示

知识准备：

① XY 点标定；

② 形状匹配；

③ 线段卡尺。

技能准备：

① XY 标定操作步骤；

② 形状匹配操作步骤；

③ 线段卡尺操作步骤。

工作过程

姓名：　　　　　　　姓名：

日期：　　　　　　　日期：

一、资讯   **A1 得分：**

请同学们查阅知识库或网络，独立完成下列问题的解答。（每题 20 分，共 60 分）。

1	要检测胶水轨迹的宽度，需要用到 KImage 软件中什么工具？该工具有哪些参数？分别是何含义？

2	检测胶水轨迹的平均宽度后，如何设置视野区域内胶水轨迹的好坏？

3	请用铅笔在下图中画出合理的图像六次分割方式。

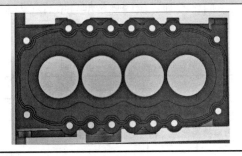

二、计划 　　　　　　　　　　　　　　　　　　　　　　**A2 得分：**

1. 请同学们各自根据任务要求，独立思考，完成本次任务视觉系统相机、镜头、光源选型，列出选型依据（含计算过程），并完成表 5-1 的填写。（每题 20 分，共 60 分）

表 5-1　"胶水轨迹检测"相机、镜头、光源选型

（1）相机选型

（2）镜头选型

（3）光源选型

2. 请同学们各自根据任务要求，独立思考，并制定"胶水轨迹检测"的工作计划，完成表 5-2 的填写。（100 分）

表 5-2　"胶水轨迹检测"工作计划

小组名称				
填表人员				
序号	工作流程	工作内容	信息获取方式	工作时间
得分				

三、决策 　　　　　　　　　　　　　　　　　　　　　　**A3 得分：**

1. 请同学们开展小组讨论，决策出"胶水轨迹检测"任务实施所需的相机、镜头与光源，

并将决策结果填写在表 5-3"所选规格型号"栏中。

各小组完成相机、镜头与光源的规格型号选型后，教师提供本次任务实施相机、镜头与光源的最佳规格型号，请同学们将教师提供的规格型号填写在表 5-3"最佳规格型号"栏中。（每行 10 分，共计 30 分）

表 5-3　相机、镜头及光源选型一览表

小组名称			设备台号			
小组成员						
序号	名称	所选规格型号	最佳规格型号	选型是否正确		得分
1	相机			是□	否□	
2	镜头			是□	否□	
3	光源			是□	否□	
结果						

2. 请同学们开展小组讨论，决策出"胶水轨迹检测"任务实施的最佳工作计划，并完成表 5-4 的填写。（100 分）

表 5-4　"胶水轨迹检测"工作流程表

小组名称			设备台号		
小组成员					
序号	工作步骤	工作内容	注意事项	负责人	用时 /min
得分					

四、实施　　　　　　　　　　　　　　　　　　A4 得分：

各小组按照决策结果完成"胶水轨迹检测"任务实施后，教师为每一个小组配备一名观察员，观察员需从其他小组抽调。各组推荐一位同学作为实施员，实施员需要将本次任务的全过程实施一遍，观察员按表 5-5 内容依次对实施员操作过程进行检查。实施员实施内容正确，观察员在"执行情况"列中"是"后面打勾，操作错误，在"否"后打勾，并对最终实施结果进行总分。（每行 10 分，共计 120 分）

备注：机器视觉系统硬件安装完成后，设备通电之前必须邀请教师过来审查，审查合格后才可给设备上电，私自上电者本环节 0 分。

表 5-5　"胶水轨迹检测"实施记录表

实施员		观察员		
序号	实施内容	执行情况		得分
1	相机安装是否正确	是□	否□	
2	镜头安装是否正确	是□	否□	
3	光源安装是否正确	是□	否□	

续表

序号	实施内容	执行情况		得分
4	线缆走线是否规范	是□	否□	
5	视觉系统参数设置是否正确	是□	否□	
6	XY 标定操作是否正确	是□	否□	
7	初始化模块设置是否正确	是□	否□	
8	拍照位置设置是否正确	是□	否□	
9	形状匹配是否正确	是□	否□	
10	线段卡尺工具使用是否正确	是□	否□	
11	保存表格工具使用是否正确	是□	否□	
12	整个过程是否遵循实训规范和 7S 要求	是□	否□	
结果				

五、检查

A5 得分：

在各组实施员完成"胶水轨迹检测"任务后，教师按照表 5-6 中的"检查项目"依次对各组本次任务实施的成果进行检查。检查项目合格的，教师"执行情况"列中"是"后面打勾，不合格的，在"否"后打勾，并对最终实施结果进行总分。（每行 10 分，共计 150 分）

表 5-6 "胶水轨迹检测"结果记录表

序号	检查项目	执行情况		得分
1	相机安装是否正确	是□	否□	
2	镜头安装是否正确	是□	否□	
3	光源安装是否正确	是□	否□	
4	线缆走线是否规范	是□	否□	
5	单个视野内胶水点集数量是否不少于 100 个	是□	否□	
6	图 1 胶水宽度平均值检测是否正确	是□	否□	
7	图 2 胶水宽度平均值检测是否正确	是□	否□	
8	图 3 胶水宽度平均值检测是否正确	是□	否□	
9	图 4 胶水宽度平均值检测是否正确	是□	否□	
10	图 5 胶水宽度平均值检测是否正确	是□	否□	
11	图 6 胶水宽度平均值检测是否正确	是□	否□	
12	六张图是否明确标注了 NG 与 OK	是□	否□	
13	胶水轨迹模块六次分割拍照是否合理	是□	否□	
14	胶水轨迹检测数据是否生成报表文件	是□	否□	
15	7S 管理是否执行	是□	否□	
得分				

六、评价

请各小组按照表 5-7 "胶水轨迹检测"综合评价表进行任务实施分数汇总，并向老师汇报小组得分。

表 5-7　"胶水轨迹检测"综合评价表

序号	评价项目	结果	因子（除）	得分（中间值）	权重系数（乘）	总分
1	信息阶段（A1）		0.6		0.1	
2	计划阶段（A2）		1.6		0.1	
3	决策阶段（A3）		1.3		0.2	
4	实施阶段（A4）		1.2		0.3	
5	检查阶段（A5）		1.5		0.3	
总得分（0 ~ 100 分）						

 总结与提高

一、总结

请同学们独立思考总结自己在本次任务实施过程中存在的问题或成功部分，分析原因并提出改进措施，完成表 5-8"自我总结"部分的填写。

请同学们开展小组讨论，总结小组在本次任务实施过程中存在的问题或成功部分，分析原因并提出改进措施，完成表 5-8"小组总结"部分的填写。

表 5-8　"胶水轨迹检测"总结

总结对象	存在问题或成功部分	原因分析	改进措施
自我总结			
小组总结			

二、思考与练习题

1. 填空题

（1）线段卡尺工具可以通过调整_____参数来调整线段上有多少个分割点。

（2）线段卡尺基础参数"搜索极性"中，KBW 指_____，KWB 指_____，KALL 指_____。

（3）线段卡尺基础参数"搜索方向"中，KInsideToOutside 指_____，KOutsideToInside 指_____。

2. 简答题

（1）想一想，怎样可以在胶水轨迹检测的过程中准确地将胶水的堆积勾勒出来，有哪些

注意事项。

_____

_____

_____

（2）简要阐述，线段卡尺是如何识别出胶水轨迹异常的。

_____

_____

_____

（3）讨论一下，胶水轨迹检测技术在日常生产中一般可以用于哪些作业场景。

_____

_____

_____

任务 2　印刷综合检测

 任务描述

本任务要求完成印刷综合检测（图 5-2），已知：现有印刷样品及料盘数量 1 套，印刷样品尺寸规格：180mm×100mm；单个检测区的尺寸规格：43mm×45mm，分六次拍照检测，单个视野要求：65mm×50mm，工作距离：250mm+10mm，同时遵循畸变最小、检测精度最高、印刷内容对比度最高的原则进行硬件选型。

图 5-2　印刷综合检测模块

任务要求：
请同学们查阅知识库与技能库，按照以下要求完成任务。

1.编写视觉和运动控制程序，移动运动平台到达第一个拍照位，点亮光源，拍第一张图片，熄灭光源；移动运动平台到达第二个拍照位，点亮光源，拍第二张图片，熄灭光源；按上述要求依次拍完六张图片。

2.使用印刷检测组合工具，检测印刷内容，检测内容：识别二维码、判断文字重影、判断印刷背景污渍、判断印刷缺失、判断印刷内容错误、判断印刷少墨、判断印刷偏位、判断图案颜色、判断印刷黑点。

 工作目标

知识目标：

① 掌握 XY 标定操作方法；

② 掌握形状匹配工具操作方法；

③ 掌握缺陷检测工具使用方法及参数含义；

④ 掌握二维码检测工具使用方法及参数含义。

素质目标：

① 养成规范的操作习惯；

② 养成绿色安全生产意识；

③ 养成主动学习思考问题的习惯；

能力目标：

① 能够准确快速地完成 XY 标定；

② 能够使用缺陷检测工具进行印刷件的瑕疵检测；

③ 能够使用 PLC 控制工具进行警示灯控制；

④ 能够完成印刷模块的检测。

④ 养成团队协作及有效沟通的精神；

⑤ 养成吃苦耐劳的职业精神。

 工作提示

知识准备：

① XY 点标定；

② 形状匹配；

③ 缺陷检测；

④ 二维码检测。

技能准备：

① XY 标定操作步骤；

② 现状匹配操作步骤；

③ 缺陷检测操作步骤；

 **工作过程**

姓名：　　　　　　　　姓名：

日期：　　　　　　　　日期：

一、资讯

A1 得分：

请同学们查阅知识库或网络，独立完成下列问题的解答。（每题 20 分，共 80 分）。

1	要完成检测图像中物品是否存在缺陷以及缺陷的个数、面积等参数任务，需要用到 KImage 软件中的哪个工具？该工具有哪些参数？分别是何含义？

2	要完成检测图像中物品二维码信息，需要用到 KImage 软件中的哪个工具？该工具有哪些参数？分别是何含义？
3	KImage 软件中的"PLC 控制"工具可以控制哪些设备？
4	简述在 KImage 软件中"窗口显示结果"的操作步骤。

二、计划

A2 得分：

1. 请同学们各自根据任务要求，独立思考，完成本次任务视觉系统相机、镜头、光源选型，列出选型依据（含计算过程），并完成表 5-9 的填写。

表 5-9 "印刷综合检测"相机、镜头、光源选型

（1）相机选型
（2）镜头选型
（3）光源选型

2. 请同学们各自根据任务要求，独立思考，并制定"印刷综合检测"的工作计划，完成表 5-10 的填写。（100 分）

表 5-10 "印刷综合检测"工作计划

小组名称				
填表人员				
序号	工作流程	工作内容	信息获取方式	工作时间
得分				

三、决策

A3 得分：

1. 请同学们开展小组讨论，决策出"印刷综合检测"任务实施所需的相机、镜头与光源，并将决策结果填写在表 5-11"所选规格型号"栏中。

各小组完成相机、镜头与光源的规格型号选型后，教师提供本次任务实施相机、镜头与光源的最佳规格型号，请同学们将教师提供的规格型号填写在表 5-11"最佳规格型号"栏中。（每行 10 分，共计 30 分）

表 5-11　相机、镜头及光源选型一览表

小组名称				设备台号			
小组成员							
序号	名称	所选规格型号	最佳规格型号	选型是否正确		得分	
1	相机			是□	否□		
2	镜头			是□	否□		
3	光源			是□	否□		
结果							

2. 请同学们开展小组讨论，决策出"印刷综合检测"任务实施的最佳工作计划，并完成表 5-12 填写。（100 分）

表 5-12　"印刷综合检测"决策

小组名称			设备台号		
小组成员					
序号	工作步骤	工作内容	注意事项	负责人	用时 /min
得分					

四、实施　　　　　　　　　　　　　　　　　　　　A4 得分：

各小组按照决策结果完成"印刷综合检测"任务实施后，教师为每一个小组配备一名观察员，观察员需从其他小组抽调。各组推荐一位同学作为实施员，实施员需要将本次任务的全过程实施一遍，观察员按表 5-13 内容依次对实施员操作过程进行检查。实施员实施内容正确，观察员在"执行情况"列中"是"后面打勾，操作错误，在"否"后打勾，并对最终实施结果进行总分。（每行 10 分，共计 120 分）

备注：机器视觉系统硬件安装完成后，设备通电之前必须邀请教师过来审查，审查合格后才可给设备上电，私自上电者本环节 0 分。

表 5-13　"印刷综合检测"实施记录表

实施员		观察员		
序号	实施内容	执行情况		得分
1	相机安装是否正确	是□	否□	
2	镜头安装是否正确	是□	否□	

序号	实施内容	执行情况		得分
3	光源安装是否正确	是□	否□	
4	线缆走线是否规范	是□	否□	
5	视觉系统参数设置是否正确	是□	否□	
6	XY 标定操作是否正确	是□	否□	
7	初始化模块设置是否正确	是□	否□	
8	拍照位置模块设置是否正确	是□	否□	
9	形状匹配使用是否正确	是□	否□	
10	缺陷检测使用是否正确	是□	否□	
11	二维码检测使用是否正确	是□	否□	
12	整个过程是否遵循实训规范和 7S 要求	是□	否□	
结果				

五、检查

A5 得分：

在各组实施员完成"印刷综合检测"任务后，教师按照表 5-14 中的"检查项目"依次对各组本次任务实施的成果进行检查。检查项目合格的，教师"执行情况"列中"是"后面打勾，不合格的，在"否"后打勾，并对最终实施结果进行总分。（每行 10 分，共计 150 分）

表 5-14　"印刷综合检测"检查记录表

序号	检查项目	执行情况		得分
1	相机安装是否正确	是□	否□	
2	镜头安装是否正确	是□	否□	
3	光源安装是否正确	是□	否□	
4	线缆走线是否规范	是□	否□	
5	所有印刷件二维码识别结果是否正确	是□	否□	
6	文字重影是否检测到	是□	否□	
7	印刷背景污渍是否检测到	是□	否□	
8	印刷缺失是否检测到	是□	否□	
9	印刷内容错误是否检测到	是□	否□	
10	印刷少墨是否检测到	是□	否□	
11	印刷偏位是否检测到	是□	否□	
12	图案颜色是否检测到	是□	否□	
13	印刷黑点是否检测到	是□	否□	
14	所有印刷体外观检测结果是否窗口呈现	是□	否□	
15	7S 管理是否执行	是□	否□	
得分				

六、评价

请各小组按照表 5-15 "印刷综合检测" 综合评价表进行任务实施分数汇总，并向老师汇报小组得分。

表 5-15 "印刷综合检测" 综合评价表

序号	评价项目	结果	因子（除）	得分（中间值）	权重系数（乘）	总分
1	信息阶段（A1）		0.8		0.1	
2	计划阶段（A2）		1.6		0.1	
3	决策阶段（A3）		1.3		0.2	
4	实施阶段（A4）		1.2		0.3	
5	检查阶段（A5）		1.5		0.3	
总得分（0～100 分）						

 总结与提高

一、总结

请同学们独立思考总结自己在本次任务实施过程中存在的问题或成功部分，分析原因并提出改进措施，完成表 5-16 "自我总结" 部分的填写。

请同学们开展小组讨论，总结小组在本次任务实施过程中存在的问题或成功部分，分析原因并提出改进措施，完成表 5-16 "小组总结" 部分的填写。

表 5-16 "印刷综合检测" 总结

总结对象	存在问题或成功部分	原因分析	改进措施
自我总结			
小组总结			

二、思考与练习题

1. 填空题

（1）缺陷检测工具用于检测 _____ 和 _____ 的差异。

（2）斑点分析工具用于 _____ 、形状、 _____ 和目标间的拓扑关系等信息，可以输出所有斑点 _____ 、斑点 _____ 、半径、角度、圆度、 _____ 、高度、轮廓长度、长宽比、个数等信息。

（3）缺陷检测基础参数中 "检查模式" 中内侧表示在阈值 _____ 和 _____ 之间；外侧表示 _____ 阈值上限或者 _____ 阈值下限。

（4）缺陷检测基础参数中"工具引用"用于绑定工具的 _____、_____ 等，默认自动绑定上一个工具的输出图像。

（5）二维码检测基础参数中"搜索模式"包括 _____ 与 _____。

（6）印刷综合检测任务二维码检测的内容是 _____。

2.问答题

（1）印刷综合检测任务中缺陷点有几种，分别是什么？

_____

_____

_____

（2）在印刷综合检测任务操作实施过程中有哪些需要注意的事项？

_____

_____

_____

任务 3　PCBA AOI 检测

任务描述

本次任务完成 PCBA AOI 缺陷检测（图 5-3），已知：PCBA 及料盘数量 1 套，规格：彩色，大小：55mm×35mm（单个）；料盘总尺寸长：15cm，宽：18cm，视野大小为：35mm×35mm（视野范围允许一定正向偏差，最大不得超过 5mm），工作距离要求：90mm（视野范围允许一定正向偏差，最大不得超过 10mm）。

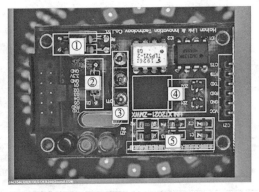

图 5-3　PCBA AOI 检测

任务要求：

请同学们查阅知识库与技能库，按照以下要求完成任务。

1.对元器件焊锡检测：分别检测 1～5 号区域的元器件的焊锡是否有缺焊、漏焊、少焊、连焊的情况；

    2. 分别对 4 块 PCBA 板进行检测；

    3. 将检测后的结果个数显示出来；

    4. 显示 PCBA 板 OK 和 NG。

 工作目标

知识目标：

① 掌握 XY 标定操作方法；

② 掌握形状匹配工具操作方法；

③ 掌握颜色提取工具操作方法；

④ 掌握图像处理工具使用方法；

⑤ 掌握斑点分析工具使用方法及参数含义。

素质目标：

① 养成规范的操作习惯；

② 养成绿色安全生产意识；

③ 养成主动学习思考问题的习惯；

能力目标：

① 能够准确快速地完成 XY 标定；

② 能够准确快速地完成 PCBA 板局部颜色提取；

③ 能够正确完成拍照图像处理；

④ 能够正确完成 PCBA 板的斑点分析。

④ 养成团队协作及有效沟通的精神；

⑤ 养成吃苦耐劳的职业精神。

 工作提示

知识准备：

① XY 点标定；

② 形状匹配；

③ 颜色提取；

④ 图像处理；

⑤ 斑点分析。

技能准备：

① XY 标定操作步骤；

② 现状匹配操作步骤；

③ 颜色提取操作步骤；

④ 斑点分析操作步骤；

 工作过程

姓名：   姓名：

日期：   日期：

一、资讯

A1 得分：

请同学们查阅知识库或网络，独立完成下列问题的解答。（每题 20 分，共 60 分）。

1	KImage 软件中的"斑点分析"工具的作用是什么？该工具有哪些参数？分别是何含义？

2	AOI 光源是由哪三个光源组成的？颜色从上到下分别是怎样分布的？
3	简述在 KImage 软件中"颜色提取"工具的操作步骤。

二、计划
A2 得分：

1. 请同学们各自根据任务要求，独立思考，完成本次任务视觉系统相机、镜头、光源选型，列出选型依据（含计算过程），并完成表 5-17 的填写。（每题 20 分，共 60 分）

表 5-17　"PCBA AOI 检测"相机、镜头、光源选型

（1）相机选型
（2）镜头选型
（3）光源选型

2. 请同学们各自根据任务要求，独立思考，并制定"PCBA AOI 检测"的工作计划，完成表 5-18 的填写。（100 分）

表 5-18　"PCBA AOI 检测"工作计划

小组名称				
填表人员				
序号	工作流程	工作内容	信息获取方式	工作时间
得分				

三、决策
A3 得分：

1. 请同学们开展小组讨论，决策出"PCBA AOI 检测"任务实施所需的相机、镜头与光源，并将决策结果填写在表 5-19"所选规格型号"栏中。

各小组完成相机、镜头与光源的规格型号选型后，教师提供本次任务实施相机、镜头与光源的最佳规格型号，请同学们将教师提供的规格型号填写在表 5-19 "最佳规格型号" 栏中。（每行 10 分，共计 30 分）

表 5-19　相机、镜头及光源选型一览表

小组名称				设备台号			
小组成员							
序号	名称	所选规格型号	最佳规格型号	选型是否正确			得分
1	相机			是□	否□		
2	镜头			是□	否□		
3	光源			是□	否□		
结果							

2. 请同学们开展小组讨论，决策出 "PCBA AOI 检测" 任务实施的最佳工作计划，并完成表 5-20 的填写。（100 分）

表 5-20　"PCBA AOI 检测" 决策

小组名称			设备台号		
小组成员					
序号	工作步骤	工作内容	注意事项	负责人	用时 /min
得分					

四、实施　　　　　　　　　　　　　　　　　　　　　A4 得分：

各小组按照决策结果完成 "PCBA AOI 检测" 任务实施后，教师为每一个小组配备一名观察员，观察员需从其他小组抽调。各组推荐一位同学作为实施员，实施员需要将本次任务的全过程实施一遍，观察员按表 5-21 内容依次对实施员操作过程进行检查。实施员实施内容正确，观察员在 "执行情况" 列中 "是" 后面打勾，操作错误，在 "否" 后打勾，并对最终实施结果进行总分。（每行 10 分，共计 140 分）

备注：机器视觉系统硬件安装完成后，设备通电之前必须邀请教师过来审查，审查合格后才可给设备上电，私自上电者本环节 0 分。

表 5-21　"PCBA AOI 检测" 实施记录表

实施员		观察员		
序号	实施内容	执行情况		得分
1	相机安装是否正确	是□	否□	
2	镜头安装是否正确	是□	否□	

续表

序号	实施内容	执行情况		得分
3	光源安装是否正确	是□	否□	
4	线缆走线是否规范	是□	否□	
5	视觉系统参数设置是否正确	是□	否□	
6	XY 标定操作是否正确	是□	否□	
7	初始化模块设置是否正确	是□	否□	
8	拍照位置设置是否正确	是□	否□	
9	形状匹配是否正确	是□	否□	
10	颜色提取是否正确	是□	否□	
11	图像处理是否正确	是□	否□	
12	斑点分析工具使用是否正确	是□	否□	
13	界面布局及检测结果显示是否正常	是□	否□	
14	整个过程是否遵循实训规范和 7S 要求	是□	否□	
结果				

五、检查

A5 得分：

在各组实施员完成"PCBA AOI 检测"任务后，教师按照表 5-22 中的"检查项目"依次对各组本次任务实施的成果进行检查。检查项目合格的，教师"执行情况"列中"是"后面打勾，不合格的，在"否"后打勾，并对最终实施结果进行总分。（每行 10 分，共计 110 分）

表 5-22 "PCBA AOI 检测"检查记录表

序号	检查项目	执行情况		得分
1	相机安装是否正确	是□	否□	
2	镜头安装是否正确	是□	否□	
3	光源安装是否正确	是□	否□	
4	线缆走线是否规范	是□	否□	
5	缺焊是否检测到	是□	否□	
6	漏焊是否检测到	是□	否□	
7	少焊是否检测到	是□	否□	
8	连焊是否检测到	是□	否□	
9	所有缺陷是否均已检测到	是□	否□	
10	所有 PCBA 板检测结果是否均已窗口呈现	是□	否□	
11	7S 管理是否执行	是□	否□	
得分				

六、评价

请各小组按照表 5-23"PCBA AOI 检测"综合评价表进行任务实施分数汇总，并向老师汇报小组得分。

表 5-23 "PCBA AOI 检测"综合评价表

序号	评价项目	结果	因子（除）	得分（中间值）	权重系数（乘）	总分
1	信息阶段（A1）		0.8		0.1	
2	计划阶段（A2）		1.6		0.1	
3	决策阶段（A3）		1.3		0.2	
4	实施阶段（A4）		1.4		0.3	
5	检查阶段（A5）		1.1		0.3	
总得分（0～100 分）						

总结与提高

一、总结

请同学们独立思考总结自己在本次任务实施过程中存在的问题或成功部分，分析原因并提出改进措施，完成表 5-24"自我总结"部分的填写。

请同学们开展小组讨论，总结小组在本次任务实施过程中存在的问题或成功部分，分析原因并提出改进措施，完成表 5-24"小组总结"部分的填写。

表 5-24 "PCBA AOI 检测"总结

总结对象	存在问题或成功部分	原因分析	改进措施
自我总结			
小组总结			

二、思考与练习题

1. 填空题

（1）PCBA AOI 检测任务有缺焊、＿＿＿＿＿、＿＿＿＿＿、连焊四种缺陷。

（2）PCBA AOI 检测任务使用＿＿＿＿＿工具来检测缺陷。

（3）PCBA AOI 检测任务中 AOI 光源由 RGB、＿＿＿＿＿、＿＿＿＿＿组成。

（4）PCBA AOI 检测任务中满焊呈现的颜色是＿＿＿＿＿，缺焊呈现的颜色是＿＿＿＿＿，漏焊呈现的颜色是＿＿＿＿＿，少焊呈现的颜色是＿＿＿＿＿。

（5）PCBA AOI 检测任务中光源的连接件名称是＿＿＿＿＿。

2.问答题

（1）PCBA AOI 检测任务中拍照次数多少？为什么？

_____

_____

_____

_____

（2）除了斑点分析工具以外，还可以使用什么工具来完成 PCBA AOI 检测？为什么？如何操作？

_____

_____

_____

_____

_____

_____

项目六

利用机器视觉系统进行 3D 测量

任务 1　物流包裹测量与分拣

物流包裹检测定位参数设置

 任务描述

　　本任务要求完成物流包裹模块的测量与分拣（图 6-1），尺寸大小不一的模拟物流包裹 4 个，平台料盘分为两个区域，分别为检测区和摆放区，物流包裹随意放置在检测区，不超出检测区域范围，不重叠，在被测件正面，贴有条码，码的信息包括该包裹类型。

物流包裹测量

图 6-1　物流包裹测量与分拣模块

物流包裹分拣

任务要求：

请同学们查阅知识库与技能库，按照以下要求完成任务。

1. 定位包裹的 3D 位置；

2. 测量包裹的长、宽、高，并计算面积、体积；

3. 识别包裹上的二维码；

4. 根据读取的二维码信息，将包裹分类放置到相应的区域。

工作目标

知识目标：

① 了解 3D 相机的成像原理；
② 理解 3D 手眼标定原理；
③ 掌握点云处理工具使用方法；
④ 掌握 3D 坐标转换工具使用方法；
⑤ 掌握 3D 手眼标定工具使用方法；
⑥ 掌握表面拟合工具使用方法；
⑦ 掌握体积测量工具使用方法；

能力目标：

① 能够使用工具生成点云模型；
② 能够使用工具获取 3D 坐标；
③ 能够使用工具进行表面拟合；
④ 能够使用工具进行 3D 手眼标定；
⑤ 能够使用工具进行体积测量；
⑥ 能够使用工具进行 3D 坐标转换；
⑦ 能够结合实验设备实现物流包裹的检测与分拣。

素质目标：

① 养成规范的操作习惯；
② 养成绿色安全生产意识；
③ 养成主动学习思考问题的习惯；

④ 养成团队协作及有效沟通的精神；
⑤ 养成吃苦耐劳的职业精神。

工作提示

知识准备：

① 表面拟合；
② 3D 坐标获取；
③ 3D 坐标转换；
④ N 点标定；
⑤ 形状匹配；
⑥ 二维码检测；
⑦ PLC 控制。

技能准备：

① 3D 物流包裹点云处理；
② 3D 物流包裹坐标获取；
③ 3D 物流包裹手眼标定；
④ 3D 物流包裹表面拟合；
⑤ 3D 物流包裹体积测量；
⑥ 3D 物流包裹坐标转换；
⑦ 3D 物流包裹 PLC 定位。

工作过程

姓名：　　　　姓名：

日期：　　　　日期：

一、资讯

A1 得分：

请同学们查阅知识库或网络，独立完成下列问题的解答。（每题 20 分，共 80 分）。

1	KImage 软件中的"表面拟合"工具的作用是什么？有哪些参数？各参数含义是什么？

2	KImage 软件中的"3D 坐标获取"工具的作用是什么？有哪些参数？各参数含义是什么？

3	KImage 软件中的"3D 坐标转换"工具的作用是什么？有哪些参数？各参数含义是什么？

4	物流包裹"体积测量"任务，需要用到 KImage 软件中的哪些工具？

二、计划　　　　　　　　　　　　　　　　　　　　A2 得分：

1. 请同学们各自根据任务要求，独立思考，完成本次任务视觉系统相机、镜头、光源选型，列出选型依据（含计算过程），并完成表 6-1 的填写。（每题 20 分，共 60 分）

表 6-1　"物流包裹测量与分拣"相机、镜头、光源选型

（1）相机选型

（2）镜头选型

（3）光源选型

2. 请同学们各自根据任务要求，独立思考，并制定"物流包裹测量与分拣"的工作计划，完成表 6-2 的填写。（100 分）

表 6-2　"物流包裹测量与分拣"工作计划

小组名称				
填表人员				
序号	工作流程	工作内容	信息获取方式	工作时间
得分				

三、决策 A3 得分：

1.请同学们开展小组讨论，决策出"物流包裹测量与分拣"任务实施所需的相机、镜头与光源，并将决策结果填写在表 6-3 "所选规格型号"栏中。

各小组完成相机、镜头与光源的规格型号选型后，教师提供本次任务实施相机、镜头与光源的最佳规格型号，请同学们将教师提供的规格型号填写在表 6-3 "最佳规格型号"栏中。（每行 10 分，共计 30 分）

表 6-3 相机、镜头及光源选型一览表

小组名称			设备台号			
小组成员						
序号	名称	所选规格型号	最佳规格型号	选型是否正确		得分
1	相机			是□	否□	
2	镜头			是□	否□	
3	光源			是□	否□	
结果						

2.请同学们开展小组讨论，决策出"物流包裹测量与分拣"任务实施的最佳工作计划，并完成表 6-4 的填写。（100 分）

表 6-4 "物流包裹测量与分拣"决策

小组名称			设备台号		
小组成员					
序号	工作步骤	工作内容	注意事项	负责人	用时 /min
得分					

四、实施 A4 得分：

各小组按照决策结果完成"物流包裹测量与分拣"任务实施后，教师为每一个小组配备一名观察员，观察员需从其他小组抽调。各组推荐一位同学作为实施员，实施员需要将本次任务的全过程实施一遍，观察员按表 6-5 内容依次对实施员操作过程进行检查。实施员实施内容正确，观察员在"执行情况"列中"是"后面打勾，操作错误，在"否"后打勾，并对最终实施结果进行总分。（每行 10 分，共计 220 分）

备注：机器视觉系统硬件安装完成后，设备通电之前必须邀请教师审查，审查合格后才可给设备上电，私自上电者本环节 0 分。

表 6-5 "物流包裹测量与分拣"实施记录表

实施员		观察员		
序号	实施内容	执行情况		得分
1	相机安装是否正确	是☐	否☐	
2	镜头安装是否正确	是☐	否☐	
3	光源安装是否正确	是☐	否☐	
4	线缆走线是否规范	是☐	否☐	
5	初始化模块设置是否正确	是☐	否☐	
6	拍照位置设置是否正确	是☐	否☐	
7	相机标定工具使用是否正确	是☐	否☐	
8	模板匹配工具使用是否正确	是☐	否☐	
9	找圆工具使用是否正确	是☐	否☐	
10	获取的点云模型是否正确	是☐	否☐	
11	获取的 3D 坐标是否正确	是☐	否☐	
12	表面拟合是否正确	是☐	否☐	
13	3D 手眼标定是否成功	是☐	否☐	
14	物流包裹体积测量是否正确	是☐	否☐	
15	3D 坐标转换是否正确	是☐	否☐	
16	二维码扫描识别是否正确	是☐	否☐	
17	物流包裹分拣是否正确	是☐	否☐	
18	数据分析工具使用是否正确	是☐	否☐	
19	数据表格工具使用是否正确	是☐	否☐	
20	界面布局及数据显示是否正常	是☐	否☐	
21	整个过程是否遵循实训规范和 7S 要求	是☐	否☐	
结果				

五、检查 A5 得分：

请各组同学将本组实施员在"物流包裹测量与分拣"任务实施中测量的尺寸数据结果，填写在表 6-6"测量结果"栏中。教师公布物流包裹各项数据的参考结果，并请同学们填写在表"参考结果"栏中，教师对各组测量结果进行评分，测量结果符合参考结果的每行得 10 分，否则得 0 分。（满分 200 分）

表 6-6 "物流包裹测量与分拣"检查记录表

序号	测量项目	测量结果	参考结果	得分
1	1 号物流包裹长			
2	1 号物流包裹宽			
3	1 号物流包裹高			
4	1 号物流包裹体积			
5	1 号物流包裹二维码数据			
6	2 号物流包裹长			

续表

序号	测量项目	测量结果	参考结果	得分
7	2 号物流包裹宽			
8	2 号物流包裹高			
9	2 号物流包裹体积			
10	2 号物流包裹二维码数据			
11	3 号物流包裹长			
12	3 号物流包裹宽			
13	3 号物流包裹高			
14	3 号物流包裹体积			
15	3 号物流包裹二维码数据			
16	4 号物流包裹长			
17	4 号物流包裹宽			
18	4 号物流包裹高			
19	4 号物流包裹体积			
20	4 号物流包裹二维码数据			
得分				

六、评价

请各小组按照表 6-7 "物流包裹测量与分拣"综合评价表进行任务实施分数汇总，并向老师汇报小组得分。

表 6-7 "物流包裹测量与分拣"综合评价表

序号	评价项目	结果	因子（除）	得分（中间值）	权重系数（乘）	总分
1	信息阶段（A1）		0.8		0.1	
2	计划阶段（A2）		1.6		0.1	
3	决策阶段（A3）		1.3		0.2	
4	实施阶段（A4）		2.2		0.3	
5	检查阶段（A5）		2		0.3	
总得分（0～100 分）						

总结与提高

一、总结

请同学们独立思考总结自己在本次任务实施过程中存在的问题或成功部分，分析原因并提出改进措施，完成表 6-8 "自我总结"部分的填写。

请同学们开展小组讨论，总结小组在本次任务实施过程中存在的问题或成功部分，分析原因并提出改进措施，完成表 6-8 "小组总结"部分的填写。

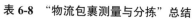

表 6-8　"物流包裹测量与分拣"总结

总结对象	存在问题或成功部分	原因分析	改进措施
自我总结			
小组总结			

二、思考与练习题

1. 填空题

（1）表面拟合工具可以将一片 _____ 拟合为一个平面。

（2）3D 坐标获取工具可以获取三维图中的 _____。3D 坐标转换工具主要是用于 _____，根据引用的仿射矩阵，得到变换后的 _____。

（3）物流包裹测量与分拣任务中使用 _____ 将相机像素坐标中数据相近的点进行组合。

（4）物流包裹测量与分拣任务中使用 _____ 将相机像素坐标中数据相近的点拟合成一个平面。

（5）3D 坐标获取中的坐标单位是 _____，世界坐标系常用单位是 _____，3D 坐标获取中的坐标 _____ 转换成世界坐标系常用单位。

（6）物流包裹测量与分拣任务中点云处理后，_____ 颜色代表高，_____ 颜色代表低。

2. 问答题

（1）在物流包裹测量与分拣任务实施运行中，可以采取哪些措施减少外界光源对任务运行的影响？

_____

_____

_____

_____

（2）简述在物流包裹测量与分拣任务实施过程中，有哪些注意事项？

_____

_____

_____

_____

附录

1. 工业视觉系统运维员职业技能等级证书标准（四级、三级）

本课程开发充分融入工业视觉系统运维员职业技能等级证书（四级、三级）考核标准，附表1、附表2中为工业视觉系统运维员职业技能标准（四级、三级）。

附表1　工业视觉系统运维员职业技能标准（四级/中级工）

职业功能	工作内容	技能要求	相关知识要求
1. 系统构建	1.1　装配准备	1.1.1　能识读装配工艺文件 1.1.2　能准备装配所需的工具、工装 1.1.3　能准备装配所需的零部件	1.1.1　装配工艺文件的识读方法 1.1.2　装配工具、工装的选用方法 1.1.3　装配零部件的识别与选用方法
	1.2　硬件安装	1.2.1　能按照作业指导书安装相机、镜头、光源及配件 1.2.2　能按照作业指导书连接电气元件	1.2.1　相机、镜头、光源及配件的安装方法和要求 1.2.2　电气元件连接方法和要求
	1.3　软件安装	1.3.1　能按照软件使用手册安装/卸载工业视觉软件 1.3.2　能按照软件使用手册验证软件基本功能	1.3.1　工业视觉软件的安装与卸载方法 1.3.2　工业视觉软件功能的验证方法
2. 系统编程与调试	2.1　通电调试	2.1.1　能按照作业指导书进行通电测试 2.1.2　能配置视觉系统的通信参数	2.1.1　视觉系统硬件通电方法和要求 2.1.2　视觉系统通信参数配置方法
	2.2　光学调试	2.2.1　能调整相机视野 2.2.2　能调整镜头聚焦成像 2.2.3　能调整光源亮度 2.2.4　能完成单相机标定	2.2.1　相机、镜头、光源参数设置方法 2.2.2　单相机标定方法
	2.3　功能调试	2.3.1　能导入与备份视觉程序 2.3.2　能按要求调试视觉程序配置参数 2.3.3　能按要求完成设备功能验证	2.3.1　视觉程序导入与备份方法 2.3.2　视觉程序参数配置方法 2.3.3　视觉系统功能验证方法
3. 系统维修与保养	3.1　系统维修	3.1.1　能按设备维保手册完成逐项检查 3.1.2　能识别并描述视觉系统硬件故障 3.1.3　能判断图像成像效果 3.1.4　能识别并描述视觉系统通信故障	3.1.1　视觉系统逐项检查方法 3.1.2　视觉系统硬件故障识别方法 3.1.3　系统图像成像效果分析方法 3.1.4　视觉系统通信故障分析方法
	3.2　系统保养	3.2.1　能按维保手册对相机、镜头、光源等硬件进行保养 3.2.2　能按维保手册对外围硬件进行保养 3.2.3　能按维保手册填写保养记录	3.2.1　相机、镜头、光源等硬件保养方法 3.2.2　视觉系统外围硬件保养方法 3.2.3　维保手册填写方法

附表 2　工业视觉系统运维员职业技能标准（三级／高级工）

职业功能	工作内容	技能要求	相关知识要求
1. 系统构建	1.1 相机选型	1.1.1 能按方案要求完成相机选型 1.1.2 能按方案要求选配相机配件	1.1.1 相机的选型方法 1.1.2 相机配件的选型方法
	1.2 镜头选型	1.2.1 能按方案要求完成镜头选型 1.2.2 能按方案要求选配镜头配件	1.2.1 镜头的选型方法 1.2.2 镜头配件的选型方法
	1.3 光源选型	1.3.1 能按方案要求完成光源选型 1.3.2 能按方案要求选配光源配件	1.3.1 光源的选型方法 1.3.2 光源配件的选型方法
2. 系统编程与调试	2.1 参数调试	2.1.1 能按方案要求配置相机参数 2.1.2 能按方案要求调整镜头的光圈、倍数和焦距等 2.1.3 能按方案要求配置光源参数	2.1.1 相机参数的调试方法 2.1.2 镜头的调试方法 2.1.3 光源参数的调试方法
	2.2 程序调试	2.2.1 能按方案要求完成功能模块化编程和调试图像算法工具参数 2.2.2 能完成多相机联合标定 2.2.3 能按方案要求配置系统程序功能参数 2.2.4 能按方案要求联调系统并生成报告	2.2.1 视觉程序的调试方法 2.2.2 多相机联合标定方法 2.2.3 系统程序功能参数配置方法 2.2.4 系统联调报告生成方法
3. 系统维修与保养	3.1 系统维修	3.1.1 能制定工业视觉点检表 3.1.2 能排除单相机硬件故障 3.1.3 能排除图像成像问题 3.1.4 能排除视觉系统通信故障 3.1.5 能排除视觉系统参数错误 3.1.6 能填写维修日志	3.1.1 点检表制定方法 3.1.2 单相机硬件故障排除方法 3.1.3 图像成像问题排除方法 3.1.4 视觉系统通信故障排除方法 3.1.5 维修日志填写方法
	3.2 系统保养	3.2.1 能制定视觉系统硬件保养规程 3.2.2 能制定维保手册	3.2.1 视觉系统硬件保养规程制定方法 3.2.2 维保手册制定方法

2. 工业视觉系统运维员职业技能等级证书（三级）操作技能考核评分表

本评分标准是围绕工业视觉系统运维员职业技能等级证书（三级）考核真题——多螺母定位及综合尺寸测量制定。

职业技能等级认定试卷

（工业视觉系统运维员）（三级）操作技能考核评分表

姓名：_____　　准考证号：_____　　单位：_____

试题：多螺母定位及综合尺寸测量　　（满分 100 分）

项目	内容	得分与扣分	总分	得分
一、系统构建（25分）	相机选型	1. 选出正确的相机（相机 B），得 4 分； 2. 给出正确的分析过程，得 5 分；	9 分	
	镜头选型	1. 选出正确的镜头（25mm 镜头），得 4 分； 2. 给出正确的分析过程，得 4 分；	8 分	
	光源选型	1. 选出正确的光源（背光源），得 4 分； 2. 给出正确的分析过程，得 4 分；	8 分	
二、系统编程与调试（50分）	相机安装	相机安装稳固不松动，得 2 分，松动摇晃，不得分；	2 分	
	镜头安装	1. 镜头装在相机上拧紧，得 1 分，未拧紧不得分； 2. 镜头的光圈环顶丝及聚焦环顶丝拧紧，得 1 分，未拧紧不得分（此部分在上电后再给分）；	2 分	
	光源安装	光源固定在正确位置，得 2 分，安装不正确不得分；	2 分	
	线缆安装	光源连接线、相机电源线、千兆网线接线正确，得 2 分（若工艺不规范，线缆凌乱，酌情扣 1 分）；	2 分	
	通讯设置	1. 设备上电成功，得 2 分； 2. 修改相机 IP 地址正确，得 2 分； 3. 相机调试软件能成功获取图像，得 3 分；	7 分	
	参数调试	1. 镜头聚焦成像：成像边缘过渡层不大于 3 层，得 2 分；4～6 层，得 1 分；大于 6 层，不得分； 2. 成像亮度合理，得 3 分；过曝或过暗，导致特征不清晰，不得分；	5 分	
	功能调试	1. 正确新建项目，得 2 分； 2. 完成 XY 标定，得 5 分； 3. 项目方案中正确引用标定结果，得 3 分； 4. 正确测量出 3 个螺母的中心 X、Y 的坐标（X1,Y1）、（X2,Y2）、（X3,Y3），得 3 分；在输出界面显示，得 3 分； 5. 正确测出 3 个螺母的螺纹孔直径 D1、D2、D3，且在公差范围内，得 3 分；在输出界面显示，得 3 分；	30 分	

项目	内容	得分与扣分	总分	得分
二、系统编程与调试（50分）	功能调试	6. 正确测出 3 个螺母的螺纹孔的中心距 L1、L2、L3，得 3 分；在输出界面显示，得 3 分； 5. 将方案名称重命名为"场次号 - 工位号"，保存至指定位置，得 2 分；		
三、系统维修与保养（20分）	系统维修与保养	简答题，每给出一条得 2 分；	10 分	
		简答题，每给出一条得 2 分；	10 分	
四、职业素养与安全意识（5分）	操作规范	扣分项： 1. 安全操作规程，着装整齐，凡穿拖鞋、漏脚趾凉鞋和短裤者扣 1 分； 2. 考评过程中由于操作不当导致设备故障，扣 2 分；	2 分	
	工具摆放收纳	扣分项： 1. 考评过程中，凡有工具遗漏在运动平台内，开机运行移动平台者扣 2 分； 2. 考评完毕后工具未收纳或者遗失，扣 1 分；	2 分	
	工位整洁遵守秩序	扣分项： 1. 考评完毕，工位有垃圾未清理者或者不整洁摆放考评器材者扣 1 分； 2. 不遵守考评纪律、不尊重裁判员者扣 1 分；	1 分	
合计			100 分	

考评员签字：　　　　　　　　　　　　　　　　　　　　　　　　年　月　日

3. 工业视觉系统运维员职业技能等级证书（三级）操作技能考试真题

职业技能等级认定试卷

（工业视觉系统运维员）（三级）操作技能考核试卷

考件编号：_____

注意事项

一、本试卷依据 2023 年颁布的《工业视觉系统运维员国家职业标准》命制；

二、本试卷试题如无特别注明，则为全国通用；

三、请考生仔细阅读试题的具体考核要求，并按要求完成操作或进行笔答或口答；

四、操作技能考核时要遵守考场纪律，服从考场管理人员指挥，以保证考核安全顺利进行。

······················封··············装··················线···············

试题题目：多螺母定位及综合尺寸测量

（1）本题分值：100

（2）考核时间：120min

（3）考核形式：实操

（4）考评项目描述：

本任务检测对象为螺母（M20，六角对边为 21.8mm），要求检测图像的视野范围为 120mm*100mm，工作距离为 350mm（视野范围允许偏差，允许正向偏差 10%），检测的像素精度小于 0.06mm。

根据项目要求及提供的工业相机、镜头、光源等硬件数据（附件一），完成硬件的选型并填写选型报告（附件四），随后完成硬件的安装及相应接线操作，硬件安装接线完成后经考评人员检查后上电调试，获取清晰图像，新建项目，完成标定，并设计项目解决方案，调试参数，最终输出项目要求的结果，并按要求保存项目。

（5）硬件确认（考评开始前 5 分钟，不计入评分）

进行设备检查，检查相机、光源、镜头、标定板、样品等是否有缺失或损坏，开关电源是否正常通电。有疑问请及时提出，若无疑义则认为接受所有硬件，在考评过程中不予更换。

（6）否定项说明：若考生发生下列情况之一，则应及时终止其考评，考生该试题成绩记为零分。

① 造成人身伤害或设备损坏；

② 硬件安装调试过程中出现严重违规操作。

具体要求如下：

任务一：螺母光学成像系统设计、选型

请考生根据项目要求，参考附件一中提供的工业相机、镜头、光源等硬件数据，以及附件三中提供的计算依据，完成硬件的选型工作，并将选型报告撰写在附件四中，需写出具体的设计和选型思路（或计算过程）。

任务二：硬件安装

从给定的硬件中选择合适的工业相机、镜头、光源及其安装工具，将相机、镜头、光源固定到合适的拍摄位置，安装牢靠不松动。

参考附件二中的相机接线图，将相机、光源的电源线、通讯线连接到对应接口，走线应规范美观，接线完成后可举手向考评人员示意，进行硬件安装与接线项目的评分；评分完成后可以上电操作。

任务三：硬件调试及相关参数设置

将设备上电，然后检查相机和光源上电是否正常。打开相机的驱动软件（MVviewer），完成对相机及电脑网口的 IP 设置。

调整相机的焦圈和光圈，保证有清晰的拍摄画面及合适的亮度，锁紧相机镜头；摆放待检测件，根据初步安装的成像效果，调试并优化成像光路，并使得成像效果最优。

任务四：方案设计

打开机器视觉算法平台软件（Kimage），新建项目。在项目中添加合适的工具并调试参数，以获取合理的拍摄图像。完成相应的标定，并选择合适的工具获取相应的特征，最终测量以下具体特征的物理尺寸，将结果显示在输出界面。

要求随便摆放 3 个螺母后，设计方案可以自动识别螺母，并输出数据。

① 第一个数据：3 个螺母的中心 X、Y 的坐标（X1,Y1）、（X2,Y2）、（X3,Y3）；
② 第二个数据：3 个螺母的螺纹孔直径 D1、D2、D3，允许的公差为 ± 0.8 mm；
③ 第三个数据：3 个螺母的螺纹孔的中心距 L1、L2、L3；

将方案名称重命名为"场次号 - 工位号"，保存至桌面。

任务五：系统维修与保养

完成以下关于工业视觉系统运维中关于系统维修与保养方面的问答，将答案写在附件五上。

问题一：在采图过程中，如果相机无法获取到图像，排查可能的原因并列举出来（不少于 5 条）。

问题二：工业视觉系统运维员——三级 / 高级工的职责有哪些列举出来（不少于 5 条）。

附件一、视觉硬件及参数列表

工业相机

类别	编号	分辨率	帧率 FPS	颜色	芯片大小	像元尺寸	接口
2D 相机	相机 A	1280×960	>90	黑白	>1/3″	4.0μm	USB3.0
2D 相机	相机 B	2448×2048	>20	黑白	2/3″	3.45μm	GigE
2D 相机	相机 C	2592×1944	>10	彩色	1/2.5″	2.2μm	GigE
3D 相机	3D 相机	1920×1080×2	>10	/	/	/	USB3.0

工业镜头

类别	编号	支持分辨率（优于）	焦距 / 倍率	最大光圈	工作距离	支持芯片大小
工业镜头	12mm 镜头	500 万像素	12mm	F2.0	>100mm	2/3″
工业镜头	25mm 镜头	500 万像素	25mm	F2.0	>200mm	2/3″

续表

类别	编号	支持分辨率（优于）	焦距/倍率	最大光圈	工作距离	支持芯片大小
工业镜头	35mm 镜头	500 万像素	35mm	F2.0	>200mm	2/3″
远心镜头	远心镜头	500 万像素	0.3X	F5.4	110m	2/3″
镜头接圈	包括 0.5mm、1mm、2mm、5mm、10mm、20mm、40mm 一组					

LED 光源

类别	编号	主要参数	颜色	备注
环形光源	小号环形光源	直射环形，发光面外径 80mm，内径 40mm	RGB	三者可以合并成 AOI 光源
环形光源	中号环形光源	45 度环形，发光面外径 120mm，内径 80m	G	
环形光源	大号环形光源	低角度环形，发光面外径 155mm，内径 120mm	B	
同轴光源	同轴光源	发光面积 60×60mm	RGB	
背光源	背光源	发光面积 169×145mm	W	

注：R= 红色、G= 绿色、B= 蓝色、W= 白色

标定板

类别	外框尺寸 mm	圆/格间距 mm	外圆环直径 mm	内圆环直径 mm	精度 mm
标定板 A	100×100	20	5	3	±0.01
	50×50	10	2.5	1.5	±0.01

类别	外框尺寸 mm	方格边长 mm	方格数量	精度 mm
标定板 B	180×120	15	11×7	±0.01

附件二、相机的接线定义

一、USB3.0 相机（注意 USB3.0 通过 USB 线供电，不要另外插电源，否则会损坏相机）

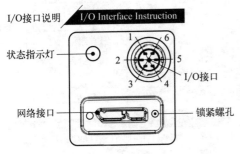

引脚	描述	功能
1	Line3	GPIO(非隔离软件可配置输入/输出)
2	Line1	光耦隔离输入
3	Line2	GPIO(非隔离软件可配置输入/输出)
4	Line0	光耦隔离输出
5	Opto I/O Ground	光耦隔离信号地(ISO_GND)
6	GPIO Ground	GPIO信号地(GND)

二、GigE 相机

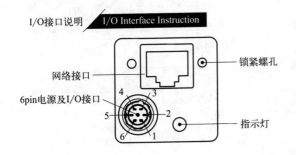

管脚	信号	说明
1	Power	+6V～26V直流电源
2	Line1	光耦隔离输入
3	Line2	可配置IO输入/输出口
4	Line0	光耦隔离输出
5	IO GND	光耦隔离地
6	GND	直流电源地

附件三、分辨率及焦距计算公式

简单视觉系统的计算，主要包括视场（FOV）、分辨率（Resolution）、工作距离（WD）和景深（DOF）等。

分辨率通常指的是像素分辨率（默认选用的镜头分辨率高于相机的分辨率）。因此分辨率就等于视野 FOV/ 相机的像素数。

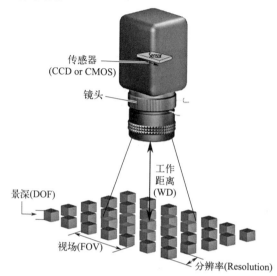

假如 FOV 尺寸是 16mm×12mm，选用的相机是 200 万像素（1600×1200），那么像素分辨率就是 16mm/1600 or 12mm/1200=0.01mm。下表分别是英制的芯片尺寸、真实的芯片大小和焦距的计算公式。

影像大小

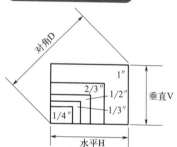

每一款监控摄像机CCD的靶面大小不同，但通常使用的CCD摄像机的规格均为4:3(H:V)。

型号	CCD尺寸	图像尺寸(mm)		
		水平:H	垂直:V	对角:D
C	1″	12.8	9.6	16.0
H, A	2/3″	8.8	6.6	11.0
D, S	1/2″	6.4	4.8	8.0
Y, T	1/3″	4.8	3.6	6.0
Q	1/4″	3.6	2.7	4.5
35mm照相机镜头(参考)	35mm胶卷	36.0	24.0	43.3

视野计算

在物距确定的情况下，视野便能通过下述方程式计算出来。

$$Y = Y' \cdot \frac{L}{f}$$

Y：物体尺寸　　L：物距
Y'：图像尺寸　　f：焦距

例如：到物体的距离为5m时，用1/2″焦距为12.5mm的镜头和 1/2″摄像机，监视器上所显示的尺寸为：

Y'：6.4
L：5000 　　$Y = 6.4 \times \frac{5000}{12.5} = 2560mm$
f：12.5

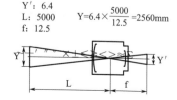

接口种类

通常的监控摄像机镜头拥有C接口和CS接口两种。

规格

	C接口	CS接口
后基距(mm)	17.526[*1]	12.5[*1]
直径(mm)	1-32UNF	

互换性

	C接口摄像机	CS接口摄像机
C接口镜头	○	○[*2]
CS接口镜头	×	○

[*1]空气换算长度。
[*2]在C接口镜头与CS接口的摄像机配合使用的情况下，需使用C-CS接口接配环(5mm)。

附件五

系统维修与保养

场次号 _____ 工位号 _____

参 考 文 献

［1］陈兵旗 . 机器视觉技术［M］. 北京：化学工业出版社，2018.

［2］曹其新，庄春刚 . 机器视觉与应用［M］. 北京：机械工业出版社，2021.

［3］肖苏华 . 机器视觉技术基础［M］. 北京：化学工业出版社，2021.

［4］丁少华、李雄军，周天强 . 机器视觉技术与应用实战［M］. 北京：人民邮电出版社，2022.

［5］Milan Sonka，Vaclav Hlavac,Roger Boyle. 图像处理、分析与机器视觉［M］.4 版 . 北京：清华大学出版社，2016.